EUとドイツの情報通信法制

技術発展に即応した規制と制度の展開

［著］
寺田麻佑

は　し　が　き

　本書は、EUとドイツの事例を取り上げ、日進月歩の発展がみられる情報通信分野における規制と制度の変遷をEUとドイツがどのようにおこなってきたのか、またおこなおうとしているのかに関して、公法学（行政法学）の観点から、現時点における分析と検討をおこない、我が国の情報通信分野における規制と制度について、今後の考えていくべき課題を示そうとするものである。

　本書は、筆者が一橋大学大学院法学研究科に提出した博士論文「EUとドイツの情報通信法制の研究——技術発展に即応した法制度の展開」を基に、一部加筆・修正を行ったものである。加筆修正箇所は多数に上るが、基本的な構成や内容は変わっていない。

　題名に掲げたように、本書のテーマは、EUとドイツの情報通信法制の研究を行い、技術発展に即応した規制と法制度の展開について検討、分析を行う点にある。そこで、この「はしがき」では、本書を執筆するに至った経緯と執筆に際し留意した事項、本書の主題についての簡単な解説を付記することとしたい。

　(1)本書を執筆するに至った経緯は以下のようなものである。もともと、筆者は、さまざまな行政の規制の在り方を学ぶうえで、規制手法を時代に合わせて柔軟に変えていかなければならないこと、もしくは、組み合わせていかなければならないこと——規制の組換え——に常に関心を持ち続けていた。

　そして、特にEU情報通信法に関する分野においては、現在さまざまな動きがみられ、意欲的な規制手法の模索も存在するということから、EUの情報通信法制における新しい指令等について研究を行うこととした。

問題は、EU 情報通信法制における変化をどのような形でまとめるのかということに存在した。現在このように動いている、それはさまざまな形でいうことができるのであるが、特に BEREC という、新しく EU 情報通信法制においてメルクマールとなる組織が再編成されたことについて紹介することが、行政組織の一つの可能性としての、柔軟な調整機構の例を示す意味で、有意義であると考えた。そして、そのためには、情報通信分野における、これまでの規制枠組みの模索に関する歴史的経緯を踏まえつつ、欧州委員会が試みてきた情報通信分野の規制と今回の BEREC がどのような関係にたつのかについて分析する必要があった。

　情報通信分野においては、従来から存在していた公共サービス的な側面と先端産業的な側面の両面が存在するという特徴があり、特に経済的な可能性を有する先端産業的な側面に関しての規制をどのように整備するのかということは、この二十数年間模索されてきたことであった。国営から民営への動きが EU 加盟国においてみられたことも重要な動きとして注視しなければならなかったが、とくに欧州委員会が中心となってまとめたグリーンペーパーの中身とその後の経過という側面から分析することが、重要であると考えた。

　また、EU の規制を考える上ではその加盟国における国内法化の状況――実際に加盟国において活用されているのか否か――についてみることが必要である。そのためにも、EU 経済のセンター的存在を占めているといえるドイツを取り上げ、ドイツの情報通信行政の現状とドイツにおける取組みについて検討することとした。

　以上のように、先端的産業の発展に伴う新たな規制手法の模索と、それにともなう新たな国家的役割――規制の模索――という現象は、我が国にも見られる共通の現象であるため、EU と、そして EU の規制を考える上で必要不可欠となる国内法化の状況をみるためにも、ドイツの取り組みを紹介することは、今日の日本にとっても有益な示唆が得られるものと思われる。

　より具体的には、EU における情報通信法制の整備に係る歴史的経緯を主要構成国での展開を含めて概観した上で、その主たる構成国＝ドイツの現状における規制の変遷――規制の組換え――について、委員会や勧告機関など中間的形態による規制の検討を行いつつ分析を進めることとした。

そのうえで、最後に、EUとドイツを踏まえて、市場の国際化、2016年という情報通信技術の進んだ現在におけるハーモナイゼーションの必要性について、日本の情況も含めて検討を試みている。

(2)本書を執筆するに際して留意した事項は、以下の通りである。まず、EU情報通信行政を検討するに際して注意した事項は、欧州統合の歴史的経緯を必要な範囲で踏まえつつ、情報通信がどのようにその他の分野と違い、特に重点を置かれる分野として政策形成が行われてきたのかについて、欧州委員会の立場も含めた現実のEUの動きをできるだけ反映するように心がけたことである。EUが「超国家」として存在するのか否かについては、さまざまな論考があるが、情報通信分野を含む特定の分野に関しては、欧州委員会のリーダーシップが強く見出される状況にあることを踏まえながら、BERECの紹介をおこなうようにした。

また、二点目として、公私協調に参加する各当事者の間における役割と責任の分担が明確にされる必要を意識した規制の「整備」がなされている点を、ドイツ情報通信法分野における「共同規制」——すなわち自主規制を野放しにするのではなく、法律的な枠組みの中に組み込むことによって、手続きを明確化し、問題が生じた際には法律上、監督責任等を国や公的機関が果たすことができるような枠組み——の事例とともに、EUにおいて推奨される手法であることの紹介もふまえながら、紹介するようにした。

(3)本書の主題については、以下のように考えている。まず、第Ⅰ部において検討をおこなっている、EUにおいて新たに改組・設立されることとなったBERECという機関について、調整機構としての位置づけが大きいものの、欧州における中間的な組織形態と位置づけることもできる組織であるとの分析を行ったことにより、EU情報通信行政における組織の分節化の一事象を見出せたのではないかと考える。この点については、機関設立に至る歴史的経緯や、最近の改正を巡る論争を参照すると同時に、その背景にある、EUの目指す方向性をドイツの文献、またEUの政策白書などを参照することにより、情報通信分野においてEUは、各加盟国は、どのような行政機構を模索し、どのよう

に規制策定を進めていくべきか、という点について検討をおこなっている。そして、調整的機構の存在が出現したという結果によって、これまでも認識されてきた行政組織形態の柔軟なあり方と情報通信行政分野における調整の重要性が認識されたとともに、国際的発展を遂げようとするEUなりの模索を行っている状況を、不十分ながら示すことができたのではないかと考える。

また、ドイツにおいて非常に多くの、緩衝材となる組織が存在し、それを活用できる枠組みとなっていること、そして、必要に応じて、新たな機関を設置するなど、組織とその役割分担という観点からも、機能的なネットワークの形成を目指して柔軟な対応がなされていることが情報通信法分野においても確認できたと考えている。

さらに、公法学の見地からみた、規制と制度の関係については、次のことをいうことができる。柔軟な規制のあり方を模索するうえでも、組織の構造や組織を活用した規制手法に着目して最適な解を見出すという思考方法は不可欠である。そこで、変化に対応しうる規制や柔軟な行政組織の可能性を考える上で、EUとドイツの取り組みは、役立つものと考えられる。

もちろん、本書において得られた検討の成果はあくまでも基本的な紹介の域を超えるものではないものと自覚している。しかし、少なくともEUにおける新たな組織形態の模索をみたことは、我が国において求められる柔軟かつ実効性のある規制──「フレキシブル」な規制──変化に対応しうる規制の構築を考える上で、参考にできるものと考えられる。

また、ドイツの組織の検討のなかでみた多元的構成の意義、利益と利益の衝突を生じさせないための、組織間の距離の測り方も参考とすることができると考えられる。

さらに、EUそしてドイツについてみたように、協調を進めるにあたっては、法令などを上手く組み合わせるなど、ルール化が重視されてきたことから、公私の役割分担を明らかにした規制枠組みが必要であると考えるに至る経緯を示していることは、情報通信法の分野に限らず、ルール化を重視した規制手法の可能性の一類型として応用可能であると考える。

すなわち、時代に即応した規制が求められる情報通信分野における規制という課題が我が国においても共通するものである以上、規制のありかたを考慮す

るに際して参考となるものと考える。特に、本書の主題でもある、「情報通信法制度の展開」をみることは、情報通信分野のみならず、現代の行政法学においても、以下の点で参考になるものと考えられる。

たとえば、協調的規制が必要な分野において、「調整」を目的とする組織を、できればある程度の独立性をもって作ることが、国家と社会を結ぶ手段として有益であると理解することができるのではないかと考えられる。また、「共同規制」が目指す規制態様は、情報通信分野においては、特に特殊利益との距離を保つ点において有用とされるが、そうではない分野においても、「ルール化」を取り入れた規制として応用できるものとして、参考になるものと考える。

もっとも、本書において、行政組織論や行政作用論に立ち入ることはやや後回しとなっている。出来る限り必要な範囲で個別の言及と検討はおこなっているが、より充実した記述とすることは今後の課題としたい。

本書の成立に至るまで、何よりも、誰よりもこれまでにご指導くださったのは、高橋滋先生である。

一橋大学西校舎の 31 番教室で、高橋滋先生の行政法の講義に初めて接したときの、言いようのない気持ちは今でも忘れることができない。まだ大学の 1 年生であった筆者は、法学部に入学はしたものの、法学には様々な分野があるのだということを学び始めたばかりであり、「法学」をどのように学べばよいのかといろいろと模索していた。その中で、高橋滋先生の明快かつ 100 年先を見越したような壮大な、それでいて緻密な理論の紹介と現実の実務との兼ね合いも含めた行政法のお話は、本当に魅力的であった。高橋先生の講義を通して「行政法」の奥深さを知り、ああ、私は「行政法」を「もっと」勉強したいのではないのか、と思ったのである。

筆者は、その後、大学 1 年生の終わりに平沢和重記念奨学金（米国のベイツ大学への学費と滞在費を一年間提供する留学奨学金）をいただけることとなり、大学 2 年生の半ばより 1 年間の留学をすることとなったのであるが、その際に、早めにゼミを決めなければならなかった。本来ならば 2 年生の終わりのあたりに 3 年次からのゼミを決めるのに、大学の制度上、2 年生の初めの頃に決めなければ、留年せずに留学をすることはできないのだという。そこで、高橋先生

に「もう決めて（米国に）行かなければならないんです。高橋先生のゼミに参加させていただきたいのですが」と例外的なご相談をさせていただいた。当時は、ほんとうに困り切っていたのであるが、そのような筆者を、高橋先生は、快く非常に柔軟に高橋滋ゼミ 10 期生として引き受けてくださった。そして、そのときから、今に至るまで、大学の授業、ゼミ、大学院の授業等を通して、真摯かつ緻密に論文を読み解く姿勢、学問に対する姿勢や、学問への探求心を教えていただいている。

　大学の学部 1 年の時に受けた、「行政法」への目を開かせていただいた授業から今日に至るまでの学部・大学院のゼミ等を通しての高橋滋先生の暖かなご指導には、あらためて、心より深く感謝申し上げたい。そして、今後もできる限り教育と研究に精進することを通して何とか学恩に報いたいと思う。

　また、言うまでもなく、これまでの研究にあたっては、折に触れて、様々な先生方から貴重なご教示を賜った。これらの先生方にも感謝の意を表するとともに、今後とも引き続きご指導をお願い申し上げたい。

　なお、本書の基礎をなす研究は、JSPS 科研費「EU 情報通信法制の研究―独立行政機関の在り方を中心に―」（科研費課題番号 26780017）ならびに KDDI 財団による海外学会等参加助成（2015 年度）の助成を受けたものである。さらに、一橋大学大学院法学研究科博士課程時代のドイツ・カッセル大学のアレクサンダー・ロスナーゲル教授の下への留学にあたっては、一橋大学海外派遣留学制度（如水会と明治産業株式会社、明産株式会社からのご寄附による海外留学奨学金制度）を利用させていただき、渡航費から学費、現地での生活費に至るまでご支援いただいた。また、一般財団法人河中自治振興財団にも、ドイツでの研究のための貴重な助成金をいただいた。このような研究支援に改めて、深く謝意を表したい。

　さらに、本書を KDDI 総合研究所叢書の 1 冊として出版する機会を与えて下さった東條吉純先生と、御相談に乗ってくださった神橋一彦先生に感謝申し上げたい。

　また、篠原聡兵衛様、永久保綾子様をはじめとする KDDI 総合研究所の皆様にも感謝申し上げたい。本書の草稿に有益なコメントをくださった成原慧先

生、また、校正作業を手伝っていただいた辻悠佑さんにも感謝申し上げる。

　最後に、勁草書房と、担当者として誠実な本作りをして下さった同社編集部の永田悠一さんに心から御礼申し上げる。

2016 年 12 月

寺田麻佑

初出等一覧

　本書は、既発表論文に修正加筆をした部分もあるため、次の通り、原論文名を記すこととする。なお、研究成果の中には共同研究者との共同研究も含まれているが、本書は、筆者の担当部分をまとめたものである。

第Ⅰ部
第1章・第2章
　「EU 情報通信法制の研究（一）―技術発展に即応した法制度の展開」自治研究 87 巻 12 号（2011 年 11 月）pp. 98-123
　「EU 情報通信法制の研究（二）―技術発展に即応した法制度の展開」自治研究 88 巻 2 号（2012 年 2 月）pp. 78-99
　「EU 情報通信法制の研究（三・完）―技術発展に即応した法制度の展開」自治研究 88 巻 4 号（2012 年 4 月）pp. 90-115
第3章
　「BEREC と EU 電気通信市場に対する法政策（EU テレコムポリシー）」EIP 情 67/1（2015 年 2 月）pp. 1-7（板倉陽一郎と共著）

第Ⅲ部
第10章
　「行政委員会としての特定個人情報保護委員会―その法的位置付けと展望―」信学技報，115 (57)（2015 年 5 月）pp. 35-41（板倉陽一郎と共著）
　「特定個人情報保護委員会の機能と役割―各国における同種機関との比較を中心に」EIP 69/14（2015 年 9 月）pp. 1-7（板倉陽一郎と共著）

「第三者機関としての個人情報保護委員会―機能と権限の現状と課題について―」EIP 74/7（2016年11月）pp. 1-7（板倉陽一郎と共著）

目　次

はしがき　i
初出等一覧　ix

序　章　　1

第 I 部　EU 情報通信法制の研究

第 1 章　序——情報通信の発展とその規制の変化について　9

　1.1　EU 情報通信行政の枠組み　12
　1.2　情報通信法制の統合の前史——欧州レベルでの動き　12
　1.3　情報通信規制の協調の推進——2002 年の変化　39
　1.4　欧州デジタル単一市場戦略にみる規制の組換え　49

第 2 章　欧州レベルの調整機関の設立　53

　2.1　設立までの経緯　56
　2.2　調整機構についての議論　58
　2.3　BEREC の設立　64
　2.4　BEREC の組織の大枠　68
　2.5　BEREC の内部組織構造　72
　2.6　BEREC の組織の分析　76

第3章　BERECとEU電気通信市場政策　　81

3.1　BERECの活発な規制政策へのかかわり　81
3.2　BERECの基本戦略　83
3.3　BERECの検討するEU電気通信規制枠組みの発展　84
3.4　BERECの戦略目標　85
3.5　BERECワークプログラム　87
3.6　BERECの意見提出等EUテレコムポリシーへの影響　89
3.7　BERECの意見の例　89
3.8　BERECとEU情報通信政策の関係──規制機関とは異なり、諮問機関としてのBEREC　91

第4章　EUにおける機関の分節化　　93

4.1　領域の特性に即応した組織形態　93
4.2　EUの行政システムと機関の分節化　99

第5章　EU情報通信法制の展開からみる規制と制度の組換え　　109

5.1　EU情報通信法制の展開の総括──2つの視点　109
5.2　EU法の到達点──BERECを核とするハーモナイゼーションと規制の組換え体制　111
5.3　日本法への示唆──EUの経験から　113

第Ⅱ部　ドイツ情報通信法制の研究

第6章　序──情報通信法におけるEUとドイツ　　119

6.1　EU統合下の〔主権国家〕ドイツ　121

6.2　EU 経済センターとしてのドイツ　124
6.3　EU 政策形成下でのドイツのリーダーシップ　128

第 7 章　ドイツ情報通信法制の展開と現状　131

7.1　ドイツにおける自由化の過程　131
7.2　ドイツ情報通信法制の現状　142
7.3　まとめ　152

第 8 章　ドイツ情報通信法制の特色　155

8.1　公私協調の精緻な展開——規制、規整、基盤整備と技術開発　155
8.2　公私協調における「距離」　184

第Ⅲ部　日本法への示唆——EU とドイツを踏まえて

第 9 章　日本における法制度　213

9.1　序　213
9.2　1985 年以前——情報通信法制度の変遷　215
9.3　1985 年以後——事前規制から事後規制へ　220
9.4　2016 年までの状況と問題　221

第 10 章　EU とドイツの法制を踏まえて　229

10.1　フレキシブルな規制　229
10.2　協働——協調の明確化　255

欧州電子通信規制者団体（BEREC）と事務局を設立する規則　261
参考文献　271
索　引　303

序　章

　この 20 年間、情報通信に関する発展は目覚ましい変化を経てきた。我が国においても、2015 年が目標とされた全世帯ブロードバンド化[1]やスマートホームの導入を含め[2]、技術の変化が著しく様々な展開がみられる。また、情報通信は放送・通信を含み、放送・通信は情報の伝達を含むため、放送の社会的影響力に鑑みた規制や、通信の公共性に鑑みた規制など、様々な横断的な規制が必要である。これまで各国は、データに関する内容規制や、保護のための各種規制や、組織の創設などを細かく様々な場面に応じて行ってきたものの、それらはわずかの期間の後には規制制度としては不十分なものとなっていた。

　情報と法規制に関する問題への法的対処は困難な課題であり、多くの国々においてシステムの構築とともに適切な規制の緩和と整備が模索されている。そのために、何が適切であったのかは時を経てみないと検証できないことが多い。さらに、情報通信の速度が速くなる一方であることから、この 20 年ほどの間に起こっている変化、変化に対応する規制の評価は歴史的に見れば時期尚早で

---

1) 参照、総務省におけるグローバル時代における ICT 政策に関するタスクフォース「政策決定プラットフォーム」平成 22 年 4 月 1 日（第 2 回）会議資料（電気通信市場の環境変化への対応検討部会資料）。

2) IT（IT 家電等）を活用した住宅等のことを意味する。IoT（Internet of Things）などを活用して機械と機械をつなげるなど、情報通信関連機器の活用によって、便利な住宅環境が実現される。経済産業省商務情報政策局情報通信機器課「スマートハウス・ビル標準・事業促進検討会」資料等参照（http://www.meti.go.jp/committee/kenkyukai/mono_info_service.html#smart_house）。（以下、ウェブサイトは 2016 年 10 月に最終閲覧したものである）

ある、ということもできよう。

　しかしながら、その中においても、この20年ほどの変化とそれへの対応を比較法的に分析することにより、我が国の情報通信法規制に示唆を得ることは可能であろう。特にEUは、1つの市場を目指す経済共同体であり、その経済発展のための情報通信社会における規制の見直しを、重要政策の1つとして20年以上前から統一的規制を模索してきた。また、EUにおける情報通信に関する規制、また放送を含むオーディオビジュアルメディアに関する規制は現在大きく動いている。具体的には、電子通信規制枠組みの改革が行われ、2009年12月18日にEU法として採択された、いわゆる「よりよい規制指令」と「市民の権利指令（Citizens' Rights Directive）」からなるEUの新たな規制枠組みは、競争をより活発に促進し、単一の市場を構築しようとするものである。また、EUにおいては新しい電気通信規制当局となる「欧州電子通信規制者団体（Body of European Regulators for Electronic Communications = BEREC）」が創設されるなどの変化が起こった。

　このように情報通信に関しては、新たな規制枠組みが、EUそしてその構成国において模索されている。このような法現象を考察するにあたっては、EUと構成国の間の関係を調整する必要があるEUの法制度と、そのような事情のない日本の法制度にどこまで共通の課題があるのかという疑問は当然湧き出てくるものであるが、以下のような点から参考になるものと考えられる。

　まず、EUにおいては、情報通信分野の変化に対応して、規制の組換えと行政組織の改編、組織の創設を行っているということを指摘することができる。2015年の5月にも、欧州デジタル単一市場戦略が発表され、これまでの情報通信分野における枠組みを見直し、新たな技術発展に合わせて、具体的にはデジタルネットワークやデジタルサービスのための適切な環境づくりなど、規制の組換えと整備が行われた。EUはまた、行政組織に関しても、改編をおこなっており、特に、EUのBERECという組織は、テレコミュニケーション分野において、各国からは独立し、各国間ならびにEUの行政組織間の調整とハーモナイゼーションに資する、興味深い組織といえる。

　すなわち、形態や連邦制度等の違いから、直接的に参考とすることはできないとしても、参考となるEUとドイツの情報通信分野における規制と制度につ

いて、検討する意義があるものと考えられる。

　この点において、たとえばIoT（Internet of Things：モノのインターネット、後述参照）やAI（人工知能）などの新たな問題への対応方法や情報保護のあり方、情報流通の基本的枠組み[3]、インターネットと産業促進の関係性のあり方と規制と調整のあり方など、共通の課題を抱える我が国の情報通信法制のあり方を考える上で有意義な作業であることには疑いはあるまい。より具体的には、EUにおける情報通信法制の整備に係る歴史的経緯を主要構成国での展開を含めて概観した上で、その主たる構成国であるドイツの現状における規制の変遷——規制の組換え——について、委員会や勧告機関などの中間的形態による規制の検討を行いつつ分析を進めることは、有益なものであると考える。また、技術発展の著しい情報通信分野は、国際化を推進する基盤となるため、今後も、情報通信に関する法制度に関する議論を整理し、検討・分析する意義は増大する。そうすることで、日本の議論に情報を提供することができる。

---

[3]　参照、宍戸常寿「第三章　ライフログとあなたの権利」安岡寛道編／曽根原登・宍戸常寿著『ビッグデータ時代のライフログ』（東洋経済新報社、2012年6月）38頁以下。なお、公的主体、民間事業者等にかかわりなく、それぞれが保有するビッグデータをだれでも自由に使える「オープンデータ」とすることなどについてまとめられた官民データ活用推進基本法が2016年に、国会に提出され、同法案は、第192回臨時国会（平成28年11月29日）において、審議され、衆参本会議において可決され、成立した。そして同法案は、2016年12月14日に公布、同日施行された。この法律は「第4次産業革命を巡る国際的な競争を勝ち抜くため」のビッグデータ活用を目的としており、国、民間企業関係なく、それらのデータ活用を後押しするための基本法となる予定である。提出時の同法案第1条は、その目的を「第一条　この法律は、インターネットその他の高度情報通信ネットワークを通じて流通する多様かつ大量の情報を適正かつ効果的に活用することにより、急速な少子高齢化の進展への対応等の我が国が直面する課題の解決に資する環境をより一層整備することが重要であることに鑑み、官民データの適正かつ効果的な活用（以下「官民データ活用」という。）の推進に関し、基本理念を定め、国、地方公共団体及び事業者の責務を明らかにし、並びに官民データ活用推進基本計画の策定その他官民データ活用の推進に関する施策の基本となる事項を定めるとともに、官民データ活用推進戦略会議を設置することにより、官民データ活用の推進に関する施策を総合的かつ効果的に推進し、もって国民が安全で安心して暮らせる社会及び快適な生活環境の実現に寄与することを目的とする。」としていた（http://www.shugiin.go.jp/internet/itdb_gian.nsf/html/gian/honbun/houan/g19201008.htm）。

以上のような問題意識に基づき、本書においては、次のような順序において、叙述を進めることにする。
　第1章においては、まず、放送と通信の融合状況に対応するEUの目指す情報通信市場における域内統合の歴史を分析し、各国の自律的規制に任せられる範囲と共通の域内規制の枠組み構築について検討する。さらに、欧州委員会のEU情報通信市場における役割を分析し、欧州委員会がEUの通信自由化の進展に関して果たした主導的役割、各国の規制機関との均衡関係、修正権限などに関して、EU市場としての情報通信市場を見た場合の欧州委員会による規制枠組みの構築について各国の通信関係の免許制度の規制等を具体例として論じる。最後に、欧州委員会とBERECの関係を分析し、これまでの検討から情報通信分野における規制枠組み模索の困難性、調整的機関の意義につき、当該機関の独立性の要否も含めて検討する。
　第2章においては、主要構成国の中でドイツを検討する。EU加盟国の中でもドイツのICT技術が進展している状況、特にイギリス・フランスに比してドイツの情報通信分野における進展が著しいこと、経済にも中核的な地位を占めること等が、ドイツを検討する理由である。その上で、ドイツにおける情報通信法制の特徴として、自主的規制機関が多く存在して規制機構の分節化、多元的な規制ネットワークの構築が進んでいる点を指摘しつつ、制度の現状を紹介する。さらに、ドイツにおいては、EU指令の中心的実施国としてEU指令の国内法化のプロセスが迅速かつ明瞭に行われている点も特徴的である。そこで、ドイツにおける国内法制の動態を分析・紹介し、さらに、ドイツの規制機関と、協働を柱とした規制手法の特徴について、検討・分析を加えることにする。
　そのうえで、終章において、市場の国際化、情報通信技術の進んだ現在におけるハーモナイゼーションの必要性について、日本の情況も含めて検討する。
　以上に述べた通り、本書においては、まず、EUやドイツにおける規制の組換えの動態について分析・考察することを、第一の目的とする。その中で、情報通信法制が競争の促進の観点から、自由化と規制緩和を推進することが基調とされつつも、必要な場合に、柔軟かつ実効性ある形での新たな規制が導入されてきていることが示されるであろう。

また、本書の第二の目的は、柔軟かつ実効性ある規制が構築される際に、EUおよびドイツにおいても、他分野と同様に協調的な手法が用いられているが、それが、柔軟かつ実効性ある規制となるためには、日本ではどのような条件整備が必要であるのかを明らかにすることにある。そこでは、我が国の官民協調とは異なる形で、協調のルールの明確化が必要であること、公私協調に参加する各当事者の間における役割と責任の分担が明確にされる必要があること、が意識された規制の「整備」が行われていることが、明らかとなるであろう。

　そのうえで、本書の最後に、日本法への示唆として、柔軟な組織形態の可能性とその必要性について、規制の組換えの一例を検討・分析しつつ、EU・ドイツの組織の展開の具体例を参考に、情報通信行政における規制規律枠組みに適合する規制のネットワークの構築のあり方について検討することにしたい。

　また、情報通信分野のボーダーレス化の現状に即し、情報通信分野における規制手法や関連する行政組織のあり方を考えるに当たっては、本書は、基本的には各国で醸成された行政法規（行政法理論）が、各国法規の基準であり続けることを前提に、国際化に対応するためにそれら行政法規がどのように「変化」するべきであるのか、協調（ハーモナイゼーション）のあり方に何か一般理論が見出せるのかという観点から検討を行う[4]。

　なお、国家と社会、人とのかかわりについては、国家という枠組みを、国際化（グローバル化）の側面においては取り払って考えてみるべきであるとの指摘もあるところ[5]、本書は、国家という枠組みが存在することは前提として考え、

---

[4] 齋藤誠「グローバル化と行政法」磯部力・小早川光郎・芝池義一（編）『行政法の新構想I』（有斐閣、2011年）373頁参照。

[5] 公法学における国家の存在感について、「消失したとは言わないまでも低下しつつある」ことは、規制緩和や民営化、公私協働などの文脈において、また、グローバル化の影響下において久しく指摘されている、との指摘につき、興津征雄「グローバル行政法とアカウンタビリティ──国家なき行政法ははたして、またいかにして可能か」浅野有紀・原田大樹・藤谷武史・横溝大（編）『グローバル化と公法・私法関係の再編』（弘文堂、2015年）49頁。興津征雄「書評：原田大樹著『公共制度設計の基礎理論』」季刊行政管理研究147号（2014年）58頁。また、半世紀にわたる欧州統合における立法手続に関する、たとえば「共同決定手続」といった制度の考案のような制度構築の経験が、日本を含むアジアにおいて参考となることの指摘として、伊藤洋一「EUにおける法形

また、国家と国家の協調と国際化への推進の試みなどを含めて、EU とドイツと日本のようにそれぞれの行政機構のあり方が異なる状況の中でも、参考とすることのできる、規制枠組みや制度、行政組織に関連する行政法規（ならびに行政法理論）が存在しうるものとの視点を有している[6]。

　以下、本書においては、EU 情報通信行政の発展と BEREC の設立、ドイツにおける情報通信分野における規制の状況を検討することによって、ハーモナイゼーションが情報通信分野における規制手法と行政組織のあり方にどのように影響を与えうるのかについての示唆を得ることを試みる。

成──EU 立法手続きの制度設計」長谷部恭男（編）『現代法の動態 1　法の生成／創設』（岩波書店、2014 年）193 頁。

6）　この点について、「開かれた」国家という視点から下記のような論考が参考となる。「国家は今日でもなお特別な地位（「公法の係留点としての国家」）を保持している。国家だけが憲法制定行為に基づく始原的な民主政の過程を設定している。このことで、公的任務に関する決定やその最終的な執行が国家に対しては正当化されると同時に、国家は特別な制約（たとえば、基本権に対する拘束）にも服することになる。また国家の立法者にはなお、政策目的や公的利益の内容形成の権限が帰属すべきである。国家は、立憲主義と民主政の思想が放棄されない限り、特別な地位を保ち続けるだろう」原田大樹『公共制度設計の基礎理論』（弘文堂、2014 年）30 頁。また、開かれた国家についての指摘は以下の通りである。「グローバル化に伴う新たなアクター（国際機構、民間組織）や新たな規範定立の形式（特に二次法）を公法学の中に取り込みつつ、最終的な規範内容形成権限や執行可能性がなお国家に留保されていることに着目して国家中心の構造を維持する「開かれた国家」の考え方は、多元的システムにおいて多元化・複線化したアクターや法規範を国家に係留する考え方（係留点としての国家）といえる」同上、105 頁。

第Ⅰ部　EU情報通信法制の研究

第 1 章　序——情報通信の発展とその規制の変化について

　情報通信に関する技術の発展とともに、情報通信はヒト・モノ・カネの流動性を高め、グローバリゼーション[1]とそれを支える経済を推進する基盤としてますます重要なものとなっている。インターネットの発展、通信速度の高速化などとともに現在、情報通信法制度は、現在、経済活性化という視点から非常に重要な問題として認識される[2]。

　そのなかでも、EUは、加盟国間の情報通信に関する規制の検討がEU全体

---

1) ここにおいてはグローバリゼーションとしているが、グローバリゼーション、グローバル化の概念は極めて多義的である。原田大樹「グローバル化と行政法」髙木光・宇賀克也（編）『行政法の争点』（有斐閣、2014年）12頁。なお、グローバル化については、「一般に、何らかの現象や活動が地球規模化すること」と理解されていると指摘するものとして、浅野有紀・原田大樹・藤谷武史・横溝大（編）『グローバル化と公法・私法関係の再編』（弘文堂、2015年）1頁。また、グローバル化はアメリカ化と同視された一過性のものではなく、経済に限定された現象でもなく、核拡散のリスクやテロリズムへの対応から、一般に深化してきていることへの指摘として、遠藤乾（編）『グローバル・ガバナンスの歴史と思想』（有斐閣、2010年）3頁。
2) Pierre Larouche, *Competition Law and Regulation in European Telecommunications*, (Hart Publishing, 2000) pp. 4-23; Herbert Ungerer and Nicholas P. Costello, *Telecommunications in Europe*, (Office for Official Publications of the European Communities, 1988). Joseph William Goodman, *Telecommunications policy-making in the European Union* (Edward Elgar Publishing, 2006) pp. 3-23. インターネットの発展の歴史に関しては、内海善雄『「国連」という錯覚』（日本経済新聞出版社、2008年）281-283頁に簡潔にまとめられている。

の経済を左右することを1980年代に認識し[3]、時代にあった適切な規制枠組みとなるように、規制の組換えを含めて規制の方向性を真剣に検討し、実施してきた。

すなわち、EUにおいては、1980年代半ばにおけるEU情報通信法制の改革の必要性の認識から、1987年のグリーン・ペーパーとそれを受けたアクション・プランの採択、1998年のEU通信自由化の達成に至るまでの枠組みの作成、さらに、新たな「電子通信」概念を指令に盛り込んだ2002年の情報通信法フレームワークの作成などが、適宜法制度を見直し、規制を組換える形でなされてきた。また、2002年のフレームワークの改正も行われてきた[4]。

そして、様々な変化を経てきたEU情報通信法制において特に注目に値すべき変化に、2009年12月18日にEU法として採択された、いわゆる「よりよい規制指令（Better-Regulation Directive）」と「市民の権利指令（Citizens' Rights Directive）」、「欧州電子通信規制者団体（Body of European Regulators for Electronic Communications = BEREC）を設立する規則（Regulation）」からなるEUの新たな規制枠組み構築がある。

このEU情報通信規制枠組みは、これまでよりも競争を推進することはもちろん、総合的な規制の下で単一の市場の構築をおこなって、情報通信分野におけるさらなるハーモナイゼーションを進めようとするものである。なお、本書にいうハーモナイゼーションとは、各国の政策や規制を同質化もしくは均質化した上で、一定の施策を効率的かつ円滑に推進することをいう。

そこで、本章においては、まず、これまでのEU情報通信行政の枠組みを統合の前史から見直し、重要なメルクマールとなる1985年、1987年、1994年に分けて検討・分析をおこなう。そのつぎに、EU情報通信法制の協調の推進を

---

3) Commission of the European Communities, *Compeling the Internal Market: White Paper from the Commission to the European Council*, 14 June 1985, COM (85) 310, pp. 6-27.
4) See, Directive 2007/65/EC of the European Parliament and of the Council of 11 December 2007 amending Council Directive 89/552/EEC on the coordination of certain provisions laid down by law, regulation or administrative action in Member States concerning the pursuit of television broadcasting activities (Text with EEA relevance) OJ L 332, 18.12.2007., p. 27.

2002年のフレームワークと2009年の新たな改革とその後の展開に分けて検討し、分析を行う。特に2009年においては、もっともハーモナイゼーションに影響を与える改革である、BERECという調整機構の設立を中心に検討を行うこととする。

　技術の問題も含めて様々な発展的展開がみられる分野——情報通信分野——において、国家がどのような規制手法を採用していくのか、という問題は、国家の活動の1つの大きな柱として情報通信分野の規制が関わっていることも含め、国家——もしくは国家的形態としてのEU——の進むべき、基本的方向性にもかかわるものである[5]。

　そして、単なる法律の制定や枠組みづくりを越え、国境を越えた規制の模索という意味においても、創造的・積極的な「展開」を分析するに際して、国家（国）とは何か、そして国境とは何か（国境は存在するのか、すべきなのか）という視点も織り交ぜつつ、行政がどのような場面でどのような組織的機構を作り、技術発展の積極的展開がみられる情報通信分野において、どのような規制が行われていくべきなのか、という問題を解明することが必要である。

　本章は、以上の視点に基づき、EUの情報通信法制の現状を検討することによって、技術の発展に即応した展開から、柔軟な法的規制の枠組みを構築していくうえでの、示唆を得ることを目的とする。

5）　国家的形態、とEUのことを記しているが、この点については、以下のような分析が参考となる。中村健吾『欧州統合と近代国家の変容——EUの多次元的ネットワーク・ガバナンス』（昭和堂、2005年）41頁においては、EUについて、「国家連合でも連邦国家でもない……「一種独特の」政体」が、各国政府がそれぞれ単独ではなしえない、「社会的・制度的再編成の試みを、国内におけるさまざまな抵抗をかわしつつ貫徹させていくうえできわめて大きな効果を発揮」しており、この政体は、一方においてスプラナショナルな欧州委員会と、他方において政府間主義に基づく閣僚理事会や欧州理事会という二大中枢が互いに協調しつつ、牽制しあうという「相対的な勢力均衡」に置かれている」とするIngeborg Tömmelの議論を参考にした検討もなされている。Vgl. Ingeborg Tömmel, Staatliche Regulierung und europäische Intergration: Die Regionalpolitik der EG und ihre Implementation in Italien, Baden-Baden (1994), S.354. また、中村民雄教授は、EUについて、「国家でも通常の国際機関でもない、それでいて非常に強い権力を企業にも加盟国にも発揮する、面妖な越境的統治体」と分析される。中村民雄『EUとは何か——国家ではない未来の形——』（信山社、2015年）3頁。

1.1　EU 情報通信行政の枠組み

　本章においては、まず、欧州情報通信法制の統合の歴史を概観する。その理由は、EU における情報通信法制の変化が斬新なものでありながらも、着実に行われてきた経緯を確認するためである[6]。

　具体的にいえば、欧州石炭・鉄鋼共同体という 1 つの経済的統合から政治的統合も含めた欧州共同体へと変化する過程において、電気通信に関する法的規制枠組みがどのように進展していったのかについて整理したい。そして、EU のなかでどのように情報通信に関する規制枠組みが模索され、実行に移されていったのかについて明らかにしたい。そのなかでは、①欧州における規制枠組みが、アメリカや日本などとの国際競争を意識するなかで整備されていったこと、しかしながら、②各国規制庁の独占状況も強く、規制の統合は難しいとみられていたこと、そして、③それらのなかで 1985 年に自由化への取り組みが転換され、1998 年の音声電話を含めた全面自由化、2002 年の電子通信規制枠組みという変化が生じた点は画期的であったこと、を確認する。

1.2　情報通信法制の統合の前史――欧州レベルでの動き

1.2.1　1985 年の政策転換と欧州委員会――電気通信政策の萌芽

　EC レベルにおける電気通信政策の萌芽は 1970 年代の後半にさかのぼる。

---

[6]　EU・EC の表記は、リスボン条約が発効した 2009 年 12 月以降は EC がなくなり、EU として継承するものとされた（リスボン条約 1 条）ため、EU で統一することが妥当である。それ以前の表記については、マーストリヒト条約発効により統一組織としての欧州共同体（EC）が欧州連合（EU）へと改組されたため、同条約発効後の統合組織としての EU について言及する場合には EU を用いることとし、EU の組織及び法制度に関する表記は、マーストリヒト条約発効の前後を問わずリスボン条約発効まで、「EC」及び「EC 法」の表記とする。EU・EC の意味、表記については、参照、小舟賢「欧州における「よき行政」概念の展開（1）――よき「行政活動に関する規範」と「よき行政を求める権利」の検討を中心に――」自治研究 81 巻 3 号（2005 年）111-112 頁。また、櫻井雅夫「EU 統合に係る国際機関等」石川明・櫻井雅夫（編）『EU の法的課題』（慶應義塾大学出版会、1999 年）。

それまで、電気通信領域における地域統合の試みは困難な過程をたどった[7]。すでに1950年代半ばには、ヨーロッパ石炭・鉄鋼共同体（ECSC。以下ECSCという）を念頭において、超国家的国際機関として「ヨーロッパ郵便電信連合」の設立が提案されたものの、同案は、郵政閣僚理事会で検討されたのちに1959年に不採用となった。もっとも、同案の審理の過程を通じ、欧州郵便電気通信主管庁会議（Conférence des Administrations Européennes des Postes et Télécommunications/European Conference of Post and Telecommunication Administration：CEPT、以下CEPTという）の設立が提案され、実現している[8]。その後1968年には欧州委員会によって電気通信委員会などの提案がなされたものの、閣僚理事会の反対があり、廃案となった[9]。以上のように、欧州の電気通信分野における調整は、当初は、各国の通信主管庁の間の行政的調整を主とする国際協力という形で行われた。そして、そのような国際協力の中心に位置していたのはCEPTであった。

このような体制のなかで、電気通信設備施設や電気通信業務の開発とそれらの提供に関する権限は各国の主務官庁に帰属し、国境を越えた国際的通信に必要な技術標準などの調整は、それぞれの通信主務官庁に対してCEPTが勧告するという形で行われた。

---

7) 吉野良子「EUの構築とヨーロッパ・アイデンティティの創造——EU構築過程と国民国家形成過程との連続性：1969年-1973年」日本EU学会年報28号（2008年）200-220頁。

8) 郵政閣僚理事会の過半数はECと一体化した超国家的なヨーロッパ郵便電信連合の設立に賛成していた。もっとも、当時のド・ゴール政権下のフランスは超国家的機関の設立に非常に消極的であった。また、ECの域外にあったイギリスも反対し、廃案となった。CEPTはそのため、技術標準や料金に関し、勧告のみを行うことのできる技術的な機関となった。See, Volker Schneider and Raymund Weele, *International Regime or Corporate Actor? The European Community in Telecommunications Policy*, in Dyson and Humphreys (Ed.), *The Political Economy of Communications: Interenational and European Dimensions*, (Routledge, 1990) pp. 80-100.

9) *Id.*, p. 87. また、土佐和生「電気通信事業に対するEC競争法の適用可能性—『電気通信セクターに係るEEC競争規則の適用に関するガイドライン（草案）』の概要と解説—」香川法学11巻3・4号（1992年）169頁以下参照。

(1) 統合的政策へ向けた動き

統合的政策への模索が開始される契機は、1977 年の閣僚理事会において、当時の欧州委員会ダヴィニョン委員が政府および欧州委員会の代表による EC テレマティックス戦略の制定を呼び掛けたことである。ダヴィニョン委員は、当該閣僚理事会において、各国が公衆電話網のデジタル化を進める際に、CEPT と EC の間における協力関係を強化し、加盟国における次世代国内公衆網の開発、またそれらを通して提供されるサービス一般について調整すべきである、と提案した。

その 2 年後の 1979 年には、電気通信分野における欧州レベルの産業政策の必要性が説かれた欧州委員会報告（ダブリン報告）が公表された。欧州は、情報処理およびマイクロ・エレクトロニクスの分野において他の地域に後れをとっており、情報通信サービスのための域内共通市場の確立と情報技術産業の育成を目的とする EC レベルにおける産業政策の必要性がある、とその報告は述べていた。その後、電気通信分野における EC レベルにおける具体的な政策として、技術標準のハーモナイゼーション、共通端末市場の形成、および電気通信における政府調達の開放などが、欧州委員会の「勧告」として提案された。もっとも、これらの提案は、EC 閣僚理事会において検討され、各国の主務官庁において了承されたものの、1980 年の段階において欧州委員会が「勧告」から「指令」へと法形式を引き上げて勧告内容の強化を図ろうとしたのに対して、閣僚理事会が反対の姿勢を明確にしたことから引き続き勧告の形式にとどまった。このように、1980 年ごろの欧州において、各国の通信担当主務官庁は、電気通信分野における国際的協調の必要性とその分野における戦略の重要性を認識しつつも、全体的な統合にむけて歩みを進める段階には至っていないと認識していた[10]。

---

10) そもそも提案が行われたのは、当時の EC においては、EC 域内市場担当委員を務めていたダヴィニョン氏が、情報技術や伝送技術の急速な発展に着目して、EC 全体の経済発展にそれらを繋げるべきであるとの政策提言を 1979 年以降立て続けに行なっていたこととも関係していた。ダヴィニョン氏は、電子メール、ヴィデオテキストなどの、従来の電気通信サービスの範囲を超えた新たなサービスが発展してきていることも知っていたためであった。Peter Holms, *Telecommunications in the Great Game of*

第1章　序——情報通信の発展とその規制の変化について

　ちなみに、メディア融合に対応した規制体系が進められた背景には、すでに見てきたように、情報通信産業の発展可能性を重視した欧州委員会が規制のハーモナイゼーションを強力に推進しようとした、という事情がある。
　そこで、以下においては、EU加盟国においてみられた国営から民営への動きとともに、欧州委員会が中心となってまとめたグリーン・ペーパーの中身とその後の経過を分析することを通じて、欧州委員会の権限強化の過程を確認していくことにしたい。

1.2.2　欧州委員会の権限強化——欧州委員会のイニシアティブ

(1)　欧州委員会の位置づけ

　欧州委員会は、EUの執行・政策決定機関としての機能を担っている。委員会は、EUの諸機構において唯一、法案提出権を有し、EU法の立法は欧州委員会の提案に基づいて開始される[11]。

　EUにおける立法手続は、リスボン条約において「通常立法手続」として定着することとなった共同決定手続によってなされることが多い。それは、基本的に欧州委員会の提案に基づき、欧州議会、閣僚理事会の議を経て決定がされるものである[12]。そのほかに、法令の内容が専門的である場合には、委員会決

Integration : The Single European Market and the Information and Communication Technologies, (John Wiley & Sons Ltd, 1990) p. 91.

11)　条約が別途規定している場合、加盟国、欧州中央銀行もしくは司法裁判所による提案の場合もある。なお、欧州委員会の提案は、以下の要件を満たさなければならない。①欧州の利益（European Interest）：欧州委員会は、個別部門の利益、個別加盟国の利益ではなく、EU・欧州市民全体の利益にとって最善であるとの判断を反映しなければならない。②事前協議（Advance Consultation）：欧州委員会は、最終提案を提示するにあたり、加盟国政府、産業界、労働組合、関係利益団体及び技術的専門家の意見や助言を事前に求めなければならない。③補充性の原則（Principle Subsidiary）：「マーストリヒト条約」において採用された原則であり、各加盟国に任せておく場合よりも効果的である場合に限って、EU法を提案するとされる。参照、鷲江義勝（編）『リスボン条約による欧州統合の新展開—EUの新基本条約—』（ミネルヴァ書房、2009年）48頁以下。また、庄司克宏『EU法　基礎篇』（岩波書店、2003年）19頁以下。

12)　共同決定手続は①欧州委員会による提案ののち、②欧州議会による第1読会において欧州議会が法案の審議を行い、法案の承認、否決および修正について意見を表明す

定手続が採用される。その際には、欧州委員会に閣僚理事会の決定権が委譲され、欧州委員会が決定する[13]。

また、欧州委員会は、EU法（条約、条約の規定に基づく決定等）が公正に適用されることについての監督責任を負う。そのため、欧州委員会には、条約違反を理由に加盟国を提訴する権限が付与されている。また、欧州委員会は必要に応じて欧州裁判所に司法判断を仰ぐこともあり、さらに、EU競争法違反の場合、個人や法人に罰金を科すこともある。

このように、欧州委員会は、EUの行政、執行機関として機能しており、条約の特定の条項を施行するための規則を制定し、EUの活動に割り当てられた予算の拠出を管理する。ただし、これらの権限の行使に際しては、加盟国当局者で構成される委員会の意見を求めなければならない。さらに、委員会は、競争法分野においては、立法権を有し、EU理事会によって制定されたEU法の執行に関する規則を制定する権限も有する[14]。

ること、その後③欧州議会の意見を受けて、閣僚理事会が第1読会を開き法案を審議し、欧州議会の意見を承認するかどうかを決定すること、そして承認する場合に、法案は採択される、といった手続きを経る。この段階で承認しない場合、「共通の立場」が発表され、④欧州議会による第2読会が開かれる。さらに閣僚理事会の「共通の立場」を受けて、欧州議会は第2読会を開き、再度法案を審議し、閣僚理事会の共通の立場を承認もしくは否決、修正する。そして承認する場合、法案は採択される。否決の場合には共通の立場は採択されない。修正する場合、再度閣僚理事会に意見が伝えられる。その後⑤閣僚理事会で第2読会が開かれ、修正案の承認および否決が決定される。さらに法案が閣僚理事会の第2読会で否決された場合、⑥欧州議会と閣僚理事会からなる調停委員会が開催されて、共同案が提出され、両者が承認および否決を行う。参照、同上、鷲江編『リスボン条約による欧州統合の新展開』48-55頁（鷲江義勝教授執筆）。また、庄司克宏「EU域内市場政策―相互承認と規制権限の配分」田中俊郎・庄司克宏（編）『EU統合の軌跡とベクトル―トランスナショナルな政治社会秩序形成への模索』（慶應義塾大学出版会、2006年）120頁以下。

13)　同時に、加盟国代表から構成される作業部会が開催され、欧州委員会が法案決定を行う前に作業部会によって議論が行われ、欧州委員会は加盟国の意見を最大限考慮しなければならない。電子通信部門の規制においては、後述する欧州委員会支援委員会「通信委員会」が2002年の枠組み指令によって設立されている。

14)　*Donat*, Das ist der Gipfel, die EG-Regierungschefs unter sich, 1987.

(2) 電気通信政策に関するイニシアティブ

　欧州委員会はEU (EC) における電気通信政策に関して、当初から強いイニシアティブを発揮していた。アメリカや日本の企業の電気通信分野における台頭に危機感を持った欧州企業が国境によって分断されない欧州単一市場を1980年代半ばに求めるようになると、欧州委員会は、これらの通信関連企業と協議を重ね、EU政策の立案を目的とする情報技術に関する分析班を1983年11月から1984年3月にかけて設置した[15]。そして、同時期に、欧州委員会は、具体的な政策内容を規定し、欧州委員会に助言を与えるための組織として「電気通信のための上位担当役員集団 (SOG-T) [16]」を設置するよう、閣僚理事会に申請した。加盟国政府もこの設置を承認し、欧州委員会委員が議長を務める、この助言機関に対し、各国政府は経済省ならびに産業省の代表、そして通信主管庁の代表を派遣した。この助言機関は、欧州委員会がイニシアティブを取るうえでの基盤を強化するものであった。

(3) 欧州委員会による標準化の推進

　また、電気通信端末機器および電気通信サービスの域内共通市場の実現のために、域内共通技術水準の設定をなすに際して、各国の通信主管庁から標準化に関する権限をECにスムーズに委譲するように働きかけたのも欧州委員会であった[17]。
　さらに、欧州委員会は、各国の通信主管庁に対して、欧州標準に対して国内標準と同等の法的地位を与えることに同意することを要請し、1985年11月に各国の通信主管庁の長官はこの同意に関する覚書を取り交わした。また、具体的な標準を作成するための専門機関としてCEPTの中に技術的勧告適用委員会 (TRAC) を設置することに関しても、各国の同意を得た。

---

15) Thompson, *Information Technology Standardization in the European Community*, an internal memo of 27 February, 1987, European Commission DG XIII Telecommunications, Information Market and Exploitation of Research.
16) SOG-T: *Senior Officials Groups on Telecommunications*.
17) 1984年4月の閣僚理事会において、標準化に関する共通の優先順位と守られるべきスケジュール等を含めた電気通信分野における共同体標準化プログラムを採用することを求めるなど、欧州委員会は積極的な働きかけを行った。

(4) ISDN の協調的導入

欧州委員会は欧州レベルにおける標準化体制を整えたのち、1986年の5月に、ISDN の導入の調整を求める提案を閣僚理事会に対して行った[18]。

ISDN を EC レベルでハーモナイズすることにより、EC 統合のなかの情報通信基盤を磐石なものとし、さらに、欧州の情報技術関連企業への投資環境も整えることができるとの理由づけを付した欧州委員会の提案は、同年12月22日に閣僚理事会勧告として、全会一致で承認された。その後、EC の共通の電気通信政策の重要なひとつの柱として、加盟国内における ISDN の導入の調整が図られることとなった。

(5) 事業振興施策としての統合化への動き

1980年代の前半までの間には、電気通信サービスに関する自由化が EC の主要な政策の議題となることはなかった[19]。しかしながら、様々な政策研究レポート等を通じて、EU 加盟諸国は、サービス貿易と電気通信事業が密接に関連しあっていること、これらの産業の市場規模は潜在的にきわめて大きいこと、成長の可能性が豊かであること、EC 諸国はそもそもサービス輸出国であること等を、明確に認識するようになった[20],[21]。

---

18) ISDN とは電話や FAX、データ通信を統合して扱うデジタル通信網のことであり、国際電気通信連合電気通信セクタ（ITU-TS）によって標準化されている規格である。参照、『IT 用語辞典』（日立ソリューションズ、2010年）。

19) 当時の各国の経済成長率が年3パーセントと予測されていたときに、通信の分野における成長率は7から8パーセントの予測がなされていた。*Id.* (above note 3), COM (85) 310, pp. 26-27.

20) 特に電気通信サービスについては、サービスが主として国内向けのものが多く、国際通信であってもネットワーク規制は、それぞれの国ごとになされているため、各国の電気通信サービスの状況がまとまりにくい構造を抱えていた。上述のようにいくつかの提言はあったが、それら提言そのものが、技術開発を支援するためのハードウェアの供給体系の自由化提案には結びついたとしても、サービスやインフラストラクチャーそのものの供給の自由化をいうには及ばなかった。結局、1980年代の前半までの間には、電気通信サービスに関する自由化が EC の主要な政策の議題となることはなかった。*Id.*, COM (85) 310 final, p. 26.

21) なお、現在は EC はリスボン条約によって廃止されている。EU と EC は厳密には

ECにおける政策転換がもっとも明確な形で行われたのは、1985年のことであった。1985年にドロールがEC委員長となり、域内市場白書と単一欧州議定書が採択された。そして、1985年の3月、ブリュッセル欧州理事会は、1992年という明確な期限を定め、欧州委員会に対して「域内市場の完成のための白書」の作成を求めた。

　電気通信市場も含めた自由化に関するECの認識は、1985年6月に発表された「域内統合市場白書」に典型的な形で表現されている。同白書は、一層の市場統合を進めていくうえでの実施すべき課題をECとしてまとめたもので、電気通信が重点的振興分野の1つであること、標準化が促進されるべきこと、端末型式認定を実施すべきこと、域内サービスの調和を図るべきこと、移動通信の域内共通標準を確立すべきこと、などが記されていた。ちなみに、域内市場の統一という政策課題は、ECの目標として掲げられうる防衛協力、機構改革、通貨統合そして市場統合といった4つの課題の中から、特に重点をおくものとして採択されたものである点は、注目に値しよう[22]。

異なるものであった。EUでは主要な政策分野が3つに区別され、三本柱と呼ばれた。すなわち、以下の3つである。①域内単一市場または単一通貨ユーロ等の経済統合政策、社会・環境政策、②警察・刑事司法協力政策、③共通外交・安全保障政策。しかし、「欧州憲法条約」の代わりに策定されたリスボン条約（2009年発効）によって当該三本柱は廃止された。リスボン条約とは、2007年12月13日にリスボンにおいて調印された「EU条約および欧州共同体設立条約を改定するリスボン条約」といい、事実上の廃案に追い込まれた欧州憲法条約に代わるものとして、EUの全体的枠組みを根本的に変更し、今後の欧州統合の進展の基盤となる新たな基本条約を創設する条約である。すなわち、欧州連合の基本条約である「欧州連合条約」「欧州共同体設立条約」を修正し、意思決定システム等、諸制度の変更を行うものである。See, House of Commons Library, *The EU Reform Treaty: amendments to the Treaty on European Union*, 22 November 2007, Research paper 07/80; House of Commons Library, *The Treaty of Lisbon: amendments to the Treaty establishing the European Community*, 6 December 2007, Research Paper 07/86. また、参照、庄司克宏「リスボン条約（EU）の概要と評価―『一層緊密化する連合』への回帰と課題―」慶應法学第10号（2008年）200頁以下。

22）　遠藤乾（編）『ヨーロッパ統合史』（名古屋大学出版会、2008年）225頁。

(6) 電気通信分野における欧州委員会の権限

このように、欧州の通信自由化の進展に関しては欧州委員会が強力なイニシアティブを発揮した。欧州委員会は、EU 競争法[23]を適用する際、EU 理事会と欧州議会の承認を必要とせず、フランス、ドイツなどの加盟大国が反対する場合にあっても域内における通信自由化を促進することが可能であったからである[24]。すなわち、EEC（ローマ）条約第 90 条 3 項に基づいて独自に指令を作成する強力な権限が、欧州委員会には付与されていた。

このような立法権を背景に、欧州委員会は、各国の規制機関が各国政府からの独立性をもつことを強く求めた。その姿勢は、各国の規制機関がもつ電気通信分野に関する規制権限を欧州委員会に移譲させることを推進することの表明でもあった。

1.2.3　1987 年のグリーン・ペーパー

(1) 自由化から遠かった市場

電気通信サービスについては、国内向けのものが多く、国際通信であってもネットワーク規制は、それぞれの国ごとになされているため、各国の電気通信サービスの状況が統一化されにくい構造を抱えていた。すなわち、1987 年のグリーン・ペーパー以前の時点においては、情報通信関係の産業は、他の多くの国でもそうであったように、独占状態か、寡占状態にあるものが多かった[25]。その上、国有もしくは寡占状態にある情報通信関係産業の自由化は、イギリスを除いては遅れていた。そのため、技術開発を支援するためのハードウェアの

---

23) EU（EC）における独占禁止法（競争法、EC 条約 81 条・82 条）。

24) 市場の自由化に関して委員会が EEC 条約（当時）上有する権限は、そのほかにも、以下のようなものであった。EEC 条約 85 条・86 条に基づいて競争法を公役務企業に適用すること。また、同条約 169 条に基づき、競争法の規定と抵触する行動をとる加盟国に対し、義務の不履行訴訟を起こすことができ、さらに、委員会は、同条約 100 条に基づいて共同決定手続を経て指令を採択することができた。

25) 唯一の例外はイギリスであった。イギリスブリティッシュ・テレコム（British Telecom）は 1980 年よりこの名称を使用し、1981 年 10 月より独立採算の国営企業となっていた。さらに 1984 年から民営化を行っていた。See, Colin D. Long, *Telecommunications Law and Practice*, (Sweet & Maxwell, 1995) p. 26.

供給体系の自由化についての提言が何度かなされたものの[26]、それらの提言もサービスやインフラストラクチャーそのものの供給の自由化までを内容とするものではなかった。

　しかしながら、その中にあっても、すでに述べたように、EC 加盟国においては、電気通信産業を振興することに対する認識が徐々に広まってきた[27]。そこで、ISDN の協調的導入を主導したのち、欧州委員会が、1987 年のグリーン・ペーパーを刊行し、電気通信市場の自由化と規制緩和を進めていくこととなる[28]。

(2) グリーン・ペーパーの登場

　EC 加盟の各国家にとって共存的かつ居心地のよい独占・寡占を前提とした規制体制は 1987 年のグリーン・ペーパーによって完全な再構築を求められることとなった。EC 加盟国は、通信分野において主導権を握るため、電気通信サービスの自由化を域内において促進する方向に舵を切ることとなり、1986

---

26) 浅野康子「EU における『公共』サービスの自由化はなぜ起こったか」日本 EU 学会年報 28 号（2008）256 頁。

27) 特に、移動体通信については 1980 年代から各国でサービスが提供されはじめていた。しかし、特に、CEPT が、ISDN と相性の良い欧州統一携帯電話システム（the Pan-European cellular mobile radio system）を目指して 1982 年に "Group Special Mobile" という名で研究を開始し、1989 年に ESTI に仕様が送られ規格化された GSM（Group Special Mobile：デジタル携帯電話システム）規格の採用により、市場は以後、国際的に拡大していくことが予想されていた。GSM とは、ファクシミリ、電話会議、ビデオテックスなどの高度な付加価値通信サービスをヨーロッパ全域で実現するために欧州電気通信標準化委員会が制定し、1989 年に CEPT の分科会 "Group Special Mobile" が電話通信網に関する欧州共通規格として始めた、ヨーロッパ独自のデジタル自動車・携帯電話標準規格（世界初のデジタル携帯電話システム）。この語は会社等により "Global System for Mobile Communications" や "Global System for Mobile Teleommunications" と書かれることもある。1992 年にドイツでサービスが開始された。帯域幅は 200kHz。現在はヨーロッパ全域のみならずアジア地域など 100ヶ国以上で採用されている世界的な携帯電話システムとなっている規格である。NTT 第三部門（編）『「NTT 技術ジャーナル」にみる最新情報通信用語集』（電気通信協会、2000 年）参照。

28) 国際経済の力関係からヨーロッパに言及している分析として以下参照。See, Susan Strange, *States and Markets: Second edition*, (Pinter, 1988) p. 41.

年にガットのウルグアイ・ラウンド交渉が開始されるのに先だって、1987年のグリーン・ペーパーが公表された。そして、このペーパーを受けて1988年2月に発表された欧州委員会の行動計画のなかに、ECにおける電気通信サービスの自由化スケジュールが記載されることとなった。

　自由化、規制緩和への方針転換を明確に打ち出した1987年のグリーン・ペーパーの提出理由は、その冒頭に記載されている[29]。

　　コンバージェンス（融合）を含む技術発展と通信の発展は電気通信分野に経済社会的に重要な役割を与えた。ヨーロッパは、貿易相手国[30]が行っているような様々な電気通信規制枠組みの変革の波に乗り遅れてはならない。

　この1987年のグリーン・ペーパーにおいて、欧州委員会はその後のEC電気通信政策において中心的役割を果たすこととなるいくつかの提案を行った。各加盟国との協議を経たうえで、欧州委員会は、1992年末までの期限をつけたアクション・プログラムを提出し、それは欧州理事会によって1988年6月

---

29) European Commission, *Towards a Dynamic European Economy, Green Paper on the development of the common market for telecommunications services and equipment*, June 1987, COM (87) 290 final.

30) 主としてアメリカと日本を想定している。アメリカや日本は、電気通信の新しい性質――国籍を超えて活動する主体の増加――に早くから注目しており、これまでの電気通信に関する政策を変え、新たなサービスの提供が可能となるよう、電気通信の規制緩和・自由化に取り組んでいた。当時のアメリカおよび日本は、それぞれ世界の電気通信市場の35パーセント、11パーセントのシェアを占めていた。Vgl. *Neuhaus, Regulierung in Deutschland und den USA-Eine Bewertung der Regulierungssysteme in der Telekommunikation mit einem Ausblick auf den Energiesektor, Europäische Hochschulschriften*, 2009, S. 58. なお、ここにおいて議論されている電気通信事業の規制緩和とは、完全な規制の撤廃（市場における資源配分が、価格においてのみ決定され、政府が市場成果に責任を持たなくなる状態）ではなく、政府の規制が基本的に残る枠組み的制度の中における、「競争制度」の導入であり、アメリカ・日本がこのようなderegulationを行ってきたことをみたうえで、欧州においても規制緩和が議論された。南部鶴彦「欧米における電気通信政策の動向と経済的効果」運輸と経済45巻2号4-9頁（1985年）4頁。

30日決議として了承された。そこでは、グリーン・ペーパーの提案は、以下のようにまとめられている。

①加盟国は、電気通信設備を独占の状態におくことは許される。ただし、加盟国はどのような場合にもネットワークの完全性を保持しなければならない。②公的音声電話は、独占の下におくことが許される。③その他のサービスは、自由化されなければならない[31]。

そして、1987年のグリーン・ペーパーに示された規制モデルの核心的な部分は、1990年6月30日の指令90/387と指令90/388によって実施されることとなった。1987年のグリーン・ペーパーに起源を有する、この規制モデルは多くの重要な観点を含み、その後の推移を理解するうえでも不可欠なものである[32]。

具体的には、まず、一定の移行期間を認めつつも、全ての端末機器に係る市場を完全に競争に対して開放することが打ち出された。特に重要な変化は、①規制機関と事業体の分離、②サービスと設備の分離、さらに、③国有サービスと自由化サービス、であった[33]。

①規制機関と事業体との分離として、指令88/301と指令90/388は規制機関と規制される事業体の分離を謳ったものの、実際にどのような形で行われるべきか等、方針の具体的な内容は明示されていなかった。しかしながら、公的な配信者(公的な電気通信事業者)から分離され、独立機関に託されるべき規

---

31) A. Member States may leave telecommunications infrastructure under monopoly, and must preserve network integrity in any event; B. Amongst services, only public voice telephony may be left under monopoly; C. Other services must be liberalized.; *Kreile/Veler*, Umsetzung der aktuellen Gesetzgebung und Deregulierungsvorhaben der EU im Bereich Telekommumikation, ZUM 1995, S. 694.

32) *Id.* (above note 2), Larouche, pp. 40-55; Margaret Sharp, *The Single Market and European Technology Policies*, in: Freeman/Sharp/Walker (Eds.), *Technology and the Future of Europe*, (Pinter, 1991).

33) 規制を受けるサービス(Reserved services)と規制を受けないサービス(non-reserved services, liberalized services)。

制機能のリストが掲げられた。その中には、端末装置の技術的仕様を規律する権限、サービス提供者への許可権限などが含まれていた。

また、②サービスと設備の分離は、1987年のグリーン・ペーパーにおける規制モデルの核となった施策である。サービスは基本的に競争に対して開かれなければならないとされたのに対し、設備を自由化する義務は課されることはなかった。ただし、公的音声サービスその他は独占の下に置いておいてよいとされたが、それらは恒久的措置とは位置づけられていない[34], [35]。

③国有サービスと自由化サービスについては、サービスと設備の境界が曖昧なものとなれば、国（または公共団体）によって管理されるべきサービスと自由化されるべきサービスとの間の境界も変化する。そのため、どのようなサービスを国に残し、何を自由化すべきか、という事項の整理も、1987年のグリーン・ペーパーにおける政策課題の1つであった。

もっとも、委員会は、「自然な'保存されるべきサービス'部門と'競争的サービス'部門、特に付加価値サービスとの境界を維持することは不可能である」と結論付けざるを得なかった。委員会は、当時、アメリカに倣って何が「基本的な」サービスで何が「付加価値」サービスであるのかを区別しようとしたが、この点について加盟国にコンセンサスはなく、このような区別そのものが成り立つものであるかについて懐疑的な見解もあった[36]。そのため、その当時に各加盟国が共通して行っていたサービスが自由化されていないサービスとの結論が採用されることとなった。そのサービスとは公的音声電話サービスのことであり、その後の政策的課題は、公的音声電話サービスの概念をどのように定義するかに移った。

---

34) 指令90/388において、設備に関する権利の脆弱性について言及されている。See, Commission of the European Communities, Commission Directive of 28 June 1990 on competition in the markets for telecommunications services (90/388/EEC), Recital 5, The granting of special or exclusive rights to one or more undertakings to operate the network derives from the discretionary power of the State.

35) Herbert Ungerer, *Telecommunications for Europe 1992-1: The CEC Sources*, (Ios Pr Inc, 1989) p. 21. なお、指令90/387と指令90/388において電気通信設備は、特に「公的電気通信ネットワーク」を指すこととされていた。

36) Ungerer, *id.*, p. 204.

指令90/388によれば、「音声電話とは、一般公衆に向けられた (for the public) 商業的直接配信であり、現実の時間において対話が、誰でも他の場所と交信できるように公的に設置されたネットワークを介してなされることをいう[37]」。ちなみに、委員会は、電気通信サービスの自由化の例外となる公的音声電話の概念については限定的に解釈されるべきことを、そのガイドブックにおいて提案している[38]。

(3) ESTI設立とONPの提案

1987年のグリーン・ペーパーにおいて、欧州委員会は、欧州電気通信標準化委員会 (ESTI) の設立とオープン・ネットワーク・プロヴィジョン (ONP) とを提案した。この提案は、欧州委員会自体の超国家的性質を高めることを目的とするものであった。ESTIは、標準化作業が進まないと批判も多かったCEPT内の標準化作業班TRACとは異なる組織を作るために提唱され、以下のような特徴を有していた。

すなわち、まず、TRACにおいて標準を作成する際に採用されていた全会一致原則がESTIにおいては採用されず、多数決制度が採用された。とくに、ESTIの技術員会において71パーセント以上の支持票を獲得できれば、当該原案を標準とすることが決定できるようになった。また、各国の通信主管庁が主体となっていたTRACとは異なり、ESTIにおいては電気通信機器メーカーならびにユーザーが対等に標準化作業に加わることとなった。さらに、実際に標準化にあたる専門家は、通信主管庁を同時に代表することや、あるいは、通信機器メーカーの職員や社員として会社に籍をおくことは認められず、ESTIの専任職員として作業に従事することとなった[39]。技術水準に関する標準化に限

---

37) 'Voice Telephony' は 'public voice teleophony' と同意義で使用されている。

38) European Commission, *Commission communication of 20 October 1995 to the European Parliament and the Council on the status and implementation of Directive 90/388/ EEC on competition in the markets for telecommunications services*, 95/C 275/02, OJC 275, 2-4.

39) Michael Palmer and Jeremy Tunstall, *Liberating Communications*, (Blackwell, 1991) p. 142.

った働きを行う団体ではあるが、このような超国家的な非政府組織の設立は、欧州委員会による共通市場確立に必要な標準化の推進という目的に合致していた。そして、同時に、欧州委員会による強力なイニシアティブを関係者に印象づけることとなった[40]。

(4) グリーン・ペーパーへの反応

　欧州委員会が公表した上記のグリーン・ペーパーは、各国の通信を管轄する主務官庁、情報通信関連産業界、ユーザー団体等に送付され、あわせて、内容に対するコメントが求められた。ただし、これらの関係当事者の反応は様々なものであった。グローバルに組織化された多国籍企業や、国家レベルもしくは欧州レベルにおいて組織化されたユーザーの団体は、自由化の方向を歓迎した。他方、部分的であれ電気通信分野の自由化が求められた通信主務官庁と、関係する電気通信機器業界団体等は、大幅な規制緩和に賛成しない態度を示した。これらとは対極的に、米国商工会議所など情報処理関連の団体は、音声通話に関しても競争が導入されるべきであるのにその提案がなされていない、として厳しい批判を展開した。

(5) 付加価値サービスに関する見解の相違

　欧州委員会が1987年のグリーン・ペーパーとそれを受けた1988年の行動計画（アクションプラン）において定めた政策工程表においては、付加価値サービス（Value-added services：VAS）などの自然独占的性格を有しないサービスの自由化と、加盟国間の相互接続を確保するためのオープン・ネットワーク・プ

---

[40]　なお、欧州委員会のブリタン委員は、1990年4月11日までに閣僚理事会がオープン・ネットワーク・プロヴィジョン（ONP：Open Network Provision）指令を採択するのであれば、サービス指令の発表は採択についても閣僚理事会の決定を待つとしたものの、採択できなければ1990年4月1日に欧州委員会のサービスに関する指令を発効させるという姿勢を示していた。European Union, Press release, *Creating a Single European Market for Telecoms: New Proposals on Terminals, Modifications to Directive on Open Network Provision (ONP) and Adoption of Article 90 Rules on Services,* 28 June 1989, P/89/36.

ロヴィジョン（Open Network Provision：前述参照）の実現とが目標とされていた。その中でも、とりわけ、付加価値サービス（VAS）を、EEC 条約第 90 条（現第 86 条）3 項に基づいた欧州委員会指令の採択によって進めていくことが明らかにされていた[41]。ただし、付加価値サービスの自由化に関しては、フランス、オランダ、ベルギー、デンマーク、西ドイツ（当時）、イタリアなどにおいて検討がなされていたが、西ドイツやイギリスを除けば、電話（音声電話）についての独占を排除するということまでは視野におかれてはいなかった。さらに、上記以外の国々においては、付加価値サービスの自由化そのものが構想されていなかった[42]。

　もっとも、以上のような基本的なサービス内容の自由化に対する見解の相違以上に問題となった点は、電気通信の自由化をどのようなテンポで進めるか、という速度の自由度の問題であった。各国は独自の歩調で自由化を進めようと模索していたものの、欧州委員会の提示した自由化を求める指令に対して、いくつかの国が提訴を行うなど[43]、指令の発効には紆余曲折があった。「個々の国をみれば EC の提案内容以上に自由化を進める例もあったのにもかかわらず、このような事態が生じた理由は、欧州委員会が自己の裁量を拡大しようとしたのに対し、各加盟国がこれに反発したことにある」と、後の文献は分析している[44]。

---

41) Commission of the European Communities, *Towards a Competitive Community-wide Telecommunications Market in 1992 – Implementing the Green Paper on the Development of the Common Market for Telecommunications and Equipment*, 9 February 1988, COM (88) 48 final.

42) 前掲注 26)、浅野・「EU における『公共』サービスの自由化はなぜ起こったか」260 頁。

43) フランスはイタリア、ベルギー、ドイツ、ギリシャの支持を受けて欧州委員会を相手に欧州司法裁判所に提訴を行い、端末指令の無効を申請した（1988 年 7 月 22 日）。また、サービス指令に関して、1900 年 9 月にスペイン、ベルギー、イタリアが提訴を行った。See, Holms, *id.*, above note 10.

44) *Id.* (above note 2), Larouche, pp. 33-48.

(6) グリーン・ペーパー後の展開

1987年のグリーン・ペーパーの後、まず、欧州委員会は1988年2月に、「グリーン・ペーパーの実施に関する行動計画書」(アクションプラン)[45] を発表した。そして、ECレベルで取り組む電気通信に関する政策の具体的な項目を示し、かつ、各項目について達成期限を定めた。このアクションプランは、電気通信閣僚理事会において、全会一致で承認されている。そして、各加盟国から提出された政策実施の工程表についての意見を一部取り入れたうえで、欧州域内における電気通信の自由化に関する包括的な施策を規定した指令が、1988年5月に公布された。

アクションプランの中において、欧州委員会は、電気通信市場を競争に開放して市場統合を完成させるために必要となる作業を列挙し、それぞれに達成期限を設けた。すなわち、「端末機器市場については、1990年末までに開放すること。電気通信サービス市場は1989年から漸次開放していくこと。また、競争サービス業者間のネットワーク利用に関する条件（オープン・ネットワーク・プロヴィジョン）については専用回線、一般公衆データ網、ISDNそれぞれについての条件とその分析を一定の期限内に終えるもの」と、定められた[46],[47]。

技術水準については、1988年4月までにESTIを設立するとされた[48]。さら

---

45) *Id.* (above note 41), COM (88) 48 final.

46) 専用回線については1988年半ばまで、一般公衆データ網については1988年末まで、ISDNについては1989年半ばまでに終えるものと定められた。*Id.* (above note 41), COM (88) 48 final, pp. 18-19.

47) 1988年には大西洋間に光ファイバー網が敷かれ、EC域内においても1992年までにISDN（Integrated Services Digital Network）を導入することが決定されたことにより、企業向けの国際通信サービス市場が成長することは確実な見通しとなっていた。このように環境の変化が刻々と進む中、特にフランスが、イギリスなどの自由化推進派と同様にアメリカ、日本、カナダの市場への参入権を獲得するということも視野に入れ、自国市場の開放を受け入れる用意を示した。その後フランスにおいては1993年5月に、自由化・民営化政策を掲げるバラデューム内閣が誕生し、フランス・テレコム内で生まれていた自由化に好意的な姿勢をさらに勢いづけることとなり、フランスは欧州理事会における自由化交渉を促進する働きをした。前掲注26)、浅野・260頁。

48) 欧州における単一電気通信市場の形成に必要な技術標準をつくることを目的に欧州郵便電気通信主管庁会議（CEPT、1959年設立）の下に、1988年3月に設立された標

に、加盟国の規制機関と事業運営機関とを明確に分離することも定められた。
　そして1988年5月の指令においては、通信主務官庁を含む、全関係企業の端末機市場における独占権を全て廃止することが各加盟国政府に求められた[49]。この指令が、以下にみるように、欧州委員会と各国との摩擦を生むこととなる。

(7) 欧州委員会と各国の摩擦
　欧州委員会は特に、欧州共同体の分野において執行権限を有し[50]、上記にみてきたような競争分野における立法権限なども含め、ECにおける政策実施機関としての機能を果たしてきた。特に、電気通信政策において欧州レベルにおける統合が図られることとなったプロセスには、これまでにみてきたように、欧州委員会による行動計画の提出など、統合的政策の必要性に関する認識を浸透させる試みが大きくかかわっている。欧州委員会は、「欧州全体の電気通信インフラの高度化を柱とする行動計画を閣僚理事会に提案し、電気通信機器の開発・製造にともなう不確定性を削減すべきである」との問題意識を明らかにし、電気通信市場の共通化に必要な標準化への道筋をつけた[51]。そして、域内

準化団体である。『IT用語辞典』(日立ソリューションズ、2010年)参照。
49) このことについては、加盟国の通信主務官庁が強く抗議し、特にフランス・イギリス・ドイツが指令の閣僚理事会への提出を強く要請することとなるなど、独占権廃止への抵抗は強かった。参照、井上淳『域内市場統合におけるEU―加盟国間関係』(恵雅堂出版、2013年) 40-44頁。
50) マーストリヒト条約第17条では欧州委員会について、欧州連合の全般的な利益を促進し、その目的のために適切な行動をすることと定める。一方、リスボン条約の発効により、欧州理事会が正式な機関として規定され、欧州理事会は欧州委員会を任命する権限を有しているが、同時に欧州理事会は各加盟国内での執行権限を有していることもあり、欧州連合としては執行権限を持つ機関が2つ存在するともいえる。しかし、リスボン条約に向けた検討の過程からも、現行体制においては、欧州共同体の分野では欧州委員会が執行権限を有している。Council of the European Union, *Conference of the Representatives of the Governments of the Member States*, IGC 2003 – Meeting of Heads of State or Government, 17-18 June 2004, CIG 85/04.
51) 欧州委員会は、共通市場の確立に必要な「共同体標準化プログラム」の作成を専門家集団に要請し、さらに、その標準化に必要な手続きを設定した。その後、専門家集

の自由化を推進するためにグリーン・ペーパーを公表し、主要関係団体間における同意形成に努めた。そのコンセンサスの上に、欧州委員会は、電気通信自由化に関する指令を発令したのである。

　欧州委員会は1988年5月16日に端末機器を自由化する指令を発表した。この指令は、加盟国政府や関係監督庁が排他的な権限を有してきた電話機やモデム、テレックス端末、データを伝送する機器、自動車電話などすべての端末機器を自由化するように、EC加盟国に義務付けを行うものであり、端末機器市場を自由化する際に必要となる、加盟国間における端末機器の形式を認定する方法についても定めるものであった。欧州委員会は、この指令の発効にあたり、グリーン・ペーパーに定めたとおり、EEC（ローマ）条約第90条3項に基づく形式により行う、と発表した[52]。すでに述べたように、EEC（ローマ）条約第90条3項は、電気通信政策が加盟国の排他的権限にあったことを考慮し、通常の指令発効の手続に必要とされる閣僚理事会での審議を経ずに指令の効力を発効させることができることを規定したものである[53]。その結果、端末機器の自由化については欧州委員会の決定が排他的に適用され、加盟国には審議の余地がない規定となっていた[54], [55]。

　このように、電気通信サービスにおいては、EEC（ローマ）条約第90条3項に基づいた委員会の超国家的権限が域内市場の自由化を進めるうえでの大きな推進力となった。

　　団が標準化のガイドラインを提出したことを受け、欧州委員会はISDNの調和的導入について閣僚理事会に勧告を行った。Nicholas Higham, Open Network Provision in the EC: A step-by-step approach to competition, *Telecommunications Policy*, vol. 17 issue 4 (1993) pp. 242-249.

52)　ECSC創設の条約が調印されたパリの名前をとって「パリ条約」と呼ばれるのに対し、ユーラトムとともに1957年3月にローマで調印されたEEC（欧州経済共同体）の条約は「EEC（ローマ）条約」と呼ばれる。

53)　Higham, *id*., pp. 243-249.

54)　スペイン、ベルギーそしてイタリアは、かかる指令の無効を請求するべく、1900年の9月に欧州司法裁判所に提訴した。1900年9月7日にスペイン、同14日にベルギー、同20日にイタリアが提訴した。European Court of Justice, Case 271/90, C281/90, and C289/90.

55)　同時にアメリカなどの圧力も存在した。*Id*. (above note 51), Higham, pp. 242-249.

ちなみに、この指令に関しては、加盟国が欧州裁判所に提訴し、端末指令へのEEC（ローマ）条約第90条3項適用の是非について争ったものの、欧州司法裁判所は、1991年3月19日に次のような判決を下した。判決によれば、加盟国が無効請求の根拠としていた指令発表の手続適用の誤り、必要な手続きを履践していないなどの主張は根拠がないものとして斥けられ、指令の内容を一部修正すべきことのみが認められた[56]。加盟国による端末機器の独占的提供権を全面的に廃止したことや、EEC（ローマ）条約第90条3項に基づいて閣僚理事会の議決を経ずに指令を発効させたことなど、欧州委員会が採用した措置の基本的部分と手続は合法である、と認められたのである。

(8) 電気通信サービス自由化指令

また、電気通信サービスに関しても以下のような問題が生じた。ECは、アクションプランによって、1988年以降、公共性の高い、ユニバーサル・サービスとしての音声電話サービスを除く全てのサービスについて競争的参入を認める立場を明らかにした。そして、この立場に基づいて1990年の6月に委員会がEEC（ローマ）条約第90条3項に基づいて策定した電気通信サービス指令は、以下の内容を含んでいた。

すなわち、第一に、音声電話を除く全ての電気通信サービスについて各加盟国に与えられている排他的権利を廃止すること、第二に、一定の移行期間ののちに、専用回線の再販売を認めること、第三に、公衆回線への接続の前後における電気信号の処理制限を撤廃すること、そして、最後に、端末機器に関する委員会指令と同様に、電気通信事業体の規制機能と事業機能とを分離し、それらが関わる長期契約の解除を認めること、であった。この指令は、電気通信サービスの供給について各加盟国が自国の電気通信事業体に排他的な権利を認めることについて、EEC（ローマ）条約第59条ならびに第86条違反となるとの考え方に基づいたものであった[57]。

---

56) European Court of Justice, *Judgment of the Court of 19 March 1991, French Republic v Commission of the European Communities: Competition in the markets in telecommunications terminals equipment*, Case C-202/88. European Court reports 1991 Page I-01223.

57) もっとも、本件指令は、電気通信事業体によって課される全ての制限について条

ちなみに、このサービス指令についても、1990年の9月にスペイン、ベルギー、イタリアの3カ国が提訴を行った[58]。しかし、1992年11月17日に端末指令の判決と同様の判決が下されて、決着がつけられている[59]。

(9) 総　括

端末指令やサービス指令に対するEEC（ローマ）条約第90条3項の適用を問題として提訴がされる等、加盟国と欧州委員会との間に生じた係争については、次のような分析が興味深い。

　フランスや西ドイツ政府等は両指令の根拠であったグリーン・ペーパーや行動計画には賛同していたことを鑑みれば、この紛争は、自由化に対する政策決定が欧州委員会の主導によって行われ、各国がまだ対応できていない部分――すなわち、加盟国の裁量として容認されていた組織や雇用、公共サービス提供といった電気通信政策の根幹にかかわる部分――について迅速な対応を迫られることへの加盟国の危惧の現れといえる[60]。

欧州委員会の権限は、このように、加盟国の一部の反発を招きつつも、欧州司法裁判所の判決などによって確立されることとなった。

約違反とするのではなく、ネットワークの運営の保全や、サービス相互運用の確保、データ保護といった公共の利益にかかわる本来的な要請から出たものに関しては認めるというものであった。委員会の見解は、公共の利益（general interest）の文言を有する90条2項について拡大解釈を含めるというものであり、厳密に各国の様々な制限について細かくEEC（ローマ）条約違反として取り上げることは当時も現実的ではなかった。

58) フランスは提訴せず、これらの提訴国を支持したのみである。
59) European Court of Justice, Judgment of the Court of 17 November 1992, *Kingdom of Spain, Kingdom of Belgium and Italian Republic v Commission of the European Communities: Competition in the markets for telecommunications services, Joined cases C-271/90, C-281/90 and C-289/90*. European Court reports 1992 Page I-05833.
60) Nikolaos Zahariadis, *Markets, States, and Public Policy: Privatization in Britain and France*, (Ann Arbor: The University of Michigan Press, 1995) p. 156; Oliver Stehmann, *Network Competition for European Telecommunications*, (Oxford University Press, 1995) p. 180.

そして、1987年のグリーン・ペーパーによって示された政策は、1988年2月に採択された「1992年のEC全域の競争的電気通信市場に向けて」というアクション・プログラムに基づいて具体的に実施されていくこととなった。

1.2.4　1994年のグリーン・ペーパー
(1)　新グリーン・ペーパーの公表

1994年グリーン・ペーパー「テレコム・インフラストラクチャーとCATVの自由化についてのグリーン・ペーパー」[61]は、1987年のグリーン・ペーパーとそれを受けたアクションプランの後の、以下の変化を踏まえて発表された。すなわち、まず、1990年からの数年間に、サテライトと携帯電話サービスが政策項目として追加された。これらの事項は、1987年のグリーン・ペーパーと、それが実施された指令90/387と90/388においては、様々な困難性から盛り込むことが除外されていたものであった。

さらに、1992年10月21日に、欧州委員会は、電気通信サービスの自由化指令における定めに従って、電気通信部門における国際的状況や経済的・技術的発展を踏まえてEC電気通信市場の自由化の状況を評価する報告書を発表した。それは、音声電話サービスの完全自由化に向けたものであった[62]。通信自由化状況をレビューしたその報告は、現状の評価に加え、今後ECが検討すべき政策として、自由化に関する4つの選択肢を提示した。その第一の選択肢は、これ以上自由化を進めずに自由化を凍結するというものであった。第二の選択肢は、欧州委員会が、料金と投資に関して広範囲に規制する規律を策定すると

---

61)　理事会から提示されていた1995年1月1日という期限に間に合わせるために、1994年グリーン・ペーパーは第一部が1994年10月に、第二部が1月25日に出された。しかし、合わせて1994年グリーン・ペーパーと言及する。Commission of the European Communities, *Green Paper on the Liberalization of Telecommunications Infrastructure and Cable Television Networks-Part I, principles and timetable*, 25 October 1994, COM (94) 440 final; *Part II, a common approach to the provision of infrastructure for telecommunications in the European Union*, 25 January 1995, COM (94)682 final.

62)　Commission of the European Communities, *1992 Review of the Situation in the Telecommunications Services Sector*, 10 July 1992, SEC (92) 1048 final.

いうものであった。第三の選択肢は、国内・国際を問わず、全ての音声電話を自由化するというものであり、最後の選択肢は、当面の間は、EC加盟国間の国際音声通話（域内通信）のみ自由化するというものであった。欧州委員会は、第四の選択肢が現在実施可能な選択肢であるとの説明を付したうえで、理事会、欧州議会、加盟国における議論を求めた。

(2) 自由化への圧力から自由化への動き

　欧州委員会の提案した、EC電気通信市場の自由化の状況を評価する報告書に関するその後の協議のプロセスにおいて、委員会は、サービスの利用者やその供給者から、自由化をさらに推し進めるようにすべきであるとの大きな圧力に直面することとなった。

　サービス指令ならびにオープン・ネットワーク・プロヴィジョン（ONP）指令の検討過程において、EC構成国ならびに欧州委員会は、音声電話サービス、そしてインフラストラクチャーの整備・運営の独占がなされている状況を当面は継続（現状維持）することについて合意していた。しかし、技術革新のもたらす新たな可能性が大きくなってきたことから、かつての「電気通信は自然独占である」という論拠は崩れ、EC以外の国においては音声電話とインフラが自由化された（日・米・英が、これに該当する）。そして、1991年12月においては、アメリカがガットのウルグアイ・ラウンド交渉において長距離基本電信電話サービスの自由化を提案した。アメリカの提案は多数の構成国（ECを含む）の反対によって撤回されたものの、ECのなかで音声電話サービスとインフラの自由化に向けた動きが見えはじめたのもこの頃であった。

　この自由化への圧力は、特に、報告書においてもまだ言及されていなかった電気通信「設備」の自由化へと向けられた。通信の全面的自由化に関するコンセンサスも各方面において得られたことも合わせ、結果として、欧州委員会は理事会に対し、その当時の状況に鑑みれば急進的ともいえるタイムテーブル案を提示した。1993年の4月に発表された報告書は、全面的自由化について1998年1月1日を原則的な施行日とし、1996年までに一部の自由化をすでに進めるというものであった。そして、このスケジュールに困難がある国には最長2年の猶予期間をおくとの考えを示した。

欧州委員会の提案を議論した理事会は、1993年の7月に決議を行い、1998年1月1日の完全自由化の実施を承認するとともに、域内後進国として掲げたスペイン、アイルランド、ギリシャ、ポルトガルには最長5年の、またきわめて小さな領域の国（ルクセンブルク）には最長2年の猶予期間を与えるべきであると勧告した。そして、その結果、1990年6月の欧州委員会指令の改正により、自由化が段階的に法制化されていくこととなった[63]。

(3) 技術上の基準の整備

各加盟国が上記のようにEC指令の段階的実施によって自由化されるなか[64]、事業についての規制緩和を行い、実際にそれらの自由化が国際的な市場のなかで実現するためには、相互接続規制を実際に進めるための技術的な調整が必要であるとの認識が共有されるようになり、そのための共通規制の整備が着手された。すなわち、法律上のみでなく、技術上の基準を整備することにより相互接続の実現可能性を確保し、技術情報を普及し、料金表等の統一性を保つための各加盟国の規制枠組みの統一の必要が求められるようになった。そこで、そのための共通規則は、オープン・ネットワーク・プロヴィジョン（Open Network Provision）として構築された。オープン・ネットワーク・プロヴィジョンとは、EU内における公衆ネットワークへの接続が、各加盟国の規制方法の違いにより不当に制限的とならぬよう、接続に関する技術的条件や、課金原則などを共通化する政策を表現するための概念である。

まず、オープン・ネットワーク・プロヴィジョンは、フレームワーク指令とそれぞれの具体化指令、ならびに指令案から構成され、様々な技術的要件を定めている[65]。オープン・ネットワーク・プロヴィジョンによって、各事業者の公正な競争条件が確保されると同時に、EU域内のどこからでも同じアクセス条件がユーザーに保証されることとなる。オープン・ネットワーク・プロヴィジョンは、ESTIとも連動しながら、欧州レベルにおいてのオープンネットワ

---

63) See, *id.* (above note 2), *Larouche*, pp. 40-55.
64) EUとECの表記については前掲注6) 参照。
65) *Directives* 90/387/EEC, 92/44/EEC（専用線）, 92/382/EEC（パケット交換データサービス）, 92/383/EEC（ISDN）.

ーク、そして汎欧州ネットワーク構築を目指すものであった。

(4) 1998年の自由化に向けた枠組み

　段階的に電気通信の分野の自由化を進めてきたなかで、特に1998年の音声電話を含めた電気通信の完全自由化は重要な意義を有するものであった[66]。もっとも、それぞれの加盟国における旧国営企業の市場における支配力は強く、分野固有の規制は存続していた。そのような中で、情報通信に関する競争的市場に対応するため、個別の指令が次々と採択、発効した。

　また、欧州委員会は1990年代に入り、電気通信分野における完全自由化には新規参入に対する基準・原則のルールの欧州共通化、調和化（ハーモナイゼーション）が必要となることを大きく意識しはじめた。そのため、欧州委員会によって調査が行われ、調和化のための「テレコム規制パッケージの完成」報告が提示された。

　さらに、欧州委員会は、情報通信技術の融合によって欧州域内の産業の発展や新たな市場が創生されるであろうこと、ひいては、加盟国間での相互参入による産業構造も変化するであろうことを想定し、情報通信産業における規制のあり方を継続的に検討した。そして、1997年には、「テレコム・メディア・情報技術部門の融合化と規制のインプリケーションに関するグリーン・ペーパー」、1999年には政策文書「電子情報インフラストラクチャー及び関連サービスのための新規制枠組みに向けて——1999年コミュニケーション・レビュー」、「テレコム規制パッケージの完成・第5次報告」等の報告が発表された[67]。

---

66) EUでは1998年の通信市場完全自由化、そして2002年の「新たな規制枠組み」採択が、競争促進的な事業法規制への転換点と位置づけられ、これはアメリカでは1996年電気通信法成立が転換点とされることと同様である。Charles H. Kennedy and M. Veronica Pastor, *An Introduction to International Telecommunications Law*, (Artech House, 1996) pp. 209-220; *Neuhaus* a.a.O. (Fn. 30), S. 221.

67) 参照、平成11 (1999) 年度版情報通信白書第2章第11節「欧州」。そこにおいては、「電気通信自由化から約10カ月経過した加盟諸国の国内法の整備及び実施を中心に自由化の進展状況について、①EUが採択した法規の多くが各国において国内法として制定されていること、②EUの法律パッケージの主要な規制課題を実施するための国内法が運用に入りつつあること、③加盟各国においてダイナミックな電気通信市場が急速

ちなみに、EU の目標となった自由化と調和化の推進のための指令群のうち主たるものは、①サービス自由化指令（90/388/EEC）と② ONP 枠組み指令（90/387/EEC）である[68]。

　まず、①サービス自由化指令は、音声電話サービスやテレックス、移動通信そして無線呼び出し、衛星通信サービス以外の電気通信サービスの自由化を 1993 年 1 月 1 日までを期限として義務付けたものである。そして、② ONP 枠組み指令は、統一された市場でサービス提供を行う上において必要な競争条件である、ネットワーク仲介機関や利用条件[69]、料金などについて整備するために設定される ONP の適用範囲や ONP の原則である客観性、透明性、非差別性について定めたものである。

　さらに、サービス自由化指令によって、1993 年より一部通信サービスに競争が導入された後に 1998 年の完全自由化までに出された、完全自由化に向けた指令のうち電気通信の規制枠組みとして重要なものとしては、以下のものがあった。

　まず、①完全自由化指令は、1998 年 1 月 1 日までに音声電話を含む全ての通信サービスおよび通信インフラの提供を自由化すること、1996 年 7 月 1 日までに公衆音声電話以外のサービスに関する代替インフラの利用を自由化すること、1997 年 1 月 1 日までに相互接続に関する条件を公開することのほか、ユニバーサル・サービス費用の負担義務、参入手続などについて規定した。次

に出現しつつあること」を理由として、一部の国において是正措置は必要であるものの、総じて大きな問題がないと結論づけている、EU における電気通信自由化の実施状況に関する欧州委員会レポートが照会されている。また、参照、山田高敬『情報化時代の市場と国家―新理想主義をめざして』（木鐸社、1997 年）。See, Commission of the European Communities, *Communication from the Commission to the Council, the European Parliament, the Economic and Social Committee and the Committee of the Regions, Third report on the implementation of the telecommunications regulatory package*, COM (1998) 80 final.

68)　See, *id.* (above note 2), Goodman, pp. 75-99.
69)　'network interface' とは、ネットワークの機能を使用するための電気的もしくはソフトウェア的な呼び出し方法などの仕様のことである。前掲、『IT 用語辞典』（NTT コミュニケーションズ、2011 年）参照。

に、②免許指令は、通信市場の自由化の促進のために、基本的に、事前認可の取得を不要とすべきこと、例外的に認可制とする場合にも、一般認可（general authorization）とすべきことを規定した指令である[70]。さらに、③相互接続指令は、完全自由化を踏まえて、通信網の相互接続、サービスの相互運用性を確保するうえでの規制枠組みを定めた指令であり[71]、④移動通信とパーソナル通信指令は、移動通信に関する排他的特権の廃止、移動通信事業者に対する自営網構築および代替インフラの利用認可、付与数に特に制限のない、公正かつ透明な事業免許付与手続の確立などが規定された指令である。

表 1.1 に、自由化関連指令を示す。

---

[70] 同時に、ユニバーサル・サービスの提供義務を課す場合に関してや、事業者に特別な義務を課す場合、無線周波数を利用する場合など、個別免許の付与が認められる例外も定められている。

[71] 相互接続の権利ならびに義務、自由競争下におけるユニバーサル・サービスの確保、相互接続の非差別的な提供や、コストに基づいた透明な接続料金の設定、接続会計の分離、接続条件の公開など、SMP（顕著な市場支配力：significant market power）を有する事業者の義務や、相互接続交渉に係る紛争調停、固定通信への番号ポータビリティ、イコールアクセスの導入などが規定された指令である。

[72] See, Commission of the European Communities, *Communication from the Commission to the Council, the European Parliament, the Economic and Social Committee and the Committee of the Regions, Towards a New Framework for Electronic Communications Infrastructure and Associated Services - The 1999 Communications Review*, 10 November 1999, COM (1999) 539 final.

[73] インターネット電話に関しては、欧州委員会が 1997 年の 5 月から 7 月にかけてパブリックコンサルテーションを行った結果、通信自由化指令条の解釈として、音声電話には当たらないと位置付けられた。この欧州委員会による解釈は 1998 年 1 月に EC 官報に公示された（1998/C06/04）。インターネット電話が指令にいうところの「音声電話」に当てはまるためには、音声信号の直接伝送やリアルタイム伝送である必要がある、等の条件を満たす場合に限られるとして、1998 年現在のインターネット電話に関しては、それらの条件すべてを満たさずに該当しないとされた。*Id.* (above note 2). Larouche, *Competition Law and Regulation in European Telecommunications*, pp. 4-55.

[74] 電気通信とケーブル TV の兼営禁止は、1997 年の 12 月、欧州委員会によって改正が企図されたものである。欧州委員会は、電気通信とケーブル TV を兼営する事業者に関して、会計の分離のみでは不十分であり、事業体の分離が必要であるとした。欧州委員会は改正案を 1998 年 3 月に官報に公示し、パブリックコメントを 2 カ月募集した上で、1996 年の 6 月に「通信網とケーブル TV 網を保有する事業者の法的な分離を保障するた

表1.1 自由化関連指令[72]

採 択	委員会指令名	内 容	実 施
1988年5月	端末自由化指令	通信端末	1989年1月
1989年6月	サービス競争指令 (90/388/EC)	専用線・データ通信規制と運用の分離	1993年1月
1994年10月	衛星通信指令 (サービス競争指令改正) (94/46/EC)	衛星通信用端末 通信衛星宇宙部分 衛星通信サービス	1995年8月 1995年8月 1995年8月
1995年10月	CATV指令 (サービス競争指令改正) (95/51/EC)	自由化済サービスのケーブルTV網での提供	1996年1月
1996年1月	移動体自由化指令 (サービス競争指令改正) (96/2/EC)	移動通信サービスおよびそのインフラ DCS1800サービスの開始	1996年2月 1998年1月
1996年3月	完全自由化指令 (サービス競争指令改正) (96/19/EC)	自由化済サービスの代替インフラストラクチャーでの提供 音声電話(=通信サービス完全自由化)[73]	1996年7月 1998年1月
1999年6月	ケーブル所有指令 (サービス競争指令改正) (99/64/EC)	通信事業とケーブルTV事業の兼営廃止[74]	2000年4月

1.3 情報通信規制の協調の推進——2002年の変化

　電気通信から電子通信への概念変化のように、EUにおいて情報通信の融合状況が正面からとらえられて協調が進められた背景には、欧州委員会によるハーモナイゼーションの推進があった。ハーモナイゼーションには、標準化という意味もあるが共通化、調和化、協調という意味もある。協調にもさまざまな手段があるが、EU域内市場のなかで特に重要となりはじめた情報通信分野におけるEUのリーダーシップを、どのように、だれが図ろうとしているのかが常に問題となってきたのが、欧州電気通信における規制枠組み構築の難しさで

めの改正指令」(99/64/EC)を採択した。この指令によって、欧州委員会は、支配的地位を有する電気通信事業者が同一地域においてケーブルTV事業を行うことを禁止することとなった(各国政府の国内法制化期限はそれから9カ月後であった)。*Id.* (above note 2), Larouche, p. 45.

もあった。枠組みの構築にあたっては、加盟各国と欧州委員会のどちらを優先し、国際協調をどのように進めるべきかについて、加盟各国との間、そして加盟各国と EU との間で、さまざまな対立や軋轢が生ずることとなる。そこで、本節においては、この過程を見ることによって、電気通信から情報通信という技術の進化に対応する国際的な流れがどのように進行していったのかを確認することとしたい。

1.3.1 EU 指令による規制協調化──技術の融合とその規制

欧州通信の自由化ののち、2000 年 5 月に欧州委員会によって採択された eEurope2002 アクションプランは域内における共通の情報通信（IT）政策を推進するものであり、2000 年以降の欧州を eEurope と位置付けて情報化社会への加速を促すものであった[75]。情報インフラに係る地域間格差を減少させることの重要性を強調した eEurope2002 の実行のため、欧州委員会は既存の構造基金によるプログラムにおける情報社会プロジェクトの優先度を引き上げ、構造基金のうち約 100 億ユーロが、情報インフラ、電子政府、電子商取引および情報通信スキル分野に投入された[76]。さらに、委員会は、競争的市場への対応

---

[75] IT 分野における欧州域内間での格差あるいはアメリカとの格差の広がりが見られるなか、全ての欧州市民のための情報社会を構築するために、1999 年 12 月、欧州委員会は「電子欧州（eEurope）」と題する文書（コミュニケーション）を採択した。See, Commission of the European Communities, *Communication from the Commission to the European Parliament, the Council, the Economic and Social Committee and the Committee of the Regions, Fifth Report on the Implementation of the Telecommunications Regulatory Package.* 10 November 1999, COM(1999) 537 final.

そして、かかるイニシアティブは、2000 年 3 月のリスボン特別欧州理事会において、EU の重要課題である雇用、経済成長及び社会結束を進めるうえで重要な政策であると位置づけられた。続く 2000 年の 5 月 24 日に 2000 年 3 月のリスボン特別欧州理事会における結論を反映した「電子欧州行動計画案」（eEurope2002）が定例の欧州委員会において採択され、6 月 19、20 日のフェイラ（ポルトガル）で開催された欧州理事会において、EU 各国の首脳により承認された。

[76] European Commission, eEurope 2002: *An Information Society For All, Action Plan prepared by the Council and the European Commission for the Feira European Council*, 19-20 June 2000; Commission Communication of 13 March 2001 on eEurope 2002: *Impact and*

と自由化への動きにさらに対応するために、電子通信に対して 2003 年の 1 月より適用される新しい 2002 年のフレームワーク構築を行った[77], [78]。

(1) 規制体系

後述する 2002 年の電気通信指令パッケージ以前の EU の規制体系は、技術の進化に対応するためもあり、様々な指令が適宜改正されるなど、統一感がないものとなっていた（1998 年の自由化に向けた指令枠組）。

すなわち、2002 年の電気通信指令パッケージ以前は、技術的指令も含めて多くの指令で構成される体系となっていた。そこで、段階を経て自由化が推進されるために改正等がされてきた 1998 年の電気通信自由化枠組みは、2002 年の規制枠組みへとまとめられることとなった[79]。

これらの規制枠組みを構成する指令群のうちの第 1 番目のものは、EU 電子通信規制政策における加盟国規制機関の役割、用語の定義、EU 法を EU 域内

Priorities A communication to the Spring European Council in Stockholm, 23-24 March 2001, COM (2001) 140 final.

[77] Peter L. Strauss, Turner T. Smith, Jr. and Lucas Bergkamp, *Administrative Law of the European Union, Rulemaking*, (ABA, 2008) p. 164.

[78] もっとも、かかるフレームワーク指令の各国内法制化期限は各国で守られることがなく、欧州司法裁判所によって違反認定がなされるなど足なみは揃わなかった。EU としての統一的な枠組みを定めたフレームワーク指令は各国の法制化が必須の枠組みであったものの、法制化期限までに実施を行ったのはデンマーク、アイルランド、フィンランド、スウェーデン、およびイギリスの 5 カ国のみであり、法制化の遅滞について欧州司法裁判所による手続が開始された。また、法制化が行われても、その内容に違反があるとして EC 条約上における違反手続も取られた（ドイツ、イタリア、オランダ、オーストリア、ポルトガル、フィンランド）。European Union, Press release, *Six Member States face Court action for failing to put in place new rules on electronic communications*, 21 April 2004, IP/04/510.

[79] 1999 年に通信規制の抜本的な見直しに取り掛かった欧州委員会は、2000 年 7 月に一連の新しい電気通信規制パッケージを採択し、翌月、枠組み指令、相互接続指令、認可指令、ユニバーサル・サービス指令、個人データ保護指令の指令案を提案した。さらに、競争指令を、EU 条約 86 条により、旧サービス指令等を統合・簡素化されたものであるが、それぞれの指令全て採択されてから欧州委員会がそれらに適合するように改定した。*Id.* (above note 72), COM (1999) 539 final.

で一貫性のある仕方で適用するための手続等、特定事項についての規制手段を規律するのではなく、規制措置を講じるための枠組を定める「電子通信網および電子通信サービスに関する共通規制枠組に係る指令」[80]である。その他にも、「電子通信網およびサービスの認可に関する指令」（認可指令）[81]、通信網および関連施設への接続条件等に関する加盟国の規制政策を、EU域内で一貫性のあるものとするための規制法である「電子通信網および付属設備へのアクセスおよび相互接続に関する指令」（アクセス指令）[82]が含まれており、さらに、「電子

---

[80] 競争法の分野になるが、支配的事業者という概念が導入され、加盟国規制機関が市場分析を行い、欧州委員会がそれをチェックするプロセスも規定された。この市場分析によって、支配的事業者が特定され、その事業者には他の指令において様々な義務が課される。

[81] *Directive* 2002/20/EC. Official Journal of the European Communities, Directive 2002/20/EC of the European Parliament and of the Council of 7 March 2002 on the authorization of electronic communications networks and services (Authorisation Directive), OJ L 108, 24 April 2002. 電子通信網およびそれを使ったサービスを提供する事業の認可制度を、EU域内で一貫性のあるものとするための指令である。事業認可手続きを軽減し、事業者の新規参入を呼び込み、市場競争を強化することを目的とする。従来電子通信網を利用する事業を行う場合、国内規制機関から個別免許や許可を得る必要があったが、事業者はその条件が簡便化された。だが、周波数を利用する事業に関しては、従来どおり規制機関の個別許可が必要であるとされた。

[82] See, Directive 2002/19/EC of the European Parliament and of the Council of 7 March 2002 on access to, and interconnection of, electronic communications networks and associated facilities (Access Directive). OJ L 108, 24.4.2002, pp. 7-2. *Directive* 2002/19/EC は、電子通信網とそれを利用するサービスを提供する事業者間での相互接続およびアクセスに関する権利および義務を規定する。ここで、アクセスとは他の事業者へ、一定の条件の下で、電子通信サービスを提供するための施設およびサービスを開放することを意味する。相互接続とは、異なる事業者と契約するユーザー同士の通信を可能にするために、事業者間で通信網をつなぐことを意味する。事業者は、他の事業者が相互接続を要請する場合、交渉する権利および義務を持つ。なお枠組指令が定める市場分析によって支配的事業者とされた事業者に、加盟国規制機関は、相互接続とアクセスに係る情報を公開する義務、自分の系列会社と他の事業者を差別しない義務、会計分離の義務等を課すことができる。その他、通信網の一定部分を開放する義務、相互接続とアクセスの価格統制に係る義務（枠組指令が定める市場分析によって、支配的事業者が料金を正当な理由なく高額に設定していることが明らかにされた場合、加盟国規制機関がコスト回収方式および価格設定方法についての義務を課すことができる）等を課すことができる。

通信網とサービスに係るユニバーサル・サービスと使用権に係る指令」(ユニバーサル指令)は、エンドユーザーの権利とエンドユーザーに対する事業者の義務に関する加盟国の規制政策を、EU 域内で一貫性のあるものとするための規制法である[83]。また、「電気通信ネットワーク・サービス市場の競争に関する指令」(競争指令)[84]は、電子通信ネットワークおよびサービス(ケーブルテレビ、携帯電話、衛星など)の市場競争力に関する旧指令を新たな義務を追加することなく、修正および統合したものであり、競争に関する基本的な事項を規定するものである[85]。そして、「電子通信部門における個人データの処理とプライバシーの保護に係る指令」(プライバシー指令)は、個人情報およびプライバシー権の保護に関する加盟国の規制政策を、EU 域内で一貫性のあるものとするための規制法である[86]。

以下、1998 年規制パッケージと 2002 年のフレームワークの対比を表 1.2 に

---

[83] 電気通信におけるユニバーサル・サービス概念は、歴史的に拡大・変遷を遂げている。ユニバーサル・サービスとは OECD の「ユニバーサル・サービス」を契機として、'availability'(サービスの利用可能性)と 'affordability'(経済的利用可能性)がユニバーサル・サービスの重要な構成要素である。OECD の定義は、①どこでも利用可能であること(universal geographical access)②経済的に利用可能であること(universal affordability)③一定のクオリティの確保がされていること(universal service quality)④同一料金の維持(universal tariffs)という上記 4 つの条件を満たすことによって、いわゆるユニバーサル・サービスが保障されるとする(一般的定義については、第Ⅱ部注 46)を参照)。参照、実積寿也「ユニバーサル『通信』サービスの確保:郵便制度への含意」経済學研究 73 巻 4 号(2006 年)23 頁以下。
[84] *Directive* 2002/77/EC. Commission Directive 2002/77/EC of 16 September 2002 on competition in the markets for electronic communications networks and services, OJ L 249, 17.9.2002, pp. 21-26.
[85] 本指令は欧州委員会によって 2002 年の 9 月 16 日に採択された。そして、加盟国は 2003 年の 7 月 24 日までに電子通信網およびサービスの提供に伴う独占権等の特別な権利の廃止などを含め、国内の法制化状況を欧州委員会に報告する義務を負っていた。
[86] この指令は、欧州連合基本権憲章で定められた欧州市民の基本権を遵守することを目的としている。具体的には、盗聴や当事者の同意を得ない個人情報の保存等を禁止するとともに、ユーザーの同意なくクッキー機能を利用することを禁止するものである。なお、国家の安全や犯罪の予防等に必要だと判断された場合は、この指令の効力は各国の判断で制限されうる。

44

て示すことにする[87]。

1.3.2 「電子通信」概念の登場

2002年の電気通信規制パッケージ指令群から使用されはじめた「電子通信」概念は、技術発展を受けて形成されたものであり、これまでのものとは一線を画したものであった。その背景には、情報通信技術政策のEUにおける統合化への模索が存在する。

すなわち、2000年に欧州理事会によって発表されたリスボン戦略が、2010年までを期限とする経済・社会政策目標を定め、その中において、情報通信技術は知識経済への移行に必要な根本的な要素として位置付けられた[88]。そして同2000年には、「eEurope戦略」という情報通信技術政策が定められている。

その中では、とくに早急の推進課題となったインターネットの普及について、接続料金の引き下げが必要であるとの認識が示され、そのために、2000年7月に欧州委員会は電気通信に関する新たな枠組みのためのパッケージを提案した。その結果、①フレームワーク指令（2002/21/EC）②認可指令（2002/20/EC）③アクセス指令（2002/19/EC）④ユニバーサル・サービス指令（2002/22/EC）⑤データ保護指令（2002/58/EC）⑥電気通信ネットワーク・サービス市場の競争に関する指令（2002/77/EC）⑦無線周波数スペクトラム決定（676/2002/EC）[89]の欧州指令等が、2002年に採択されている。

---

[87] *Id.* (above note 72), COM (1999) 539. また、COM (2003) 915, COM (2004) 759 等、並びに福家秀紀「EUの新情報通信指令の意義と課題」公益事業研究55巻2号（2003年）4頁等を参照して作成。

[88] EUを、雇用を創出し、社会的連帯を強化した上で、持続的な経済成長を達成しうる、世界中で最もダイナミック、かつ競争力のある知識経済地域に発展させるという目標が一般理念として挙げられた。知識経済とは、低労働賃金雇用を創出して市場を活性化させるのではなく、高い技術力を必要とする専門職をより多く生み出し、付加価値のある製品の生産性を向上させることを指すものである。See European Council of 23-24 March 2000, Presidency Conclusions.

[89] 無線周波数スペクトラム決定は、公的目的、防衛、治安目的で無線周波数を調整・使用する加盟国の権利を認めながらEUにおける無線周波数の全利用を調和させるものである。「EU2002年通信規制政策」（2002年電気通信パッケージ、電子通信フレームワークとも言う）は、6指令（枠組み指令、アクセス指令、認可指令、ユニバーサル・

第1章 序——情報通信の発展とその規制の変化について

表1.2

1998年の枠組み	2002年の枠組み
ONP枠組み指令 　ONP Framework Directive (90/387/EEC)	枠組み指令（フレームワーク指令） 　Framework Directive (2002/21/EC)
免許指令 　Licensing Directive (97/13/EC) GSM指令 　GSM Directive (87/372/EEC) ERMES指令 　ERMES Directive (90/544/EC) DECT指令 　DECT Directive (91/287/EEC) S—PCS指令 　Satellite-PCS Decision (710/97/EC) UMTS決定 　UMTS Decision (128/1999/EC) 欧州緊急番号決定 　European Emergency Number Decision (91/296/EEC) 国際アクセスコード決定 　International Access Code Decision (92/264/EEC)	認可指令 　Authorization Directive (2002/20/EC)
ONP専用線指令 　ONP Leased Lines Directive (92/44/EEC) TV標準指令 　TV Standards Directive (95/47/EC) 相互接続指令 　Interconnection Directive (97/33/EC)	アクセス指令 　Access Directive (2002/19/EC)
音声電話指令 　Voice Telephony Directive (98/10/EC)	ユニバーサル・サービス指令 　Universal Service Directive (2002/22/EC)
サービス自由化指令 Service Directive (90/388/EEC)（専用線・データ通信規制と運用の分離）以下の指令により修正されている。 衛星通信自由化指令 　Satellite Directive (94/46/EC) CATVネットワーク自由化指令 　Cable Directive (95/51/EC) 移動通信とパーソナル通信指令 　Mobile Directive (96/2/EC) 完全自由化指令 　Full Competition Directive (96/19/EC) （自由化済サービスの代替インフラストラクチャーでの提供（1996年7月）、音声電話＝通信サービス完全自由化（1998年1月）） ケーブルテレビ所有指令 　Cable Ownership Directive (1999/64/EC)	競争指令 　Consolidated Directive (2002/77/EC)
電気通信データ保護指令 　Telecommunications Data Protection Directive (97/66/EC)	データ保護指令 　Data Protection Directive (2002/58/EC)

ちなみに、EU においては、これらを総称して「電気通信指令パッケージ」というのが通例である。かつ、この 2002 年電気通信規制パッケージから、電気通信（telecommunications）という用語ではなく、電子通信（electronic communications）という用語が登場することとなった。この名称の変更の背景には、通信と放送のコンバージェンス（「融合」）が現実のものとなることが予想されるなか、電気通信の他に、放送用通信を包含する概念が必要となってきたとう事情がある。この言葉によって、ケーブル、地上波を含む放送も含めたすべての通信ネットワーク・インフラ（Electronic Communications Network）と、そのネットワーク上で提供されるサービスが、統一的に扱われることになった[90]。

　この「電子通信」概念の登場は、通信と放送の融合が近い将来に予想される事態のなかで統合的な規制を EU が目指す上では不可欠なものであり、それ故、2002 年の「電気通信規制パッケージ」にこれが導入されたことは必然的なことであった。

　以上の経過にみられるように、この概念は、技術的な問題への対処という要素が多く、そこに登場する概念の定義もテクニカルなものであるが、それまでの「電気通信」という概念には収まりきらない新たなコミュニケーションツールを規制枠組みの中に取り込み、技術の進化に対応しようとしたものとして、法的にも注目に値する[91]。

サービス指令、競争指令、プライバシー指令）及び 1 決定（無線周波数決定）によって構成されているが、6 指令を主に検討する。

[90]　2002 年の枠組みにおいて、欧州委員会は競争市場にかかわる電気通信分野に関する規制権限を強化し、通信の参入を免許制にする場合には、加盟国政府は免許基準を公表し、欧州委員会に通知することとされた。そして、免許を取得するキャリア数を限定することは禁止された。前掲注 87)・福家・「EU の新情報通信指令の意義と課題」1 頁以下。

[91]　See, Commission of the European Communities, *Commission Recommendation on relevant product and service markets within the electronic communications sector susceptible to ex ante regulation in accordance with Directive 2002/21/EC of the European Parliament and of the Council on a common regulatory framework for electronic communications networks and services*, Brussels, 16.12.2002, C (2007) 5406 rev 1.

まず、「電気通信規制パッケージ（以下表1.3参照）」に用いられている電子通信は、すでに述べたように、電子通信ネットワーク・電子通信サービスを包含する。そして、電子通信ネットワークは、コンテンツ[92]の種類を問わず、コンテンツを伝送するための物理的なネットワークを指す[93]。なお、電子通信サービスは、電子通信ネットワークを利用したコンテンツ全般の伝送サービスのことを意味し、放送のコンテンツや、金融サービスまたは情報社会サービスなど、電子通信サービスを用いて伝送されるサービスは対象外とされた[94]。

そして、電子通信サービスと電子通信ネットワークを除いたものがコンテンツ規制領域となり、「技術・規制における情報提供手続指令」[95]によって定義された。また、「電子商取引指令」[96]によって規律される、受信者の個別の要求に応じて提供されることを要件の１つとする「情報社会サービス」、電子通信サービスの例外として位置付けられた「編集の権利の提供・行使のあるコンテンツ」という分類も存在したが、それらの分け方はそれぞれ排他的なもので

---

92) 情報の内容、映像・静止画・音声・文字などの情報やデータの総称として用いられる。

93) 本文にも記述のとおり、電子通信ネットワークは「伝送される情報の種類を問わず、有線、無線、光学的あるいはその他の電磁的な手段による信号の伝送を可能とする衛星ネットワーク、固定ネットワーク（回線交換によるもの、およびインターネットを含むパケットの交換など）、移動地上波ネットワーク、電力ケーブル・システムなどを含む交換機、ルーティング設備その他の設備、または信号伝送のためのラジオ・テレビ放送用ネットワーク、ケーブルテレビネットワーク」と定義されている。電子通信サービスとは、「電子通信ネットワーク上で提供される、その全てまたは大部分が信号の伝送からなる通常対価を取って提供されるサービスであり、電気通信サービスおよび放送用ネットワークのうちのネットワークの伝送部分を含むもので」あり、「電子通信ネットワークやサービスを用いて伝送されるコンテンツの編集機能、および情報社会サービス（Information Society Service）は除外する」と定義されることとなった。

94) 放送のコンテンツについては、加盟国間で制度が大幅に異なり、その制度の構築にも文化的・政治的背景を伴うことから、共通化が難しいと考えられた。フレームワーク指令前文（5）は文化的・言語的多様性およびメディアの多元性の重要性を強調する。なお、参照、林紘一郎「インターネットと非規制改革」林紘一郎・池田信夫（編著）『ブロードバンド時代の制度設計』（東洋経済新報社、2002年）。

95) *Directive* 98/34/EC（改正、*Directive* 98/48/EC）。

96) *Directive* 2000/31/EC。

表 1.3　電気通信規制パッケージ[98]

電子通信ネットワーク、サービスを利用してネットワーク上で配信されるサービスの内容（規制パッケージの対象外）	【放送のコンテンツや金融サービス、情報社会サービス（Information Society Service）】（規制パッケージの対象外）
電子通信サービス (Electronic Communications Service)	【電子通信ネットワークを利用したコンテンツ一般の伝送サービス】 (電子通信ネットワーク上で提供される信号伝送サービス（電気通信サービス、放送のための伝送サービス))
電子通信ネットワーク (Electronic Communications Network)	【コンテンツの種類を問わず、コンテンツを伝送するための物理的なネットワーク】 (cf. 伝送システムおよび交換・ルーティング機器（衛星、固定（回線交換、インターネットを含むパケット交換）等、移動体、電力ケーブル・システム、ラジオ放送・テレビ放送のためのネットワーク)
関連設備 (デジタル TV 用機器)	電子通信ネットワーク、電子通信サービスを支援する設備（CAS、EPG を含む）

はないとの理解が示されている[97]。

1.3.3　小　括

　以上、EU 指令による規制協調化の過程を、EU 指令に焦点をあてて検討してきた。以上の考察を通じて、欧州が 1990 年代に入り、電気通信分野の自由化を段階的かつ着実に進めてきたことを確認できた。1987 年のグリーン・ペーパーは、これを象徴するものであった。1998 年の 1 月 1 日をもって、音声通信を含めて電気通信の全分野が自由化されたが、1998 年の時点における自由化に向けた規制枠組みは、電気通信分野は旧国営企業による支配の強い分野であったこともあり、市場との関係でさまざまな個別の規制が存続する状態であった。

---

97)　前掲注 87) 福家・「EU の新情報通信指令の意義と課題」1 頁以下参照。
98)　EC 条約 95 条を根拠として採択された枠組み指令 (Framework Directive) (Directive 2002/21/EC) 等の指令群からなるものである。表は、前掲・福家「EU の情報通信指令の意義と課題」4 頁、ならびに佐々木勉「EU におけるブロードバンド市場の動向と政策」海外電気通信 (2005・2 月号) 7-9 頁を参照して作成。

そのようななか、インターネットに関係する商取引やデータ通信に付帯する問題などを定める指令も次々と制定され、規制体系が複雑となっていたこともあり、新しい規制体系の検討が開始されたことによって、規制の整備が図られたのが、電子通信規制枠組みである。

特に、上記にみた2002年のフレームワークにおいては、電子通信（electronic communications）という概念の導入によってメディア融合に対応した統一的な規制体系であることが強調された。この規制改革は、市場への参入手続がさだめられた認証指令によって、電子通信ネットワークまたは電子通信サービスの参入にあたり、個別免許が廃止されて届出制へと移行するなど、現実に行政の関与を少なくして市場を開放し、自由化をさらに推進するものであった[99]。かかる規制体系見直しは、技術革新への対応とともに、電子商取引指令などともあいまって、情報通信市場における法的問題にできるかぎり柔軟かつ包括的に対応しようとしたものと評価できよう。

1.4　欧州デジタル単一市場戦略にみる規制の組換え

ここで、電子通信規制パッケージの改革と規制の組換えにかかわるとくに重要な近年の動向をみておくこととする。2015年5月に発表された欧州デジタル単一市場戦略は、これまでのEUの情報通信分野における枠組みを見直し、新たな技術発展に合わせて、規制の組換えと整備を提言するものであった[100]。

欧州デジタル単一市場戦略の内容は、第一がEU全域における、電子商品や電子サービスへのオンラインアクセスの向上、第二がデジタルネットワークやデジタルサービスのための適切な環境づくり、第三がデジタル経済の潜在力の

---

99)　届出制度の下でも様々な行政指導が行われるといったことはなく、簡易に定められた届出さえ行えば事業が開始可能なように定められた。*Directive* 2002/20/EC. Official Journal of the European Communities, *Directive 2002/20/EC of the European Parliament and of the Council of 7 March 2002 on the authorization of electronic communications networks and services (Authorisation Directive)*, OJ L 108, 24 April 2002.

100)　European Commission, *A Digital Single Market Strategy for Europe*, 6 May 2015, COM(2015) 192 final, p. 20, Roadmap for completing the Digital Single Market.

最大化という3つの柱に分けられており、それぞれの柱のなかで、合計16の施策が、目標年とともに定められた（以下、かっこ内は目標年である）。

まず、第一の柱に関するものが①加盟国間を横断する電子商取引を簡便化するための立法提案（2015年）、②ネットショッピング等に関する消費者保護規約の強化（2016年）、③宅配サービスの整備（2016年）、④不正アクセス拒否（ジオブロッキング）の撲滅のための立法提案（2015年）、⑤オンライントレード等、欧州のデジタル市場における不当競争の実態の特定（2015年）、⑥著作権枠組みの整備に関する立法提案（2015年）、⑦「衛星およびケーブルに関する指令」の見直し（2015〜2016年）、⑧（加盟国ごとに異なる）VAT税制体制から生じる税務負担等を軽減する立法提案（2016年）であった[101]。

第二の柱に関するものが、⑨現在のEUの通信法制の抜本的見直しとそのための立法提案（2016年）、⑩「視聴覚メディアサービス指令」の見直し（2016年）、⑪検索エンジンやソーシャルメディア等のオンラインプラットフォームに関する違法コンテンツの検証も含めた総合的検証（2015年）、⑫個人情報保護に関する「e-プライバシー指令」の見直し（2016年）、⑬サイバーセキュリティー産業との公私協働体制の構築（2016年）である[102]。

そして、第三の柱に関するものが、⑭EU域内で自由なデータの移動を可能とするための欧州クラウドイニシアティブの立ち上げ（2016年）、⑮ICT標準化の採択と公共サービスのための欧州相互運用枠組みの拡大（2015年）、⑯ビジネスに関する登録情報を共有できる仕組み等に関するイニシアティブを包含した新しい電子政府（e-government）に関する行動計画（2016年）であった[103]。

第一から第三の柱を総合したこれらの計画から分かることは、まず第一に、欧州統一市場の整備のための準備が進められていることである。また、ソーシャルメディアサービスの急速な発展などに伴い、様々な新たな権利保護枠組みの構築の必要性が出てきたこともあり、2009年のテレコム改革パッケージに基づいている現在の法的枠組みが、多くの場面において、新たな変化に対応す

---

101) *Id.* COM (2015) 192 final, pp. 4-8.
102) *Id.* pp. 9-13.
103) *Id.* pp. 13-19.

るために見直されていることもわかる[104]。

---
104) 現在の枠組みも含めた検討については、第5章参照。

第2章　欧州レベルの調整機関の設立

　本節においては、2009年の改正において設立された欧州における調整機関の検討を行う。かかる調整機関は、2009年12月に制定された、新しいEU電子通信規制に関する規則・指令（テレコム改革パッケージ）によって設立された。具体的には、このテレコム改革パッケージは、①BEREC設立に係る「欧州電子通信規制団体（BEREC）ならびに事務局の設置に関する規則（Regulation）」[105]と、②消費者保護やプライバシーの保護等に係る「市民の権利（Citizen's Rights）指令」[106]、そして③規制枠組みや周波数政策等に係る「よりよい規制（Better-Regulation）指令」[107]の3つからなるものであった[108]。本章においては、

---

105) *Regulation* (EC) No 1211/2009. Official Journal of the European Union, Regulation (EC) No 1211/2009 of the European Parliament and of the Council of 25 November 2009 establishing the Body of European Regulators for Electronic Communications (BEREC) and the Office, OJ L 337, 18 December 2009.

106)　Directive 2009/140/EC. Official Journal of the European Union,Directive 2009/140/EC of the European Parliament and of the Council of 25 November 2009 amending Directives 2002/21/EC on a common regulatory framework for electronic communications networks and services, 2002/19/EC on access to, and interconnection of, electronic communications networks and associated facilities, and 2002/20/EC on the authorisation of electronic communications networks and services, OJ L 337, 18 December 2009.

107)　*Directive* 2009/136/EC. Official Journal of the European Union, Directive 2009/136/EC of the European Parliament and of the Council of 25 November 2009 amending Directive 2002/22/EC on universal service and users' rights relating to electronic communications networks and services, Directive 2002/58/EC concerning the processing of personal data and the protection of privacy in the electronic communications sector and

これらのさまざまな取組みの中でも[109]、欧州レベルにおける調整機関の設立に焦点をあてて考察することとし、②および③については、以下に概説するにとどめたい。

まず、②市民の権利指令は、「ユニバーサル・サービス指令」、「プライバシー指令」、「消費者保護提携に係る規則」を改正したものである。この改正指令によって、ユニバーサル・サービスの対象の拡大とネットワークの中立性に対する対応が定められた[110]。また、③より良い規制指令は、枠組み指令（2002/21/EC）とアクセス指令（2002/19/EC）ならびに認可指令（2002/20/EC）を改正する指令である。それによって、インターネットのアクセス権に関わり、ネット

Regulation (EC) No 2006/2004 on cooperation between national authorities responsible for the enforcement of consumer protection laws, OJ L 337, 18 December 2009.

108) すべて、2009年12月18日付けのEU官報に収録（前掲注105)～107）参照）。
109) たとえば欧州委員会による光ファイバー構築勧告と、その勧告の必要性の声明によれば、「欧州は今後デジタルの分野においてもさらなる単一市場を目指しており、加盟国の規制機関において個別の規制を行うことが可能ではあるが、望ましくない。標準的な方針については、できる限り欧州委員会の勧告したガイドラインに従うべきである」と説明がなされ、勧告ではあるものの、単一市場へのリーダーシップを図る姿勢はさらに強くなっていると評価できる。European Union, *Digital Agenda: Commission outlines action plan to boost Europe's prosperity and well-being*, IP/10.581.
110) ユニバーサル・サービスの対象となりうるものは、「公衆電話ネットワーク」に関するものだけであったが、今回の改正によって、「公衆通信ネットワークおよび公衆に利用可能な電子通信サービス」に関するものに対象が拡張されて、ブロードバンドアクセスサービスもユニバーサル・サービスとして課すことが可能となった（ブロードバンドアクセスがユニバーサル・サービスの対象となるかが問題であった）。ユニバーサル・サービス一般については、曽我部真裕・林秀弥・栗田昌裕『情報法概説』（弘文堂、2015年）139-140頁参照。なお、第Ⅱ部注47）も参照。
ネットワークの中立性に関しては、改正後のユニバーサル・サービス指令1条によって、プロバイダーが利用制限の条件を公表することによって利用者に選択を任せる措置が明記された（事業者に対する利用制限に関する条件や禁止条件をEUレベルで統一することが議論されていたが、そのような規制はなされなかった）。そして、規制当局には、事業者に対して料金情報や、アクセス制限に関する情報を公開するように命じることができるように一定の権限が付与された。ユニバーサル・サービス指令21条。*Ladeur, Das Europäische Telekommunikationsrecht im Jahre 2009*, K&R 5, 2010, S. 308ff.

接続の遮断に関しては「司法の検証」が必要であると定められた[111]。また、これまでは、各国規制当局が事前規制を課そうとする場合には、具体的な事業者に対する規制措置案について欧州委員会が拒否権を行使する構造となっていたが、このような拒否権のかわりに、BEREC という調整機構を介在させる決定枠組みが定められた。そして、これら2つの指令については、2011 年 5 月までに加盟国に国内法化する義務が課せられた。

　これらの通信法制の改革は、ブロードバンド時代における様々な消費者のニーズにこたえることと同時に、欧州単一市場を欧州委員会がより強いイニシアティブによって導く仕組みへとシステムを変更していこうとするものであった。

　もっとも、2009 年の電子通信規制改革における最大のポイントは、上記①の規則に規律された EU 新機関の設立である。

　ちなみに、3つの規制法案のなかで BEREC に関する規律は、規則という形で制定されたため、各国の国内法に直接適用されており、2010 年の1月から発効し、BEREC の会合も開かれた。このようにすでに活動を開始した BEREC であるが、現在の組織形態に落ち着くまで、BEREC の設立に関しては様々な議論が交わされた。

　すなわち、単一市場を形成するためには、EU 規制法を全加盟国内で統一した仕方で実施させる強力な規制機関が必要であるとする欧州委員会は加盟国政府の権限を制限する機関の設立を望んでいたものの、加盟国政府の反対は強く、強力な規制機関の設立には至らなかった。しかし、欧州委員会は、欧州委員会決定「欧州規制機関グループ設立に係る委員会決定」によって設立された ERG（European Regulators Group）という前身機関を改組する形をとりつつ、調整機関としての実質を有する BEREC の創設にこぎつけることに成功した。

111）インターネットへ接続する権利が個人の人権か否かが争われていた。フランスにおいては、違法なダウンロードを繰り返すネット利用者の接続を遮断する「スリーストライク」案が検討されたが、かかる規制が有効かも問題となっていた。インターネット接続の遮断には司法機関の事前判断が必要であるという規定の挿入が模索されたが、「司法の判断」ではなく「司法の検証」という言葉となった。もっとも、これによってインターネット接続の行政機関の判断による遮断は困難となったとの見方が大勢である。Ladeur, a.a.O., S.310f.

この点は、政策の前進として評価しうるものといえよう。

2.1 設立までの経緯

2.1.1 電子通信規制枠組み見直しの文書[112]

欧州委員会は、2007年11月13日、それまでの通信規制パッケージ（2002年成立）にかわる新しい規制関連法案を欧州議会に提出した。それは、現行規制の改正に関する指令案2つと、汎欧州的な通信市場監督機関（ETMA：European Telecom Market Authority）の設置に関する規則案、という形式をとっていた。

法案提出時、欧州委員会は、「5億人のための単一欧州電気通信市場」をスローガンに掲げていた。そして、欧州中央銀行制度をモデルとした、各国を横断する欧州通信市場監督機関の設置を提案した[113]。欧州委員会は、欧州単一の電子通信市場形成のためには、加盟国の違いを超えた市場ルールの制定や消費者規則の一律適用が保障されるべきであるとした。それは、電気通信に関する強力な独立規制機関としての役割を ETMA に期待した提案であった[114]。

もっとも、かかる ETMA 構想に対しては、加盟国や各国規制機関はもちろん、欧州委員会内部からも批判がなされた。特に、欧州議会の議席数からしても大きな影響力を有するドイツが当該構想に正面から反対し、EUによる規制の強化に抵抗を示していた。

その後、欧州議会は、同年9月24日、欧州委員会の当初の提案より権限を縮小した欧州電子通信規制者団体（BEREC：Body of European Regulators in

---

112) Commission of the European Communities, *Proposal for a Regulation of the European Parliament and of the Council establishing the European electronic communications market authority*, SEC (2007) 1472/SEC (2007) 1473, COM/2007/0699 final, COD 2007/0249.

113) ESCB：European System of Central Bank.

114) 欧州委員会の規則案と指令案の提出には欧州委員会の一部局である情報社会・メディア総局がかかわっており、その総局のビビアン・レディング欧州委員が統一市場の形成の推進を ETMA を通して達成する案を強く推していた。*Ellinghaus*, Das Telekom-Reformpaket der EU, CR 1, 2010, 20.

Telecommunications) を創設するという欧州議会議員の提案を支持し、採択した。欧州議会の提案した BEREC は、独立の専門家諮問機関として、EU 全域における公正競争および高品質サービスの確保を支援するものであり、27 か国の規制当局で構成される既存の規制委員会を基本とするものである。しかしながら、EU 加盟各国の大臣で構成される欧州連合理事会が欧州議会の修正案に対しては反対の姿勢を示した結果、欧州レベルでの新たな通信規制当局の設立、汎欧州サービスに必要な新たな周波数管理の枠組みの構築などを含む重要な課題についての合意はなされず、継続審議となった[115]。

　規制改革案は、さらに複雑な過程を経て成立した。すなわち、2007 年 11 月に、欧州委員会が欧州議会と閣僚理事会に電子通信改革規制案を提出した後に第 1 読会が行われ、2008 年 9 月に欧州議会が法案を修正して採決がなされたものの、閣僚理事会ではまだ審議中であった。その後、同年 11 月に、議会修正後の規制改革案の修正案が欧州委員会から閣僚理事会に提出された。その後 2009 年 2 月には、閣僚理事会がその修正案をさらに修正したものが発表され、同月、欧州委員会は閣僚理事会の立場に対して声明を発表し[116]、2009 年 5 月

---

115) Commission of the European Communities, *Amended proposal for a Regulation of the European Parliament and of the Council establishing the European Electronic Communications Market Authority*, 5 November 2008, COM/2008/720 final, COD 2007/0249.

116) Commission of the European Communities, *Communication from the Commission to the European Parliament pursuant to the second subparagraph of Article 251(2) of the EC Treaty concerning the common positions of the Council on the adoption of a Directive of the European Parliament and of the Council amending Directives 2002/21/EC on a common regulatory framework for electronic communications networks and services, 2002/19/EC on access to, and interconnection of, electronic communications networks and associated facilities, and 2002/20/EC on the authorization of electronic communications networks and services; a Directive of the European Parliament and of the Council amending Directives 2002/22/EC on universal service and users' rights relating to electronic communications networks and services and 2002/58/EC concerning the processing of personal data and the protection of privacy in the electronic communications sector and Regulation (EC) No 2006/2004 on cooperation between national authorities responsible for the enforcement of consumer protection laws; and a Regulation of the European Parliament and of the Council establishing the Group of European Regulators in Telecoms*, 17 February 2009,

に欧州議会によって、閣僚理事会による修正案が採択された[117]。しかしながら、その直後の 2009 年 5 月に、閣僚理事会はこの修正案を却下した。2009 年の 11 月になって欧州議会と閣僚理事会でようやく合意がなされ、2009 年 11 月 20 日に閣僚理事会において全会一致で採択がなされた。そして、同年 11 月 24 日には欧州議会での採択がなされ、その翌日に改正法案が成立している。

規制改革関連法令の正式な公布は、EU 官報に公示された 12 月 18 日であり、その翌日の 12 月 19 日に EU 法として施行された。これを受け、2010 年 1 月に、BEREC が活動を開始することとなった[118]。

2.2 調整機構についての議論

2.2.1 欧州委員会の問題意識

EU は、様々な政策（eEurope2002、eEurope2005 等）を実施し、それらの規制政策は一定の効果をあげてきていた。しかし、欧州委員会は、以下のような問題点を指摘し、さらなる改革が必要であると主張した。

すなわち、まず、様々な規制政策は多くの成果を上げたものの、電子通信サービス部門の真の単一市場を形成するための課題が残っている。確かに、一定の分野では競争が高まり、通信料金は 10 年前と比べて約 30 パーセント安くなるなどの状況が出現していた。しかしながら、各国において元国営企業の市場シェアは大きく、競争が十分でない分野も存在している。そして、少数の事業者が独占的に市場を支配する分野も残っている。また EU の全域にわたり同一のサービスを提供する通信事業者はほとんど存在せず、市場はまだ真に単一の

COM/2009/0078 final.

117) Council of the European Union, *Common position adopted by the Council with a view to the adoption of a Regulation of the European Parliament and of the Council establishing the Group of European Regulators in Telecoms (GERT)*, Document Number 16498/1/08 Rev1.

118) 事務局は 2011 年末より本格的に業務を開始した。BEREC にとって、2011 年は活動を始める準備期間であったと同時に、ハーモナイゼーションの推進など、可能な活動を行う期間であった。Body of European Regulators for Electronic Communications, Work Programme 2011 BEREC Board of Regulators, BoR (10) 43 Rev1, p. 3.

第 2 章　欧州レベルの調整機関の設立　　　　　　　　　　　　　　59

ものとはなっていない[119]。

　市場統合が進展しない原因の 1 つは、2002 年から枠組指令と個別指令を施行されているにも関わらず、国ごとに規制アプローチが異なっており、EU 全域で同一の枠組みで規制が行われていないことであった。これにより、たとえば、移動体通信小売り料金については、低額な国と高額な国の間において 4 倍もの差が生じていた。

　このような状況においては、通信事業者が複数の国にわたって事業を展開するのは困難であるし、EU の単一市場が形成されているとは言えないとして、EU 単一市場の形成の障害となる一貫性のない規制と競争のゆがみを改善するために、欧州統一規制機関と、より強固な規制メカニズムが必要であるという見解が、次第に有力なものとなった[120]。

2.2.2　加盟国の個別利益か欧州の利益か

　しかしながら、権限を強化し EU 域内で統一した政策を実施したい欧州委員会と、EU の政策に対して独立性を保持したい加盟国政府、さらには、人権問題に敏感であり、EU の政策展開の中で存在感を示したい欧州議会との間にお

---

[119]　以上が委員会の指摘した問題点である。欧州委員会公式ウェブサイト（当時）の BEREC 説明頁にはこのように記載されている。「EU の様々なアクションは、多くの成果をもたらしてきましたが、テレコム分野における、消費者や経済により大きな利益をもたらすような効率的な域内市場を創出するために、まだ行われなければならないことがあります。現在は、わずかなオペレーターしか汎欧州的サービスを提供しておらず、その理由のひとつは、国内の規制機関が EU の枠組みを国内に取り入れた方法が異なっているためです。域内市場は細かく分かれており、そのために、オペレーターはそのサービスを、各加盟国ごとに異なる方式で提供しなければならず、毎回異なる法的要請を満たさなければなりません。この分裂状態は、実効的なクロス・ボーダーな連結を妨害するだけでなく、しばしば、新たな競争者の市場への参入を阻止もしくは遅らせています」。See, European Commission, Europe's Information Society Thematic Portal, Policies, *eCommunications, Body of European Regulators for Electronic Communications, Body of European Regulators for Electronic Communications (BEREC) and the OfficeInformation Society.*

[120]　European Commission, Europe's Information Society Thematic Portal, Policies : ecommunications, *Telecoms in the European Union.*

いては複雑な対立構造がみられ、大きな権限をもつ新機関の設立は客観的に見て困難な状況にあった。

このような対立が生ずる背景には、EU とはどういった意義を有する存在であるのか、という根本的な問題の存在もかかわっている。すなわち、単に加盟国の個別利益を調整するためにある非自律的な存在として EU を考えるのか、EU としての固有の目標をたて、それを現実化する自律的な存在と見るのかという問題である[121]。

そして、この点につき、EU が国家間の利害調整機構にすぎないものではなく、連邦的な色彩をも有し始めていることは、枠組みの模索の経緯からも明らかとなってきた[122]。電気通信分野を例にとっても、1980 年代半ばからの EC の時代から、加盟国の個別利益を調整するのみで、欧州各加盟国の政策に制約される存在ではなくなってきた。欧州委員会が積極的にコンセンサスの形成を行い、組織的な資源も効率的に動員し、電気通信分野における政策を欧州委員会が主導してきた実績に鑑みるならば、少なくとも電気通信の分野においては、EU が政治的な権限も付与された国家類似の存在という性格を帯び始めていることには争う余地はない[123]。これまでの例を見ても、欧州レベルにおいて電気通信の自由化が合意されたのちに、電気通信機器サービスやサービスの域内市場の自由化とそれに必要な標準化が行われた。さらに、機器の相互認証、技術開発プロジェクトが各加盟国の間で合意され、その枠組みに基づいて、通信主管庁の独占を維持しようとしていた欧州諸国において、国内電気通信の自由化が実現されたのである。

2.2.3　2007 年案と 2009 年成立案の相違——案の変遷

もっとも、欧州委員会が提出した 2007 年提案と 2009 年成立案では数多くの

---

121)　*Pechstein/Koenig*, Die Europäische Union, 2. Auflage, 1998, paragraph 10ff.

122)　Ove Juul Jorgensen,「ユーロ発効と EU 電気通信事情」ITU ジャーナル 32 巻 7 号（2002 年）38 頁。

123)　櫻井雅夫（編集代表）『EU 法・ヨーロッパ法の諸問題——石川明教授古稀記念論文集』（信山社、2002 年）。補完性の原理に関して、参照、八谷まち子「『補完性の原則』の確立と課題——『ヨーロッパ社会』の構築へ向けて——」同 33 頁。

第 2 章　欧州レベルの調整機関の設立　　　　　　　　　　　61

違いが見られ、多くの修正がなされている。その背景には、欧州議会および閣僚理事会が、大きな権限を持つ新機関の設立には好意的ではなかったことをあげることができる。

　新機関は、当初、「欧州通信市場庁（European Electronic Communications Market Authority）」（以下市場庁と略）の仮称を有していた。また、2007 年の EU のプレス発表においては、この組織が、EU 指令が各加盟国内で適用されることを保証する EU の市場規制機関となる予定であり、加盟国を拘束する権限を持つ機関を設立することが想定されていた [124]。また、サイバーセキュリティ専門機関である ENISA を新機関へ融合させることも提案されていた [125]。

　これに対し、欧州議会は、①欧州電子通信規制者団体（Body of European Regulators in Telecommunications: BERT）の設立と、②枠組み指令および認可指令等に関する欧州委員会提案の修正案とを採択した。このことは、欧州委員会の急進的提案を薄めることを意味していた。特に、欧州電気通信機関の設立については、欧州委員会が設立を提案した市場庁は、市場の定義、分析および改善方法の導入に関する監督権限を有していたのに対して、欧州議会提案の

---

124)　European Union, Press release, *Commission proposes a single European Telecoms Market for 500 million consumers*, 13 November 2007, IP/07/1677.
125)　欧州委員会が提案に先立つ EU 電子通信規制枠組みの見直しに関する公開諮問を行った際に、同諮問において、①各国の欧州規制枠組みの導入において一貫性がかなり欠けていること、②移動サービスや IP ベースのサービス等、国境を超えるサービスや、サービス提供事業者の選定および認定に関する調整について効率的なメカニズムがないこと、③加盟国間の最低限の共通基準を求めるという現在の手法から脱却する必要があること、等が指摘され、かかる状況の打開のために市場庁の設立が提案された。ここにおいて、市場庁は、欧州としての一貫性が必要な事項、たとえば、①市場の定義、分析及び改善の方法、②無線周波数利用の調和、③国境を超える市場の定義、④サービスの質において欧州委員会と加盟国の規制機関との間に効果的なパートナーシップを確立する手段を提供する役目、等を担うとされた。European Commission, Your Voice in Europe, *Towards a Strengthened Network and Information Security Policy in Europe (Information Society)*; European Union, Press release, *Telecoms Reform: Parliament vote paves way for Single Telecoms Market in Europe*, 24 September 2008, MEMO/08/581; European Union, Press release, *Telecoms Reform: Commission presents new legislative texts to pave the way for compromise between Parliament and Council*, 7 November 2008, IP/08/1661.

BERT は、独立した専門的な助言機関としての位置づけにとどめられていた点が大きく異なっていた。

そして、この BERT を、ERG に代わり、EU の正式な共同体機関として設立することが提案されたものの、規模および権限は大幅に縮小されたものとなった[126]。BERT の人数は 2007 年提案では 130 名を予定していたが、実際には 30 名に縮減された。また委員会案によれば、新機関には加盟国からの代表者と欧州委員会の代表者からなる理事会を設置する予定であったが、この案も修正され、新機関の主導権は、ERG と同様に加盟国規制機関の代表者に引き続き委ねられることになった[127]。

さらに、これらの修正案に対し、2008 年 11 月 27 日に欧州連合理事会は、欧州委員会提案を修正した 2002 年電気通信指令規制枠組みパッケージの修正案（欧州議会案）に対抗して「Common Position（共通の立場）」を採択し[128]、反対の姿勢を示した。欧州連合理事会の決定した内容は、上記修正案をさらに薄めたものであり、理事会の立場は欧州議会の立場よりもさらに保守的であった。

2.2.4　意見の相違——機関の属性

すでに述べたように、BEREC の地位と権限に関する議論、BEREC の設立についての議論において、欧州委員会は、加盟国の権限を抑え、自らの権限を拡張し、EU で統一的な政策を実施するための法的手段を獲得しようとする努力がおこなわれた。また、欧州議会も、EU の機関として欧州電子通信規制者

---

126)　欧州議員 Pilar del Castillo 氏が、市場庁よりも権限を縮小した欧州電気通信規制機関（BERT：Body of European Regulators in Telecommunications）を創設するべきという提案を行い、すなわちそれは、規制機関ではなく、専門家で構成される諮問機関としての色彩の強い組織を創設すべきであるとの提案であったところ、支持された。European Parliament, Press release, *Telecoms: fair competition and flexible spectrum allocation to boost new wireless services*, REF. 20080923IPR37898.

127)　プレスリリースにおいては、審議過程において統一規制機関の権限が縮小されたことについて特に説明はされていない。*Id.*, MEMO/08/581.

128)　欧州連合理事会の審議結果が欧州委員会の提案や欧州議会の修正案とは異なる場合に 'Common Position' が採択される。

第 2 章　欧州レベルの調整機関の設立　　　　　　　　　　　63

団体を設立することを目指していた[129]。これに対して、欧州連合理事会の見解は、GERT（Group of European Regulators in Telecoms）を、EU の機関として設立するのではなく、加盟国の規制機関を調整する private な機関として設立することを内容としていた。それによれば、GERT は法人格を持つ EU の共同体機関ではないため、ERG と内容的にはそれほど異なるものではなかった。さらに、閣僚理事会は、欧州議会の採決で権限を縮小された新規制機関案より縮小する案を提案した。ただし、GERT をサポートする、小規模の組織の設立も提案されている[130]。

　結局、欧州理事会と閣僚理事会による原案修正の後、2009 年に設立されたのは EU 正式機関ではない BEREC と EU の正式機関である事務局とであった。これは、閣僚理事会を構成する加盟国政府の様々な意図が反映された結果である。新機関を EU の正式機関として設立するという点については、加盟国政府により構成される新機関の EU に対する独立性が失われるという懸念は払拭されず、特に、閣僚理事会が、欧州委員会に対する加盟国の独立性が失われると考えたため、正式機関とはされなかった[131]。もっとも、その事務局は正式機関として設立された。この点については、欧州委員会との妥協が図られたということができる。

---

[129]　European Union, Press release, *Commission position on Amendment 138 adopted by the European Parliament in plenary vote on 24 September*, 7 November 2008, MEMO/08/681.

[130]　これが後の BEREC 事務局となった。

[131]　*Möschel*, Investitionsförderung als Regulierungsziel - Neuausrichtung des Europäischen Rechtsrahmens für die elektronische Kommunikation, MMR 2010,S. 450; *Klotz/Brandenberg*, Der novellierte EG-Rechtsrahmen für elektronische Kommunikation - Anpassungsbedarf im TKG, MMR 2010, S.147f; Binnenmarkt demnächst auch im Telekom-Sektor, MMR 2009, S. 801; BMWi stellt Eckpunkte zur Änderung des Telekommunikationsgesetzes vor, EuZW 2010, S. 32; *Muyter*, Does Europe need a single European telecom regulator?, MMR 4, 2008, S. 165ff.

2.3　BERECの設立

　以下においては、実際に活動を開始したBERECが、どのような権限と機能とを発揮しているかについて、検討を行うこととする。

2.3.1　具体的な組織権限

　現行のBERECの組織は、2007年提案のものとは、次の点において、違いが見られると考えられている。すなわち、①機関の構成、②国家間の係争への介入権、③市場分析の権限、④事前規制に係る権限、⑤措置の強制力、である。

　まず、すでに述べたように、2007年提案においては、新組織は、市場庁というEUの新機関であり、かつ、欧州ネットワーク・情報セキュリティ庁と市場庁とは合併するものとされていた。しかし、実際に創設されたBERECは規制委員会と事務局の2つの機関からなり、BERECには事務局が設置され、事務局長（総務部長）が組織を指揮する。

　次に、国家間の係争への介入権については、2007年提案においては、国家間の係争が生じた場合には、新市場庁は加盟国規制機関の要請に応じて、具体的な係争を解決する手段を定めた勧告を提出することとされていたが、現行制度上においては、意見書の提出が明記されるにとどまっている。

　さらに、加盟国内市場の分析についても、2007年提案においては、新組織は、欧州委員会の要請に応じて、加盟国内の市場を分析し、欧州委員会に公の意見聴取の後で意見を提出し、情報提供を行うものとされていた。そして、市場競争が効果的でないと新組織が判断した場合には、公の意見聴取の後で、支配的な影響力を持つ企業と当該企業が果たすべき責務を特定した方針案を提出するものとされていた。しかし、2009年成立案では、以上のような任務は特に記されていない。

　また、事前規制の権限については、2007年提案では、措置案を撤回する権限を持たせることが明記されていたものの、2009年の採択案においては、勧告のみ行うものとされた。この違いは、新組織の性格付けが市場規制機関（Market Authority）から機構（Body）となった点にも表れている。

なお、市場庁は、加盟国に対して場合によっては、規制のあり方につき強制的拘束力をもつ機関として設立されようとしたが、BERECは加盟国に対して強制的拘束力を持つ機関ではない[132]。もっとも、強制的拘束力は持たないが、欧州委員会の加盟国の規制機関に対する修正協議にかかわり、そのなかでBERECの意見が最大限尊重されることとされた。この点は、調整機構としての位置づけが増したということができる。

2.3.2　ERGとの相違点
(1) ERGの概要

BERECの前身機関であるERG（欧州規制機関グループ、以下ERGという）は、欧州単一市場の形成のために加盟国規制機関の間、そして加盟国規制機関と欧州委員会の間の意見交換、調整および提携活動を円滑なものとすることを目的とし、上記の機関の仲介者としての役割を持つものであった[133]。ERGは加盟国規制機関の最高責任者もしくはその代表者によって構成されていた。そして、欧州委員会はERGの構成員ではなく投票権もなかったが、ERGの事務局の役割を果たすとともに、ERGの全会合に出席する権利を認められていた。

ERGの実際の作業は下部組織および専門作業グループによってなされ、欧州委員会はこれらの組織の会合にも参加していた。また、ERGには欧州経済領域およびEU加盟候補国の専門家がオブザーバーとして参加できた[134]。

---

132)　前掲注119)、BERECの公式解説（当時）参照。

133)　欧州規制機関グループ（ERG：The European Regulators Group）は委員会決定によって創設された。See, Official journal of the European Communities, Commission of the European Communities, *Commission Decision of 29 establishing the European Regulators Group for Electronic Communications Networks and Services*, 30 July 2002, L200/38; Commission of the European Communities, *Commission Decision of 14 September 2004 amending Decision 2002/627/EC establishing the European Regulators Group for Electronic Communications Networks and Services*, OJ L 293, 16 September 2004, 2004/641/EC; Commission of the European Communities, *Commission Decision of 6 December 2007 amending Decision 2002/627/EC establishing the European Regulators Group for Electronic Communications Networks and Services*, OJ L 323, 8 December 2007, 2007/804/EC.

134)　See, ERG Documents, *Common Position on regulatory remedies -1st Version*, April 2004, ERG (03) 30.

(2) 緩やかな結合体から組織へ

　もっとも、ERG は政府規制機関のゆるやかな結合体の性格をもつ組織であった。そして、ERG の意思決定は、通常、構成員全員の合意形成によってなされていた[135]。例外的に、意見が必要とされているものの合意形成が不可能な場合には、多数決を採用することを議長が決定することは可能であったが、多数決は「推奨されない」と明記されていたこともあり、実際には全員の合意形成によって意思決定を行っていた。そのため、決定には時間がかかり、活動が困難な時があったとされる[136]。

　BEREC について、欧州委員会は以下のように説明していた。

　新しいヨーロッパテレコム分野における公平な競争とより一貫した規制をもたらす、新しいヨーロッパのテレコミュニケーションボディーが設立された。このテレコムボディーは、BEREC と呼ばれ、緩やかな各国規制機関の共同体である ERG から、より組織化され、より効率的な手法をもつ機関が交替することになる。BEREC の決定は、27 の加盟各国の代表の過半数によって行われることになる[137]。

---

135) See, Article 4, Rules of procedure for ERG, ERG (03) 07. 以下邦訳を掲げる。ERG 手続規則 4 条「姿勢や意見」4 条 1 項「グループの姿勢や意見に関しては、通常そしてなるべく、メンバー全員の合意によって達成されるものとする」。4 条 2 項「例外的な場合に、議長の判断により、意見が準備される必要があり、合意形成が不可能である場合に、少なくとも 3 分の 2 以上の出席メンバーによって当該意見を推奨することを決定することができる。全てのメンバーは、グループのどのような姿勢もしくは意見に関しても個別の意見を付すことができる。姿勢もしくは意見を支持しないいかなるメンバーの視点は 9 条 3 項において言及される文書に含まれるものとする」。

136) ERG における意思決定プロセスが特に時間がかかることについては ERG のアニュアル・リポートにおいても問題とされ、改善が計画されていた。なお、構成員の 3 分の 2 以上の得票による多数決での採決も可能であったが利用されることはなかった。ERG Documents, *European Regulators Group Annual Report 2009 -a report made under Article 8 of the Commission Decision of 29 July 2002 (2002/627/EC) as set out in the Official Journal of the European Union*, ERG (09) 59 rev1 final, Section IV Organisational Developments p. 20.

137) なお、加盟国数は 2016 年現在 28 である。前掲注 119) BEREC の当初の公式解説

第2章　欧州レベルの調整機関の設立

　このように、ERG と BEREC の違いは、第一に、意思決定システムの違いをあげることができる。すなわち、ERG においては、構成員の全員の合意による意思決定がなされていた。そのため、合意の形成がなされるまで結論を出さないことが多く、時間がかかることが多かった。しかしながら、新規制機関設立規則では、合意形成プロセスの必要性には触れられず、多数決原理のみが明記されており、迅速な合意形成が図られることになった。

　第二に、ERG 設立に係る委員会決定においては、欧州委員会への助言の他、関係組織の仲介機関としての役割に重点が置かれていたが、BEREC については以上の役割とともに、加盟国規制機関および欧州委員会に意見や勧告等を提出する役割に重点が置かれている。もっとも、BEREC の提出する意見を加盟国規制機関と欧州委員会は最大限考慮しなければならないとされているのみで、両者に対して最終的な拘束力を持たない[138]。

　ERG と BEREC の違いの第三点目としては、欧州委員会と各国規制当局との間にたつ、調整的組織としての役割が明示されたことである。今回の改正によって、欧州委員会の電気通信市場に対する規制権限は強化された。

　すなわち、EU 域内における規制の調和を強力に進めるために、欧州委員会は、各国の規制当局が「市場支配力を有する事業者に対する規制措置案」に関して、拒否権までは認められなかったものの、規制当局に対して当該措置の撤回または見直しを勧告する権限を得ることとなった。その際に、欧州委員会による「重大な疑義」に関して意見を述べるのが BEREC の役割であり、さらに、その後の手続において、規制当局と欧州委員会の間において調整を行うことが求められている。BEREC の意見によっては、欧州委員会が重大な疑義を撤回

は、以下のような説明であった。「委員会の、EU 行政機関でネットワークセキュリティを統括する ENISA をあらたなテレコムボディーと統合するという提案は議会と理事会によって否定されました。ENISA は、そのため、今回の変革が見直される 2013 年まで別機関として活動することになります。」その後、2013 年の見直し後も ENISA は別機関として存在している。See, ENISA: Regulation (EC) No 460/2004 of the European Parliament and of the Council of 10 March 2004 establishing the European Network and Information Security Agency. See also, ENISA Work programme – Europa (https://www.enisa.europa.eu/publications/corporate/enisa-work-programme-2016).

138)　See *id.* (above note 105), Regulation (EC) No 1211/2009.

することもありうるし、規制当局が規制措置案を協調的に修正もしくは撤回する結果となることもありうる。BERECは、このような新しい役割をもったプレイヤーであり、どの程度の発言力を有することになるかは未知数の部分が大きいものの、電気通信市場規制に関する協議段階において、BEREC、欧州委員会そして各国規制当局といった3者構造が形成されたことは大きな変化であるといえよう。

2.4 BERECの組織の大枠

2.4.1 活動内容

　BERECは、電子通信規制枠組指令をEU域内において一貫性を有する方法で適用することを促進し、EU単一市場の発展に貢献することを目的とする。その役割と活動内容については、新規制機関設立規則第2条、第3条に記されている[139]。

　それによれば、BERECは以下の任務を負う。加盟国規制機関の間でEU規制枠組み指令の共通の適用方法を検討して普及させ、規制に関して加盟国規制機関を支援すること（第1章第1条4項。欧州委員会の決定や勧告の草稿についてオピニオンを提出すること（第2章第2（c）条）。欧州委員会からの要請（もしくはBERECのイニシアティブ）に基づき欧州議会や閣僚理事会に助言や意見を提出すること（第2章第2（d）条）。第三者機関との議論に関して関係機関を支援すること。加盟国規制機関がBERECに提出する市場確定や支配的事業者の特定、事前規制措置の実施に関する政策案に意見を与え、また、加盟国規制機関が例外的方法を実施することを許可もしくは不許可するための意見を提出すること。国家間の係争に意見を出すこと。

　このように、国際取引等の発展を促進するためにBERECは意見を出し、欧州電子通信市場を監視し、報告を行う。もっとも、BERECは表明する意見等を採択する前に、関係者の意見を聞く義務がある。そして、加盟国規制機関と

---

[139]　*Id.* (above note 105), 第2条には欧州電子通信規制者団体の役割が、第3条には欧州電子通信規制者団体の業務が規定されている。

欧州委員会も、最大限 BEREC の意見を考慮しなければならない。

2.4.2 組織構成と意思決定

BEREC は EU の公式な共同体機関（Community agency あるいは Community body）としては設立されなかった。そのため、法人格を持たない非公式組織となった[140]。

BEREC は、各加盟国電子通信規制機関の最高責任者あるいは指名された高位代表者から構成され、これらの者が最高意思決定組織である「規制委員会」のメンバーとなる。すなわち、BEREC の構成員と規制委員会の構成員は同一であり、両者は同一の組織であり（BEREC = BEREC 規制委員会）、規制委員会が委員長と副委員長を委員会構成員から指名する。かかる規制委員会は加盟国政府、欧州委員会および他の組織から独立して活動することが義務づけられている[141]。

なお、BEREC での会議には、欧州委員会と欧州経済領域（European Economic Area：EEA）の加盟国規制機関、EU 加盟候補国の規制機関はオブザーバーとして参加できる。逆に、欧州委員会は全ての規制委員会主催の会議に

---

[140] 共同体機関とは専門的な問題に対応するために設置される組織である。もっとも、BEREC は、EU が公開している 'Community Agencies' の一覧に掲げられていない。

[141] See *id.* (above note 105), Article 4, Composition and organisation of BEREC and Article 21, Declaration of interests. 以下に第 4 条一部邦訳ならびに第 21 条邦訳を掲げる。第 4 条「1　BEREC は規制委員会で構成される。2　規制委員会は、各加盟国から 1 名の、代表もしくは指名された、各加盟国において日常の電気通信ネットワークとサービス市場動向を監督する主たる責任を負った NRA の高位の代表によって構成される。その規制を実行に移す場合には、BEREC は独立して活動する。規制委員会の構成員は、政府、委員会、もしくはその他公的または私的な団体からのいかなる指示も模索せず、受容しないものとする」。また、第 21 条は間接的に独立性を担保するものとして、独立性に不利になりそうな構成員の利害関係を毎年作成し、公表するものとしている。第 21 条利害の宣言「規制委員会と経営管理委員会の構成員、総務部長ならびに事務局の構成員は、自身の独立性に対し不利と考えられうる、いかなる直接または間接の利害をも示した年間の関与の宣言ならびに利害の宣言を作成するものとする。かかる宣言は、文書によってなされるものとする。規制委員会と経営管理委員会の構成員ならびに総務部長によってなされた利害の宣言は公表されるものとする」。

参加することが義務づけられている。

　BERECの意思決定システムは、規制委員会における多数決である。通常は加盟国の3分の2以上で採決することとされ、各規制委員会の構成員が各1票の権利を持つこととされた。なお、規制委員会の決定は公表されなければならない。

2.4.3　事務局 [142]

　BERECは共同体機関としては設立されなかったが、新機関設立規則に基づいて事務局（Office）と呼ばれる組織が新設され、BERECに事務的および専門的な支援を行うこととされた。この事務局はEUの公式な共同体機関として設立され、法人格を持ち、事務および財政面で加盟国から自立した運営が認められている。

　事務局の任務と活動内容としては、BERECの事務に関する専門的補助とともに、規制機関から情報を収集して伝達すること、規制委員会の要請によって専門家業務団体の設置を行うことが、新規制機関設立規則第6条で事務局の任務として記されている [143]。

---

142) See *id.* (above note 105), Article 6, The Office. 以下に、邦訳を掲げる。第6条「1. 経済政策規則第185条の意味の範囲内で、事務局は、ここに団体の本部として法人格をもって設立する。2006年5月17日付IIA47の指摘は事務局に適用されるものとする。2. 規制委員会の指揮監督のもと、事務局は、BERECに対し、管理に関する専門的な補助を行うとともに、NRAから情報を集め、第2条aや第3条で表記された役割と業務に関連した情報を交換し伝え、第2条aによりNRAの中で規制の最適な実践の供給をするものとし、さらに規制委員会の業務準備に対し議長を補佐するものとし、そして、確実に団体が順調に機能できるよう補助するものとする」。

143) See *id.* (above note 105), Article 8, The Administrative Manager. 以下に、邦訳を掲げる。第8条　総務部長「1. 総務部長は経営管理委員会に責任を持つものとする。当該人の役割の履行において、総務部長は、いかなる政府、委員会、または他の公的または私的機関からの、いかなる指示も模索せず、また受容しないものとする。2. 総務部長は、公開競争による、電子証券取引ネットワークとサービスに関連する功績、技能、および経験に基づいて、経営管理委員会によって任命されるものとする。指名の前に、経営管理委員会によって選ばれた候補の適合性において、欧州議会の拘束力がない意見を取り入れることもあるとする。このために、候補が欧州議会の担当委員の前で、題材を発表

そして事務局の組織は、事務局長（条文邦訳においては総務部長と表記。以下本文においては併記する）と経営管理委員会によって構成され、前者は後者を指揮するものとされた。そして、そのうち、経営管理委員会については、BEREC と同じように加盟国規制機関の最高責任者もしくは高位代表者1名ずつと、欧州委員会を代表する者1名がメンバーであり、各構成員は採決の際、各1票ずつの権利を持つ。また、経営管理委員会は、事務局職員を雇用し、その任用の責任を負う。他方、事務局長（総務部長）は経営管理委員会から選出され、法案の準備および採決には参加しない。事務局長（総務部長）は経営管理委員会への報告義務があり、他の機関（加盟国、加盟国規制機関、欧州委員会、その他第三者）から影響を受けず、独立して活動しなければならない[144]。

し、質疑に答えるものとする。3. 総務部長の在職期間は3年間とする。議長による評価報告書が BEREC により認められた場合においてのみ、経営管理委員会は、1度に限り総務部長の在職期間を、3年を限度に、延長することが出来るとする。管理委員会は、総務部長の在職期間の延長に関するどのような意見も、欧州議会に報告するものとする。在職期間が延長されない場合、総務部長の在職期間は、後継者が決定されるまでとする。」また、間接的な独立性の担保として、前掲注141)、第21条参照。

144) See id. (above note 105), Article 9, Tasks of the Administrative Manager. 以下に、邦訳を掲げる。第9条　総務部長の業務　「1. 総務部長は事務局の代表者としての責任があるものとする。2. 総務部長は、規制委員会、経理管理委員会、専門家業務団体の協議事項の準備を補助するものとする。総務部長は、規制委員会と経理管理委員会に投票の権限なしに参加するものとする。3. 毎年、総務部長は、次年度の事務局の事業計画案の準備において、経理管理委員会を補助するものとする。次年度の事業計画案において、6月30日までに経理管理委員会によって提出されるものとし、欧州議会と理事会により採用された補助金に関する最終決議を優先することなく、9月30日までに経理管理委員会によって採択されるものとする（合わせて予算権限と呼ばれる）。4. 経理管理委員会は、規制委員会の指針のもと、1年間の事業計画の履行を指揮するものとする。5. 総務部長は、経理管理委員会の指揮のもと、必要な法案を、特に総務内部の指示や監察事項の公表の適用に関するものを、この規定において事務局が機能することを確実にするため、採択するものとする。6. 総務部長は、経理管理委員会の指揮のもと、第13条に従い、事務局の予算を執行するものとする。7. 毎年、総務部長は、第5条 (5) により BEREC の活動年次報告案の準備を補助するものとする」。

2.5 BERECの内部組織構造

　BERECは規制委員会をその意思決定機関として有するが、BERECの実際的な様々な助言・勧告等の業務については、多くの各国規制機関がそれぞれ派遣する専門家等によって構成される専門ワーキンググループ等によって草案が作成され、それらがさらに正式文書になるについてはコンタクトネットワーク（各国の高位代表者のグループ）による検討を経たうえで、規制委員会等が決裁を行う仕組みとなっている。

　これらの細かな手続きに関しては、BERECおよび事務局設立規則とは別に、BEREC内部の手続規則（Rules of Procedure of the Board of Regulators、以下「手続規則」または「RoP」という）が存在し、その内部手続規則において手続が決められている[145]。

　BERECの手続規則（RoP）は投票の詳細な手続きや、会議を開催する際の通知期限について定めている。2014年12月にブリュッセルで開催された第21回のBERECの正式会合において、BERECの専門ワーキンググループの設立や機能に関するより細かな規定を盛り込むために改訂が行われた[146]。

2.5.1　コンタクトネットワークに関する内部規則

　手続規則12条には、コンタクトネットワークとして、専門ワーキンググループの上位に位置する専門家集団に関する規定が定められている。

　同条において、コンタクトネットワークとは、BERECを構成する加盟各国とオブザーバーの高位代表者によって構成され、規制委員会の長（BERECの代表者）を代理する者がその長になるとされている。コンタクトネットワークの構成員は、それぞれの加盟国規制機関（NRAs）の為に発言することが求められている。事務局長は、コンタクトネットワークの会議に参加するものとさ

---

[145]　BoR(14)213, Rules of Procedure of the Board of Regulators as revised in December 2014.
[146]　BEREC event 2014, 21st BEREC Plenary Meeting in Brussels: 04.12.2014. See, http://berec.europa.eu/eng/events/2014/59-21st-berec-plenary-meeting-in-brussels.

第2章　欧州レベルの調整機関の設立　　73

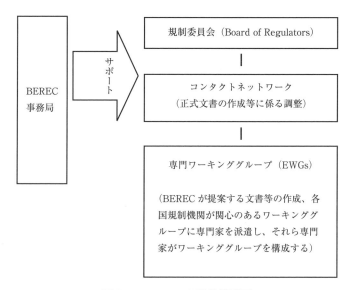

図 2.1　BEREC の組織構造図

れている。

　コンタクトネットワークは、規制委員会によって判断される提案の調整を確実にするために存在する。また、規制委員会は、その業務の一部をコンタクトネットワークに委任して行わせることができると規定される。もっとも、その際の委任の範囲は事前に定められなければならない。

2.5.2　コンタクトネットワークが行う業務内容

　コンタクトネットワークは、特に以下の業務を行うものとされる。すなわち、事務局のサポートの下で、規制委員会が行う各会議に必要な準備のうち、

①加盟国の間における顕著な意見の相違を解決することを目的とする行為
②規制委員会によって検討されるために提出される報告書の草案が適切に時間通りに準備されることを確実にする行為
③事務局長の補助の下、規制委員会のそれぞれの会合における、特に規制委員会の会議においてA事案として言及される予定の事案であって、規制

委員会の長に承認のために提案される事案を含めた議事録の草案に合意すること

である[147]。
　また、コンタクトネットワークは、専門ワーキンググループから上がってくる議案を吟味する存在として、また専門ワーキンググループの議論の進行役として、事務局の支援の下で機能することが期待されている。専門ワーキンググループと規制委員会との間の調整を図ることも役割として期待されている。そのために、

① 規制委員会に提案される報告書の完全性と一貫性を評価し、それら報告書が、規制委員会による議論と決定のための準備が整ったものとなっているかを判断すること
② 事務局との計画や調整を手伝うこと

を行うとされている[148]。

2.5.3　専門ワーキンググループ

　2014年12月の規制委員会の正式会合では、専門ワーキンググループの設立等に関する内部手続規則が充実する方向で改正された。
　手続規則11条は、専門ワーキンググループ（EWGs）について定めており、規制委員会がBERECの業務と役割を果たすために専門ワーキンググループを創設することを認め、事務局にその支援を行うように要請することができると定めている。
　それぞれのワーキンググループは、例外的かつ一時的な事情がない限り、それぞれ異なる加盟国規制機関を代表する、2人の共同代表によって主導されることとされている。専門ワーキンググループ（EWGs）はすべての加盟国規制

---

[147]　BoR(14)213, RoP as revised in December 2014, Article 12-Contact Network.
[148]　See above, Article 12.

機関（BEREC 構成員）とオブザーバーに開かれており、構成員とオブザーバーは、それぞれの専門ワーキンググループに対して、構成メンバーを指名することができ、もしくはそれぞれの専門ワーキンググループについて、どのように接点を設けるかにつき確認をすることができる。

専門ワーキンググループの共同代表の就任期間は2年間であり、更新することができる。

さらに、手続規則等から逸脱して規制委員会の決定を実行することが必要となった場合、BEREC の長は、当該 BEREC の年間の業務内容からは予期されなかった、期間の限定された任務に関して特別な（その場限りの）専門ワーキンググループを創設することができ、かかるワーキンググループは、それまでの既存のワーキンググループの下に重ねて付託されるものではないとされる。

また、手続規則13条は、欧州委員会への意見を提出するための専門ワーキンググループについて定めている。BEREC は、欧州委員会が、加盟各国の国内の規制に関し、特に、関連市場の定義と重要な市場支配力を持つ事業者の識別に関する国内基準の策定を行う際や、規制的拘束を課す基準の策定を検討する場合には意見を述べることとなっている。これは、2002年の枠組み指令（2002/21/EC）7条および7条aを改正した2009年の指令（2009/140/EC）とともに BEREC および事務局設立規則を根拠とするものである。そのような欧州委員会の検討が開始されるときには、それぞれの検討内容について専門ワーキンググループが構成される。

2.5.4　専門ワーキンググループ——具体的内容

専門ワーキンググループは、

①競争と投資を促進させること
②域内市場を促進させること
③エンドユーザーの保護と権限付与

といった BEREC の基本戦略目標に加えて、戦略レポートに記されていた

④ BEREC の活動と機能的効率性

に関する戦略目標を合わせて戦略目標の柱として、それらの下に、それぞれいくつかのグループを構成している。

　具体的には、①の競争と投資の促進に関して、次世代ネットワーク専門ワーキンググループ（Next Generation Networks EWG）と市場と経済分析専門ワーキンググループ（Market and Economic Analysis EWG）が存在している。

　また、②域内市場の促進に関しては、規制枠組み専門ワーキンググループ（Regulatory Framework EWG）顕著な市場支配力の改善に関する専門ワーキンググループ（Significant Market Power Remedies EWG）、ローミングに関する専門ワーキンググループ（Roaming EWG）が存在している。

　さらに、③エンドユーザーの保護と権限付与に関しては、エンドユーザー専門ワーキンググループ（End-user EWG）とネットの中立性に関するワーキンググループ（Net Neutrality EWG）が存在している。

　最後の④BEREC の活動と機能的効率性に関しては、標準化に関する専門ワーキンググループ（Benchmarking EWG）、会計規制に関する専門ワーキンググループ（Regulatory Accounting EWG）と欧州委員会の提案に対応するための 2002 年の枠組み規制指令 7 条および 7 条 a に関する特別な専門ワーキンググループ（Article 7/7a Ad Hoc EWGs）が存在している[149]。

2.6　BEREC の組織の分析

2.6.1　欧州委員会と BEREC

　次に、欧州委員会と BEREC の関係について検討する。BEREC 設立規則第 1 条第 3 項第 1 文は、まず「BEREC は、独自に、公平にそして透明性を持ってその業務を遂行する」と規定し、組織の独立性が謳われている。また、BEREC の組織においては、欧州委員会はオブザーバーとして会議に参加する

---

149)　See, BEREC's Organizational Structure, (http://berec.europa.eu/eng/about_berec/working_groups/).

のみであり、投票権を有さない。もっとも、事務局長（総務部長）と経営管理委員会によって構成される、BERECを補助する事務局の経営管理委員会においては、欧州委員会の代表が加わっている。

すなわち、経営管理委員会について定めた、BEREC設立規則第7条第1項は、「電子証券取引ネットワークとサービスの市場の日々の動きを監督することを主たる責任とし、経営管理委員会は、各加盟国に設立された独立した加盟国規制機関を代表する責任者か指名された代表者、委員会を代表する1人の委員により構成されるものとする」と規定し、続いて、「各メンバーには、1票の投票権があるものとする」と定める。

経営管理委員会において欧州委員会の代表が採決の際の投票権も持つことによって、欧州委員会の影響力は強化された、という見方もありえよう。もっとも、この点については、今後の運営状況を注視しながら判断していくほかはあるまい。かつ、基本的に、BERECは、欧州委員会とは独立した機関として設立された。加えて、BEREC本体には、欧州委員会はオブザーバーとして参加するにすぎない。そのため、事務局に欧州委員会の代表が構成員として1人組み入れられていることはBERECの独立性にはあまり影響がないと考えるべきであろう。

2.6.2 諮問機関・調整機関としての役割

BERECが諮問機関であるのか否かについては、BERECが行う活動内容によって判断されるべきであろう[150], [151]。すなわち、

---

150) 諮問機関とは、補助機関に内包される概念であり、行政庁の諮問に対して答申を行う権限を有する（にすぎない）機関のことである。概念につき、参照、藤田宙靖『行政組織法』（有斐閣、2005年）31頁。

151) 欧州電子通信規制者団体の規制委員会と事務局の経理管理委員会の最初の会合が2010年1月28日ブリュッセルにて開催された。加盟国規制機関の27人の代表は、法律制定者が意図した結果が反映されるよう、協会の構成に基本理念を定めた。彼らはまた、単一の市場の必要性に応え、できるだけ早く、欧州電子通信規制者団体と事務局の両方が業務履行可能となることを確実にする方法において議論した。新しい7条における欧州電子通信規制者団体の参加者増加の手続きや越境論争に関する意見を述べる可能性においては、新しい機関の枠組みへの置き換えが完了する2011年5月まで待つ必要があ

・指令推薦案に関する意見、通知に示されるべき形式、内容、および詳細な指針水準を伝えること（枠組み指令第 7 条 b2002/21/EC）。
・当該製品とサービス市場に関する勧告案において協議すること、多国籍市場の識別における決議案に関して意見を述べること（枠組み指令第 15 条）。
・決議案に関する意見と一致への勧告を述べること。そして、最善の行動を行い、加盟国規制機関を補助し、委員会、欧州議会や理事会に対し勧告を行い、そして機構と加盟国規制機関を第三者との関係において補助すること。業務内における電子通信に関するいかなる件に関しても、報告書を発行し、勧告を行い、欧州議会と理事会に意見を通達すること[152]（枠組み指令第 19 条）。

　発足当初に認められた上記権限は限定的ではあるものの、今後、拡大される可能性は高い。かつ、これらの業務内容からすれば、諮問機関の枠を超えて、様々な協議、調整を行う調整機関としての役割を果たすことが BEREC には期待されており、実際にもそのような活動を行うことが確認できよう。
　また、BEREC の目的は、「電子通信のための EU 枠組み規定の一貫した適応業務の確実性を目指すことによって、開発と電子証券取引ネットワークとサービスの市場内部における機能性の改善に貢献する」ことである[153]。そして、そのために、同第 4 項は、BEREC が機関相互の協力の促進と助言を行うことを

るとされたが、欧州電子通信規制者団体はそれほど長い間待たず、多くの業務を遂行することができた。前掲注 119）BEREC 公式解説参照。

152）その他、国境を越えたサービス提供者のための一般規則と要件の発展の確実性を目指し、意見を述べること、特に、国境を越えたサービスのための、集団内での番号情報の悪用や詐欺問題に関し、加盟国規制機関に対し補助することも含まれる。このように、電子通信部門の監視と報告を行うことも BEREC の業務内容である（設立規則第 1 条）。

153）設立規則第 1 条第 3 項。「BEREC は、独自に、公平にそして透明性を持ってその業務を遂行する。すべての業務において、BEREC は、EU 指令 2002/21/EC（枠組み指令）の第 8 条に定められている、加盟国規制機関（NRAs）と同じ目的を追求する。特に、BEREC は、電子通信のための EU 枠組み指令の一貫した業務適応の確実性を目指すことによって、開発と電子証券取引ネットワークとサービスの市場内部におけるより良い機能性に貢献する」。

定める[154]。ここにおいて、BEREC は、諮問機関としての役割も含む EU 通信行政にたずさわる調整機構たる補助機関であるということができる。

---

154) 設立規則第 1 条第 4 項。「BEREC は、NRA の専門的技術を利用し、NRA と委員会との協力によって、その業務を遂行するものとする。BAREC は、NRA 間での協力と、NRA と委員会の間での協力を促進するものとする。さらに、BEREC は、欧州議会や理事会の要求をうけ、委員会に対して助言を行うものとする」。

第 3 章　BEREC と EU 電気通信市場政策

3.1　BEREC の活発な規制政策へのかかわり

　2016 年 8 月 30 日に、BEREC はネットの中立性に関するガイドラインを発表した [155]。BEREC のガイドラインは、新たに制定された法 5 (3) 条に基づく

---

155)　BEREC Guidelines on the Implementation by National Regulators of European Net Neutrality Rules, BoR (16) 127.
156)　See, Official Journal of the European Union, *Regulation (EU) 2015/2120 of the European Parliament and of the Council of 25 November 2015 laying down measures concerning open internet access and amending Directive 2002/22/EC on universal service and users' rights relating to electronic communications networks and services and Regulation (EU) No 531/2012 on roaming on public mobile communications networks within the Union.* OJ L 310, 26.11.2015, pp. 1-18.
5 条 3 は以下の通り。
Article 5 Supervision and enforcement 1. National regulatory authorities shall closely monitor and ensure compliance with Articles 3 and 4, and shall promote the continued availability of non-discriminatory internet access services at levels of quality that reflect advances in technology. For those purposes, national regulatory authorities may impose requirements concerning technical characteristics, minimum quality of service requirements and other appropriate and necessary measures on one or more providers of electronic communications to the public, including providers of internet access services. National regulatory authorities shall publish reports on an annual basis regarding their monitoring and findings, and provide those reports to the Commission and to BEREC. 2. At the request of the national regulatory authority, providers of electronic communications to

ものである [156], [157], [158]。特に、各国規制機関のインターネット接続サービスの

the public, including providers of internet access services, shall make available to that national regulatory authority information relevant to the obligations set out in Articles 3 and 4, in particular information concerning the management of their network capacity and traffic, as well as justifications for any traffic management measures applied. Those providers shall provide the requested information in accordance with the time-limits and the level of detail required by the national regulatory authority. 3. By 30 August 2016, in order to contribute to the consistent application of this Regulation, BEREC shall, after consulting stakeholders and in close cooperation with the Commission, issue guidelines for the implementation of the obligations of national regulatory authorities under this Article. 4. This Article is without prejudice to the tasks assigned by Member States to the national regulatory authorities or to other competent authorities in compliance with Union law.

157) BEREC Guidelines on the Implementation by National Regulators of European Net Neutrality Rules, BoR (16) 127
158) See, above note 156, OJ L 310, pp. 1-18.

5条は以下の通り。

Article 5 Supervision and enforcement 1. National regulatory authorities shall closely monitor and ensure compliance with Articles 3 and 4, and shall promote the continued availability of non-discriminatory internet access services at levels of quality that reflect advances in technology. For those purposes, national regulatory authorities may impose requirements concerning technical characteristics, minimum quality of service requirements and other appropriate and necessary measures on one or more providers of electronic communications to the public, including providers of internet access services. National regulatory authorities shall publish reports on an annual basis regarding their monitoring and findings, and provide those reports to the Commission and to BEREC. 2. At the request of the national regulatory authority, providers of electronic communications to the public, including providers of internet access services, shall make available to that national regulatory authority information relevant to the obligations set out in Articles 3 and 4, in particular information concerning the management of their network capacity and traffic, as well as justifications for any traffic management measures applied. Those providers shall provide the requested information in accordance with the time-limits and the level of detail required by the national regulatory authority. 3. By 30 August 2016, in order to contribute to the consistent application of this Regulation, BEREC shall, after consulting stakeholders and in close cooperation with the Commission, issue guidelines for the implementation of the obligations of national regulatory authorities under this Article. 4. This Article is without prejudice to the tasks assigned by Member States to the national regulatory authorities or to other competent authorities in compliance with Union law.

第3章　BERECとEU電気通信市場政策　　　　　　　　　　　　　83

提供におけるトラフィックの均等かつ非差別的取扱いと関連するエンドユーザーの権利を保護するために3条と4条に書かれているルールの遵守を確保するための義務を含んでいるものである[159]（すなわち、各国規制機関の上記義務の履行に際して、ガイダンスを与えるためのものである）。ネット中立性に関する新法は、EU加盟国の各国規制機関が、利害関係者のために確実に同様の規制をかけることを求めているところ、BERECのガイドラインには、規制の確実性に貢献し、また、各国による、規制の一貫性のある適用に貢献するものである。

　また、BERECは、非常に活発に各種情報通信分野の様々な課題に関して報告書を発表している。たとえば、IoTに関するレポートも、2016年に公表している[160]。

3.2　BERECの基本戦略

　BERECは、現在の動向と市場の発展がBERECの機能と成果に影響を与えるかにつき、3年計画の展望を発表している。2014年の12月には、2015年から2017年にかけての新たな戦略を採用した[161]。
　その基本戦略は以下の3つである（前述の戦略も参照）[162], [163]。

①競争と投資を促進させること
②域内市場を促進させること

---

159)　See, http://berec.europa.eu/eng/document_register/subject_matter/berec/regulatory_best_practices/guidelines/6160-berec-guidelines-on-the-implementation-by-national-regulators-of-european-net-neutrality-rules
160)　BoR (15) 141 – Draft BEREC report on Enabling the Internet of Things
161)　See, BoR(14)182, Berec Strategy 2015-2017, 4 December 2014.
162)　BEREC, BEREC Strategy 2015-2017. (http://berec.europa.eu/eng/document_register/subject_matter/berec/annual_work_programmes/4785-berec-strategy-2015-2017).
163)　BEREC, BEREC Strategy 2015-2017. (http://berec.europa.eu/eng/document_register/subject_matter/berec/annual_work_programmes/4785-berec-strategy-2015-2017).

③エンドユーザーの保護と権限付与

　これらの目標を達成するために、様々な戦略が採用されている。
　BERECの戦略ペーパーは、BERECの組織としての機能的効率性とBERECが外に出す様々な意見等の質の重要性に焦点をあてるものである。それら、機能的効率性や質の確保が、BERECの戦略的目標を達成する重要な鍵となるからである。BERECは戦略ビジョンをその他業務に反映させると同時に、BERECの資源を最適化するために業務計画の改善に使用する。
　目的の達成は3つのレベルにおいてなされる。①各国規制機関による、最適な実践やガイドライン等を通じた決定の質と継続性の向上を働きかけること、②欧州委員会その他の関係機関と協力し合うこと、③業務方法やアウトプットの質を向上させることである。

3.3　BERECの検討するEU電気通信規制枠組みの発展

　電気通信市場と技術革新はEUレベルにおける規制の相当程度の進化を背景として現実化している。本書執筆時現在、「繋がる大陸（Connected Continent）規制」の草案が議論されているが、同規制が採択されると、BERECには、さらに新たな分野におけるガイドラインの提示や新たなモニタリング任務が課される見込みである。
　2015年からの数年間は、概括的なEU政策であるEU2020や、電気通信分野における政策である「EUのためのデジタルアジェンダ」（Digital Agenda for Europe）等が検証される期間であり、新たな法規制がEUの法政策として議題に上る可能性がある。これらの現在進行形の電気通信市場を含めたEU法政策の規制の検証は、BERECの今後数年間の役割として、重要なものである。
　前回の電子通信規制枠組みの検証は2009年に行われ、BERECの設立は2009年検証の結果である。2009年検証では、「発展型アプローチ」（evolutionary approach）が採用され、2002年の電気通信市場政策に関する電子通信市場パッケージの基本的規制枠組み（法規制）を維持し発展させるものであった。2009年の規制改革は、現在に続く成長と革新をもたらす基礎力となっているものと

第 3 章　BEREC と EU 電気通信市場政策　　　　　　　　　　　　85

考えられている[164]。

3.4　BEREC の戦略目標

　BEREC の戦略目標は、BEREC および事務局設立規則 1 (3) 条所定の設立目標の 1 つに「BEREC は、独自に、公平にそして透明性をもってその業務を遂行する。すべての業務において、BEREC は、EU 指令 2002/21/EC（枠組み指令）の第 8 条に定められている、加盟国規制機関（NRAs）と同じ目的を追求する。特に、BEREC は、電子通信のための EU 枠組み指令の一貫した業務適応の確実性を目指すことによって、開発と電子証券取引ネットワークとサービスの市場内部におけるより良い機能性に貢献する」（傍点筆者）と定められたことからもわかるが[165]、原則として、2002 年の電子通信規制改革パッケージの 1 つである枠組み規制の 8 条に従ったものである。
　具体的には、

①競争の促進
②域内市場の発展に尽くすこと
③EU 市民の利益を促進すること

である。これらの目的を達成するために、BEREC とその構成員は、常にもっとも効果的でつり合いの取れた、そしてもっとも介入の少ない規制方法を模索することとし、そのために、常に、規制については、必要があれば共同規制や規制緩和も視野にいれている、との指摘がなされている[166]。
　現在の BEREC の戦略目標は、前述のとおり、上記のパッケージの目標を基礎として発展させた、

---

164)　BoR(14)182, Berec Strategy 2015-2017, 4 December 2014, p. 7.
165)　邦訳につき、本書 261 頁以下。
166)　BoR(14)182, Berec Strategy 2015-2017, 4 December 2014, p. 3.

①競争と投資を促進させること
②域内市場を促進させること
③エンドユーザーの保護と権限付与

である。

3.4.1　戦略目標①について——競争と投資の促進

　BEREC は、EU のグローバルな競争環境が EU の国内環境の競争状況に由来することを強く認識し、欧州のテレコムセクターが競争力を有することが活気ある欧州経済をもたらすことであると考えている。そのためには、BEREC もその状態の整備の一翼を担う、効果的な投資と革新が続けられることが必要である。そのために、各国規制機関（NRAs）は効果的な競争状態を作り出し、そうすることによって、さらなるインフラやサービスに対する効率的な投資や革新技術をもたらすようにしなければならないとの認識がなされている。この目標の一番重要な点は、効果的かつ持続的な競争環境こそが能率的な投資を引き出す力となる、という点である。そのために、経済に対する事前規制も徐々に少なくしていく必要があると BEREC は考えており、その点についての助言と勧告を進める予定であるとする目標を掲げている。

3.4.2　戦略目標②について——域内市場の促進

　BEREC は各国規制機関がそれぞれに果たす重要な役割を認識しつつ、各国の独自性にも理解を示しながら、

①調和した規制の実効を発展させること
②クロスボーダーな問題に関する調和のとれたアプローチを図ること

を中心に、各国それぞれの豊富な経験から学び、情報交換しつつ、各国の域内市場の促進と同時に、電気通信市場全体のハーモナイゼーションを図ることを目的としている。

3.4.3 戦略目標③について——エンドユーザーの保護と権利付与

　各国規制機関は EU 市民の利益を促進しなければならず、それらの規制の執行を通して、最終的なユーザー（ビジネスユーザーを含む）の保護および弱者の利益を保護しなければならない。

　欧州のエンドユーザーの状況の向上は、常に BEREC の中心的課題であった。上記 2 つの戦略目標とこのエンドユーザーの保護は、連続的である。すなわち、域内における電気通信分野における競争環境が活発化するにつれて、エンドユーザーへの権限付与がなされるようになり、権限の付与されたエンドユーザーが、さらに競争を活発化させるというものである。このことは、ふさわしいやり方、すなわち焦点をしぼった効果的な方法で競争環境に関する規制を展開しようとする各国規制機関にとっても、需要重視型の市場の力学を常に理解しておかなければならないということを意味している。

　BEREC と各国規制機関はそれぞれ独立に、また協力して、市場の発展を観察し、エンドユーザーがふさわしい価格と質のサービスを自ら選ぶことのできる状況が維持されるように対応していかなければならないと認識している。また、BEREC は、エンドユーザーがインターネット上のコミュニケーションに依存しはじめている現状についても常に把握し、オープンインターネットに関する様々な問題について、問題提起を続けていく必要があるとされている。

3.5　BEREC ワークプログラム

　BEREC は、BEREC および事務局設立規則 5 (4) 条に規定される「(BEREC および事務局設立規則) 17 条に従い利害関係者と協議の上、規制委員会は、年度末までに業務内容が関係する内容に先立ち、BEREC の例年の業務内容を承認するものとする。その承認後ただちに、規制委員会は、例年の業務内容を欧州議会、理事会及び委員会に通達するものとする」との業務内容の確定として、毎年のワークプログラムを設定している。

　年間の BEREC の業務内容の確定の手続は毎年夏に始まる。2015 年のワークプログラムは設立規則 5 (4) 条に規定された通りに、多くの異なる利害関係者との協議を経て、2014 年 12 月に採択された[167]。2015 年の内容は、主と

して上記の3年計画の戦略目標を具体化するものである。

また、BEREC 事務局も BEREC 本体とは別にワークプログラム 2015 を策定しており、そちらには、予算措置のことなどが記されている。

BEREC 事務局のワークプログラムによれば、2015 年に主として電子通信分野において政策形成を発展させる予定のものは、現在規制枠組みが検討されているテレコム単一市場（「繋がる大陸（Connected Continent）規制」）に関する問題と、ユニバーサル・サービスの射程の問題に関する検討であり、その他の優先事項は、関連市場に関する勧告の改定に関することであるとされる[168]。

BEREC 事務局は、規制委員会の会合の調整をサポートするほか、後述するコンタクトネットワークや専門ワーキンググループの会合等の調整をサポートする。

BEREC 事務局は前述のとおり EU の正式な組織であることから、EU の予算が支出されている。その予算（案を含む）は表 3.1 の通りである。

また、組織の構成員に関しては、表 3.2 の通りであった（なお、2014 年から 2015 年にかけて 1 名の人員の減少が予定されているのは、EU の組織や機関全体に関して、欧州委員会が EU 全体において 5 年間をかけて 5 パーセントの削減を求めていることに対応したものであった）。

また、2015 年 12 月にもワークプログラムが発表され[169]、IoT への対応状況や、繋がる大陸規制に関する BEREC としての提案状況などが細かく記されている[170]。

BEREC 事務局は、BEREC 規制委員会（前述の通り、BEREC の構成員と規制委員会の構成員は同一であり、両者は同一の組織である）と、のちにみる BEREC コンタクトネットワークと専門ワーキンググループをサポートする役割を果たすものであり、その専属スタッフは 30 名弱である。BEREC 事務局には EU の予算が割り当てられているが、専門ワーキンググループや規制委員会の構成員の人件費等はすべて、それらワーキンググループに人員を派遣する、もしくは

---

167) BoR(14)185, Work Programme 2015 Berec Board of Regulators, 4 December 2014.
168) MC(14)102, BEREC Office Work Programme 2015, p. 5.
169) BoR（16）66 final.
170) *Id*., BoR（16）66 final, pp. 90-113.

第3章 BERECとEU電気通信市場政策

表 3.1

	2015 年	2016 年（予定）	2017 年（予定）
EUによる分担金	EUR 4,017,244	4,246,000	4,246,000
利子等	EUR 6,695	0	0
合　計	EUR 4,023,939	4,246,000	4,246,000

MC (16) 130, p. 9

表 3.2

	2014 年	2015 年	2016 年
設立計画からのポスト（人）	16	15	15
外部委託人員（人）	12	12	12
合計（人）	28	27	27

MC (14) 102 p. 6, MC (15) 84 p. 5

規制委員会の構成員を派遣する加盟国規制機関が負担する。

3.6　BERECの意見提出等EUテレコムポリシーへの影響

　BERECは、2002年の枠組み指令7条を改正した2009年の指令に基づき、欧州委員会が検討を開始した事項について、意見を述べること等とされている。また、専門ワーキンググループ等で検討した内容を基に、様々な報告書を規制委員会で承認し、それらを発行している。

3.7　BERECの意見の例

3.7.1　フランス電気通信規制庁に対する最近の事例
　BERECの意見の例としては、以下のようなものがある。すなわち、2014年10月28日に、欧州委員会が「重大な懸念」を表示したフランスの電気通信規制機関のSMSの市場に関する決定に対して、フランス電気通信規制庁からの2014年11月12日の返答と同11月17日の返答を受けて同11月28日に「重大な懸念」とともに開始された第二段階の検証に関して、BERECの規則と手

続に従い、独立に BEREC としての意見を、欧州委員会とは別個に述べるために特別な専門ワーキンググループがただちに形成された[171]。

特別な専門ワーキンググループは 2014 年の 12 月 9 日に会合を開き、欧州委員会が示している「重大な懸念」が正当化されるのか否かについて、関係する様々な通知や書類等を検証しながら同 12 月 17 日に BEREC としての草案が決定された。BEREC としての最終意見は、BEREC 規制委員会の過半数によって同 12 月 29 日に採択され、BEREC の「意見」として、枠組み指令 7（5）条に従って発行された[172]。

その意見は、「SMS の終了に関する規制緩和を決定するフランス電気通信規制機関の決定は消費者の利益を阻害する可能性があるが、その利益が実際にどのようなものであるのかについては、より詳細で細かな情報が必要であるものであり、欧州委員会の懸念の一部に賛同する」というものである。BEREC は、フランスの電気通信規制庁に対して、追加の資料の提出等を勧めている。

3.7.2　BEREC の報告書の例――ネット中立性に関して[173]

BEREC は様々な報告書（Reports）も発行しており、それらは専門ワーキンググループ等において詳しく検討されたのちに、規制委員会で承認を得ている。

最近 BEREC が発行した報告書の 1 つは、ネットの中立性の文脈におけるインターネットアクセスサービスのモニタリングの質に関する報告書である。

この報告書は、詳細な検討ののちに、各国規制機関に対してネットの中立性という視点からみたインターネットアクセスサービスの質に関する平均的な方法を採用するように、とする勧告を提案している。そのような平均的な方法を採用することが、より深い段階でのコンバージェンス（収束）をもたらすもの

---

171)　BEREC Opinion on Phase II investigation pursuant to Article 7 of Directive 2002/21/EC as amended by Directive 2009/140/EC: Case FR/2014/1670 Wholesale SMS termination on individual mobile networks in France.
172)　BoR (14) 218, 29.12.2014. Date of registration: 06.01.2015
Document type: Opinions, Author: BEREC.
173)　BoR (14) 117, 25.09.2014, Date of registration: 29.09.2014
Document type: Reports, Author: BEREC.

であるという。

3.8　BERECとEU情報通信政策の関係——規制機関とは異なり、諮問機関としてのBEREC

　以上に概観したとおり、BERECの予算を含めた組織構成、EUの情報通信政策に対する関わり方は、欧州委員会からは独立した意見を述べて様々な対立の緩和や調整を図っている点、また、ガイドラインを発行して規制の基準となる指針を示している点など、関連諸機関の調整組織であるとともに、規制の実効的実施のために必要不可欠な機関となっている。

　BERECは、あくまでも規制機関ではなく、調整機関であり、その組織として目指している目標は、欧州のテレコムポリシーの全体の方向性に関する様々な対立を解消し、調和を図ることにある。すなわち、テレコミュニケーション（電気通信）分野におけるハーモナイゼーションを図る機関である。

　欧州委員会が強い懸念を示す市場支配等に関する事案その他について、BERECは、さきにみたように、欧州委員会とは独立に、欧州委員会とは異なる視点からの分析的意見を述べる。そのほか、枠組み指令第7条に基づき、指令案に対する意見を述べるほか、同指令第15条に基づき、サービス市場等に関する勧告案において協議を行い、多国籍市場の識別における決議案等に関しても意見を述べる。さらに、同指令第19条によって、加盟国規制機関を補助し、欧州委員会、欧州議会、理事会に対して決議案に対する勧告を行い、その業務の範囲内における電子通信に関するいかなる件に関しても、報告書を発行し、勧告を行い、欧州議会と理事会に対して意見を通達するものとされている[174]。

　BERECが設立され、実際にBERECが機能を始めてから5年が経過した現在、BERECがEUの組織間の調整を図る機関であること、また、様々な意見や勧告を述べる諮問機関としての役割を果たしていることは明らかである。

---

174)　BEREC及び事務局設立規則1条も参照。

第4章　EUにおける機関の分節化

4.1　領域の特性に即応した組織形態

4.1.1　領域の特性

(1) 総　論

　電気通信事業等、テレコミュニケーションに関する法規制は、他の法分野のそれに比べて複雑であり、特殊なものである。ただし、法制度の特徴は国によって異なり、国の発展の度合いによっても異なる[175]。これらの違いは、通信等のそれぞれの国における成立・発展の度合いの違いによる場合もあれば、政治過程や行政過程における制度や法制度の違いに起因する場合もある。電気通信分野については、1980年代まで多くの国々において、国営かつ垂直的に統合された独占事業体によって電気通信事業の展開がなされており、それらに対応する法規制の変遷は、国の自由化への歩みの速度や対応によって異なったものとなってきた。

　また、完全自由化が達成された現在においても、技術の発展に即応して規制の調整、整備を行う必要がある点において、特殊な性質を有している。現に、これまでみてきたように、EUにおいて模索されてきた新たな電気通信規制枠組みの構築は、すべて電気通信技術の発展によって出現した新たな規制需要への対応であった。

---

175)　多賀谷一照『行政とマルチメディアの法理論』（弘文堂、1995年）250頁以下参照。

そして、このような形で進められた模索の結果、数年の月日を要して新たな枠組みの制定がなされたのち、数年後にさらに新たな検討が開始されるという事態が繰り返されている。技術の進歩に対応する規制枠組みを構築するため、数年後の見直し条項がほぼ必ず指令等に挿入される点にも、情報通信分野の法的枠組みの特殊性がみられる。

(2) 技術革新への対応としての制度改革

電気通信分野の規制枠組みの構築に際して、EU はまず、①標準、仕様を共通化する、②事業者と産業の間において研究プログラムを共有する、③電気通信の未発達地域のために設けられた構造基金を活用する、④国際的な交渉に際し欧州共同の立場を採択する、等の内容をもつ方針を 1980 年代半ばからとりはじめ、技術の革新、発展に関して各国が協調して対応していく姿勢を明らかにした。そして、欧州委員会が発表した 1987 年の「電気通信サービス及び機器の共同市場発展に関するグリーン・ペーパー」が自由化への歩みの姿勢を明らかにするとともに、加盟国における電気通信市場の状況調査を行い、技術水準等を統一する方向性を模索しはじめた[176]。その後、ケーブルテレビ、携帯電話の自由化を経て、1998 年の音声電話を含む全サービスの完全自由化が、技術の進歩に即応する形で段階的におこなわれた。そして、2002 年の電子通信規制パッケージにおいては、さらなる技術の発展による通信と放送の融合をふまえ、許認可の簡略化などが定められた。最後に、2009 年の改革においては、インターネットブロードバンドへの対応や、ネットワーク接続の問題など、技術の進歩によって新たに問題となりはじめたインターネットの取締りを含め、規制がモダナイズされている[177]。同時に、2002 年に規制庁の連合体として設

---

176) See, above note 29, COM (87) 290 final.
177) ブロードバンドについては、2002 年 12 月に出された「関連市場に関する勧告メモ」において言及されていた。*Id.*, Commission of the European Communities (above note 87), Brussels, 16.12.2002, C (2007) 5406 rev 1, p. 24. See also, Commission of the European Communities, *Commission Recommendation of 11 February 2003 on relevant product and service markets within the electronic communications sector susceptible to ex ante regulation in accordance with Directive 2002/21/EC of the European Parliament and of the*

立されたERGが改組され[178]、各国規制機関と欧州委員会との協議の場において「最大限意見を尊重される」組織として新たな役割を持たされたことは、技術革新に対応して統一市場をスムーズに創出していくためのEUなりの模索の1つということができよう。

4.1.2 規制機関と事業体
(1) 規制機関のあり方

それでは、電気通信事業のような特殊性のある領域において、どのような規制機関のあり方が模索されるべきであろうか。電気通信——EUで言われる電子通信——事業に関しては、その経緯（第1章参照）にみてきたとおり、規制機関と事業体の分離の問題が、当初は公的独占・国家独占との関係で問題となっていた。規制役割を担う担当省が、事業体として電気通信事業をあわせて経営している場合には、自らの事業の利益保護という見地から規制を行う可能性が高く、さらに、国境を越えた通信サービスに対する規制が問題となる場合においては、省庁担当者による規制を通じて、自国の公的な独占主体である事業体の権益を守ることが国益である、との観点から施策が立てられがちであった。

このような状況のなかで、遅ればせながらではあるが、国境を越えたサービスを充実させるため、また、アメリカや日本の国境を越えた通信サービス事業体にEUの競争範囲を侵食されないために、EUにおいて通信の自由化の基本方針がまとめられた[179]。これに基づき、欧州委員会は、自国の権益保護の観点からの規制を各国が行うことは、国境を越えたサービスの流れを加速させ、全世界的な通信のグローバル化に対応するというECの統一市場化の動きに完全に逆行するものである、と主張し、加盟各国がその国内法制において規制機関と事業体の分離を行うよう、繰り返し要請した。もっとも、当初は、規制機関と事業体の分離は、事業体の民営化をただちに要請するものではなく、事業体

Council on a common regulatory framework for electronic communication networks and services, 2003/311/EC, C (2003) 497.

178) ERGにつき、前掲注133) 参照。

179) Willem Helsink, *Privatisation and Liberalisation in European Telecommunications* Comparing Britain, the Netherlands, and France, (Routledge 1999) p. 241.

が、公企業として公的なセクターにとどまる場合であっても、当該公企業の部分と規制担当の部分が組織的に明確に分離されていれば足りるものとされた[180]。

ちなみに、いかなる組織、機関が規制を行う主体として位置づけられるべきかについては、主として立法政策の問題である。また、それは、それぞれの国の制度的かつ歴史的背景と密接にかかわるものである。各国においては、省庁によるものや独立規制体によるものなど、そもそも異なる規制システムがあり、その中でも、規制担当機関の組織・位置付け・権限は、情報通信の捉え方はもちろん、情報通信を含めた政策に対する権限配分のあり方、そして権力分立のあり方によって、各国のあり方は千差万別である。

たとえば、イギリスにおいてはサッチャー政権による自由化が1970年代から進められ、ブリティッシュ・テレコムはECによる政策提言の公表以前に公社化されていた[181]。これは、イギリスによる規制機関と国家機関の考え方が、他のEU諸国と違ったことを意味する。反面、その他の加盟国においては国営が続き、欧州委員会の電気通信自由化の指令提案に対しても抵抗が示されるなど、紆余曲折を経て規制機関と事業体の分離の歩みが進められた。

(2) 規制機関のあり方の基本形

そのうえで、今日、EUのように電気通信もしくは電子通信の規制について複数の機関の総合的なシステムが構築されようとしている場合、基本的な出発点は、それらの機関が互いに機能を分担し、規制機能にかかわる方式である。そこで、EUにおいては、欧州委員会が案を提出し、一般的規律・基準を規則・指令等の法形式により定めたのち、その具体的な運用を複数の機関が担っている。しかし、複数の機関の総合体といっても、機関相互のネットワークのあり方・結合の緊密性が問題となる。以下においては、このような観点から、

---

[180] 事業体と規制機関の分離に関して、我が国においては、郵政省とNTT、KDDIの分離が戦後まもなくなされたことで達成されていた。藤原淳一郎・矢島正之監修『市場自由化と公益事業—市場自由化を水平的に比較する』(白桃書房、2007年) 100頁参照。

[181] 堀伸樹「英国とドイツに関する比較電気通信産業論の試み—規制緩和と競争を中心として」InfoComReview 21号 (2000年) 36-48頁。

単一の規制機関ではなく、多次元的に構成された様々な規制機関の複合体のあり方を検討していくことにしたい。

4.1.3 調整機関
(1) 総　論
　行政機関相互の意思の調整は、行政管理システムの一種として考えられる場合もあるものの、基本的に調整という行為形式として考えることができる。そして、行政機関相互の意思の調整は協議、行政機関内部の調整部局や行政管理機関による指揮監督といった方法でおこなわれてきたが、今日では、「調整」そのものを目的とした組織が設置されるようになってきている。一般に調整システムはスムーズな行政運営に不可欠なものとして設けられているものの、調整を主たる任務とする行政機関を設けることによって、最終的な行政目的達成に向けて円滑な歩みを進めることが企図される[182]。
　たとえば、我が国における調整機関は、平成13（2001）年の中央省庁再編において設置された内閣府——より強力かつ総合的な調整部局——にみることができるし、調整システムについては、同じく中央省庁再編を機会に導入された「省庁間の政策調整システム」にみることができる。国家行政組織法の改正により、その2条2項によって「国の行政機関は、内閣の統轄の下に、その政策について、自ら評価し、企画及び立案を行い、並びに国の行政機関相互の調整を図るとともに、その相互の連絡を図り、すべて、一体として、行政機能を発揮するようにしなければならない。内閣府との政策についての調整及び連絡についても、同様とする」と定められ、さらに同15条において、「各省大臣、各委員会及び各庁の長官は、その機関の任務を遂行するため政策について行政機関相互の調整を図る必要があると認めるときは、その必要性を明らかにした上で、関係行政機関の長に対し、必要な資料の提出及び説明を求め、並びに当該関係行政機関の政策に関し意見を述べることができる」と定められた。このように、調整機関とともに各行政機関の相互調整権限が定められたことで、行政

---

[182]　参照、牧原出『行政改革と調整のシステム』（東京大学出版会、2009年）77頁以下。

機関相互の意思形成過程における「調整」が、透明性を有する行政運営——もしくは、双方向に意思疎通の行いやすい運営のもとで行われるということにも繋がるものと考えられる[183]。

(2) EUのなかの調整機関

今日、EUにおいても調整機関は様々な形態がある[184]。BERECに限らず、欧州委員会の下に置かれている通信委員会や、標準化に関して協力するESTIも、政策調整の役割を果たす場合がある。かといって、全ての組織が、調整組織に当てはまるものではない。EUにおける調整機関とは、EUにおける政策決定に何らかの形で影響を及ぼすことのできる団体、委員会、協会、その他の関連機関が、これに該当するというべきであろう。そして、EUが求める機関とは、EUの目標達成に資することのできる機関、すなわち、EUの主要目標である欧州「単一市場」の形成に資する機関である。

今回設立されたBERECは、電気通信分野における規制者団体であり、正式な団体とはならなかったものの、EUにおける正式の組織（Community Body）である事務局に支えられた組織として、欧州委員会と各加盟国の規制当局の間の調整に正式に組み入れられた。その意味において、欧州電気通信政策の決定に重要な役割を果たしうる調整機関ということができる。

---

183) 参照、前掲注150) 藤田・『行政組織法』95頁。中央省庁再編の経緯について、詳しくは、参照、三辺夏雄・荻野徹「中央省庁等改革の経緯 (1) 〜 (5・完)」自治研究83巻2号 (2007年) 17-42頁、自治研究83巻3号 (2007年) 36-58頁、自治研究83巻4号 (2007年) 21-35頁、自治研究83巻5号 (2007年) 21-42頁、自治研究83巻6号 (2007年) 16-37頁。

184) 各国の機関とEU行政組織の調整を予定する組織については、See, Damien Gradin & Nicolas Petit, The Development of Agencies at EU and National Levels: Comceptal Analysis and Proposals for Reform, Monet Working Paper, January 2004, p. 48; George A. Bermann, Charles H.Koch, James T. O'Reilly, *Administrative Law of the European Union, Introduction*, (ABA, 2008) p. 20.

4.2　EU の行政システムと機関の分節化

4.2.1　EU の見方

　EU が実施する行政活動が、EU 加盟国全体の利益を追求する「公行政」にあたるものであると考えれば、その行政は、行政的組織（ここでいえば、欧州委員会、欧州議会、欧州理事会ならびに関連する機関）によって担われるのが原則である。ただし、その例外として、電気通信等複雑な仕組みを有する分野に対する規制に関しては、公的機関（この場合では事務局）に支えられる、公の目的をもった（oeffentlicher Zweck）団体が構成され、それらが、独立した行政主体として EU の公共的秩序に対して組み入れられる（Einbeziehung）ことがある[185]。では、組み入れられた団体の行為形式や公共的な任務という機能的な要素からアプローチするのではなく、制度的な位置関係から見た場合に、BEREC は「EU の行政システムのなかに組み入れられている」と言えるのだろうかということは問題となる。

4.2.2　EU──超国家化か国家連合か
(1)　EU の組織的性格

　現在の EU は、経済統合の深化と拡大の結果、ヨーロッパのなかに 2010 年の時点で 27 カ国にのぼる関税および非関税の障壁がない共同市場を形成している[186]。また、完全ではないものの、ユーロという共通通貨の出現が、EU を経済的にも政治的にも深く結びつけている。そして、EU においては、その経済的ならびに政治的統合が深化するにつれて、EU 諸機構の出す決定がその加盟国の国民を直接あるいは間接に拘束することも大変多くなってきている。

---

[185]　Vgl. *Brohm*, Strukturen der Wirtschaftsverwaltung, 1969, S.172.
[186]　このことによって、EEC（ローマ）条約時代にあった関税同盟 EEC とそうではない EFTA の対立が解消されている。また、EU においては、経済統合を深めるために、関税などの保護貿易の障害の除去だけではなく、EEC（ローマ）条約に存在する財貨・用役・労働・資本の自由移動をともなう画期的な 4 つの市場統合を目標にし、通貨統合も実現しようとしてきた。

ちなみに、このような現在の EU の体制を創設したマーストリヒト条約が経済統合から政治統合への深化を宣言したとき、その政治統合がどのようなものとなるかについては、様々な見解が存在していた[187), 188)]。

　EU を超国家的国家としてとらえた場合、その EU が設立する組織の分節化については、加盟国による制御の形態も含め、分野による特殊性をふまえ、法制度の組みあわせの状況や、実際の相互作用という諸要素を総合して考察するべきであろう。

　また、EU の組織そして制度については、民主主義の赤字——すなわち、民意を適切に反映させることのできないシステム——を有しているとして、民主的な欠陥が指摘される[189)]。この点、直接普通選挙で選出される議員のみで構成される欧州議会は存在するが、EU という組織構造のなかで、政策決定過程に重要な役割を果たすのは、欧州委員会であり、理事会であるためである。このような EU の諸構造の中で、EU と各加盟国との関係をどのように考えるべきかが問題となる。そして、この問題はよく知られているように、補完性の原則をめぐって、議論されている[190), 191)]。

---

187)　ドイツ連邦憲法裁判所のマーストリヒト判決においては欧州連合（EU）は国家結合体（Staatenverbund）と言及されているが、国家連合（Staatenbund）か、連邦国家（Bundesstaat）、競争的な連邦制（Wettbewerbsfederalismus）協働的な連邦制（kooperativer Federalismus）かについては様々に議論されている。Vgl. BVerfGE 89, 155, 186 − Maastricht; *Schönberger*, Die Europäische Union als Bund. Zugleich ein Beitrag zur Verabschiedung des Staatenbund − Bundesstaat − Schemas, AöR 2004, S. 81-120; George A. Bermann, *Taking Subsidiarity Seriously: Federalism in the European Community and the United States*, 94 Colum. L. Rev. 331, 450 (1994).

188)　*Neuhaus*, a.a.O.(Fn.30), S. 225.

189)　民主主義の赤字（democratic deficit）については、田中俊郎「欧州統合におけるエリートと市民」『EU と市民』（慶應義塾大学出版会、2005 年）3 頁に簡潔に示される通り、選挙で選ばれていない欧州委員会が政策を提案し、加盟国政府の代表から成る理事会が決定するプロセスの間に各加盟国で選ばれる議員の統制機能が十分に働いていない問題のことである。

190)　1992 年のマーストリヒト条約によって、補完性の原則は、欧州共同体を設立する条約（Treaty establishing the European Community：EC 条約）第 3 条 b に挿入され、総則的な位置を得ることとなった。その後 1996 年のアムステルダム条約により、第 5 条におかれた。補完性の原則は、歴史的には、EC とその構成国が権限を共有する分野に

ただし、本書はEUの補完性原則そのものを議論することを目的としていない。かつ、これまた周知のように、補完性の原則をどのように解釈するべきなのか、各加盟国とEUの政策決定プロセスはどのようにとらえるべきなのかについて、様々な観点から議論はされていても、まだ答えは出ていないというのが現状である[192]。

おいて、欧州委員会と構成国間の権限のせめぎあいがあったため、それを解決する指針となることが期待されたものである。補完性の原則の適用方法によっては、構成国により大きな権限が与えられることと同時に、いちどEU (EC) に与えられた権限は補完性の原則の下に正統性を持つこととなり、ECの分権化にも、また 中央集権化にもどちらにも貢献することが可能であるといわれる。また、補完性の原則はEUと構成国間の権限分担の原則であると考えるのが狭義の概念であり、「できるかぎり……」との言葉から、構成国に関して補完性の原則の概念の広がりも考える拡大概念も存在する。このような状況のなかで、補完性の原則が欧州連合そのものの権限が肥大化することを防ぐために、EC・EUにますます多くの権限が委譲されたマーストリヒト条約の制定に際し導入された。中央政府による政策決定を抑制し、地方の自主性や裁量権を尊重する原則の精神は連邦国家の基本原則の一つにあたるが、連邦国家体制をとるドイツのイニシアティブに基づき、また、イギリスの強い支持を受けて取り入れられた。もっとも、アムステルダム条約のための政府間会議において、補完性の原則をめぐる議論については、マーストリヒト条約の時のような注目をあびることはなかった。もっとも、その際には、補完性の原則と表裏一体の問題ともいえる、EUという組織をどのように考えるのか、EUの代表民主制の確保について問題となった。1992年6月にデンマークの国民投票によってマーストリヒト条約の批准が一度否決され、同年9月のフランスの国民投票においても、かろうじてマーストリヒト条約の批准が同意されたことは、市民の意思をEUがどのように、どういった根拠で代表するのかについての問いかけでもあった。参照、岡部明子「EU・国・地域の三角形による欧州ガバナンス―多元的に〈補完性の原理〉を適用することのダイナミズム」公共研究4巻1号 (2007年) 111頁。

191) 補完性の原則は、EUに権限が完全に委譲されていない政策事項などにつき、以下の条件が満たされる場合にのみEUが権限を行使できるとするものである。(リスボン条約第5条第2項〔旧第3b条第2項〕)。①加盟国が実施したのでは、EUの政策の目的が十分に達成されないこと、②措置の規模または効果の面において、加盟国が実施するよりも、EUが実施する方がより良い成果が得られると考えられること。See, Case C 377/98, Netherlands v. EP and Council (2001) ECJ I-7079, para. 32. また、庄司克宏「2004年欧州憲法条約の概要と評価―『一層緊密化する連合』から『多様性の中の結合』へ―」慶應法学 (2004年) 29-31頁。なお、補完性の原則と民主主義（地方自治体）との関係について、参照、杉原泰雄『地方自治の憲法論』（勁草書房、2002年）103-105頁。

192) すなわち、欧州委員会は、法案を理事会、欧州議会に提出すると同時に、加盟各

もっとも、EUは1つの巨大な行政組織機構であることは争う余地はない。また、現時点においてすでに議会や政府（委員会）も有する国家に準ずる存在であることは紛れもない事実である。そして、政府——国家組織において情報通信行政を遂行するうえで、さまざまな組織が模索されることも当然の帰結である。

　このようななかで、何が当該組織にとっての公共的任務であるかに関する検討も含め[193]、組織をEUのなかでどのように位置づけるべきかという点を考察するに際しては、行政主体に関するこれまでの様々な分析に加えて[194]、柔軟な組織形態の連携、構築そして分節化の可能性の模索が重要となる。

――――――――――

国議会にも送付しなければならない。加盟各国議会には2票が割り当てられ（両院制では各院1票）、8週間以内に当該法案が補完性原則に違反しないかどうかを審査し意見を述べることができる。①加盟国議会に割り当てられた票数の3分の1（現行では18票）以上が法案の見直しを要求した場合、欧州委員会は当該の法案を再検討しなければならないが、維持・修正・撤回のいずれかの措置をとることもできる。また、②過半数が法案に異議を唱えた場合、欧州委員会は再検討し維持・修正・撤回いずれの措置をとることもできるが、欧州委員会がこれを維持する場合、欧州委員会は維持を正当化する理由を付した意見書を理事会および欧州議会に提出しなければならない。欧州議会と閣僚理事会は、第1読会を終える前に、補完性原則について検討し、理事会の55％の多数、または欧州議会の過半数が補完性原則に違反するという意見に達した場合、当該法案は廃案となる。The Lisbon Treaty, *Consolidated Reader-Friendly Edition of the Treaty on European Union（TEU）and the Treaty on the Functioning of the European Union（TFEU）as amended by the Treaty of Lisbon*, April 2008, Foundation for EU Democracy.

193）　公共性理論に関する議論には立ち入らないが、我が国における分析につき、参照、浜川清「公法学における公共性分析の意義と課題」法律時報63巻11号（1991年）6頁以下。

194）　山本隆司教授は、国が設立し、ないし存在せしめる分節構造を、行為形式論のように複数の座標軸により分析する形で発展させるべきであると指摘される。山本隆司「行政組織における法人」『行政法の発展と変革　上巻――塩野宏先生古稀記念』（有斐閣、2001年）869頁。公法人・私法人の分類方法も含め、法人のあり方については多くの文献が存在する。たとえば、川島武宜教授は、営団（營團）制度の考察の中で「法人が、社団法人または財団法人の何れかの典型にはまらなければならぬ」ことはないとして、柔軟な法制度を評価していた。川島武宜「營團の性格について」法律時報13巻9号（1941年）2頁以下、特に9頁。

第4章　EUにおける機関の分節化　　　103

4.2.3　電気通信政策執行部門の分節化

　電気通信分野においては、すでに一部みたように、欧州委員会はいくつかの関連組織を有し、それら組織と提携し、それら組織に役割を分担させながら政策を実行している。

(1) ESTI

　まず、欧州委員会のイニシアティブによって設立されることとなったESTI（欧州電子通信標準化機構）は、欧州委員会の求めによって、欧州単一市場を形成するためにネットワークとサービス部門の技術標準を作成し、管理する業務も行っている。

(2) 通信委員会

　通信委員会（Communications Committee）は2002年の枠組み指令によって設立された欧州委員会の通信部門の支援委員会であり、委員会決定手続の際に欧州委員会とともに法案を採択する役割も有する。

(3) 周波数委員会

　周波数委員会（Radio Spectrum Committee）は2002年パッケージにおいて採択された周波数決定（676/2002/EC）において欧州委員会を支援することを目的として設立された委員会である。この機関は、実際の技術的方策や周波数政策を準備し、作成し、実行する役割を担っており、欧州委員会とともにEUの周波数政策立案の中心的役割を担っている。

(4) 周波数政策グループ

　周波数政策グループ（Radio Spectrum Policy Group）は、周波数決定ののち、2003年に施行された、周波数政策グループ設立に関する決定（2002/622/EC）によって設立された、周波数政策に係る助言機関である。

(5) 欧州ネットワーク・情報安全庁

　欧州ネットワーク・情報安全庁（European Network and Information Security

Agency：ENISA) は、2004年に成立した「欧州ネットワーク・情報安全庁の設立に係る規則」を根拠に、EUの共同体庁 (Community Agency) として設立された組織であり、サイバーセキュリティの分野に関するEUの政策決定に関して協力を行う[195]。

(6) 分節化の根拠

まず、以上にみてきたように、規則等に基づいて助言機関、専門委員会が形成され、また外部機関としてではあるが専門技術的な問題につき委譲する機関を設けていることは、EUにおける機関の分節化の具体例と考えることができる。そこでは、①欧州委員会に全てを収斂させていく集権的制御メカニズムではなく、②規則等に根拠を持たせた委員会に見られるように間接的な民主的正統性も得た、そしてさらに構成員として各国の代表を据えた組織を派生的に設け、③これらの組織を通じて様々な技術的側面や多様な各国の意見に対応することを目指す、柔軟なメカニズムが形成されている。

このように、電気通信の分野のみを例にとっても、役割分担のために規則や決定に根拠を置く、複数の委員会などの支援機関が設置されている。それは、欧州共同体の域内市場の完成という目的の達成のために、各加盟国の代表の参加などを様々なレベルにおいて集結し、それぞれの部門において可能な限り調整を図ろうとする試みである。また、このような分節化は、それ自体複雑な電気通信分野における標準化や周波数政策といった技術的レベルの判断も含めた法政策決定に、専門性の高い独立化された行政単位を組み合わせることを通じて、適切に問題へ対処していこうとする試みといえよう。

4.2.4 BERECの登場

そして、2009年の改革により、前身団体のERGとは異なり、組織として決定によって設立され、専従職員を抱え、EU行政組織として正式に認められた事務局を備え、多数決原理に基づいて決定がなされるBERECが創設された。すでに見てきたように、BERECは、EUの模索する情報通信政策に対応する

---

195) 参照、前掲注137)。

ために、必要な調査等を行うとともに助言を行う。
　また、2009年の電子通信規制枠組みの改正にあたって獲得した、各加盟国規制庁の事業者に対する個別の規制措置を撤回させ、見直す権限を欧州委員会が行使する際に、独自にコメントを与える役割もBERECにはある。また、各加盟国との協議のなかで、欧州委員会が規制措置案に対する提案を行う際にも、BERECの意見が最大限考慮される仕組みとなった。
　このようなBERECは、EUの規制環境を新たな段階へと移動させるものということができるのではないか。もちろん、BERECがどのような組織としてどの程度のインパクトを有することとなるのかについては、未知数の部分が多い。しかし、BERECの構成員は各国政府から独立して活動し、いかなる代表者も各国政府のために活動してはならないことが、規則に明確に定められている。BERECには、欧州委員会でも各加盟国政府でもない立場で、加盟国政府と欧州委員会の間の調整的役割が求められる。
　以上のように、具体的にどのような役割を果たしていくのかについては今後数年間の活動についての検証が必要とされるものの、BERECが創設されたことは、EU情報通信行政における機関相互の関係の調整が、新たな段階を迎えた、ということができよう[196]。
　ちなみに、BERECについては5年後に見直しが予定されている。その際にさらなる権限を付与される規制機関へと昇格するのかは、今後のBERECの評価にかかっている。BERECとその他関係機関相互の関係性も含めて、BERECという組織が存在することによって、電子通信領域の政策展開にどのようなインパクトが乗ずるのか、今後、どのような規制がどのような形で図られることとなるのかについて、その推移が注目される[197]。

4.2.5　情報通信分野における規制機関の独立性
　EUにおける情報通信分野の規制枠組みを構築するうえでの難しさは、各国

---

196)　Vgl. Binnenmarkt demnächst auch im Telekom-Sektor, a.a.O. (Fn. 113), S. 801.
197)　EU: Mehr Wettbewerb in der Telekommunikation durch GEREK; MMR-Aktuell 2010, 297995.

規制庁が電気通信分野において独自の規制を行うことを望む志向が強く、そのためにコンセンサスに到達することが難しいことが、その一因である。技術の革新的な発展が大きく、技術に法的枠組みが追いついていかないという事情もあるが、むしろ、それよりは、EU においては、欧州委員会がリーダーシップをとる EU 電気通信庁へと権限を移譲することに加盟国が強く抵抗を示しているという事情の方が、この分野での規制システムを模索することを難しくしている要因である[198]。そして、そのことの故にこそ、政策を進展する方策のひとつとして BEREC が創設された。そして、調整機構である BEREC の独立性は保たれていると考えられるが[199]、そもそも、問題の根本に立ち返り、独立性が必要か、なぜ独立性が有効な要素となりうるのかについて検討する必要があろう。

　結論からいえば、情報通信規制に関する調整機関については、各加盟国や欧州委員会（EU 政府）からの独立が保障される必要があるものと考える。それは、欧州単一市場を目指す EU にあっても、専門的な分野における政策の方向性の調整については、独立機関が行った方が適切な場合が多いと考えられるからである。また、各加盟国と欧州委員会との対立が鮮明な場合においても、それらの機関が第三者的な視点を有して独自の道を調整することも可能だからである[200]。

　BEREC は、今回、規制機関として設立されなかったため、調整的役割を越える規制権限は欧州委員会に残されている。この点において、欧州委員会が設立しようとした規制庁が欧州委員会の意図をそのまま反映した形にならなかった理由の１つは、構想された規制庁の欧州委員会に対する独立性が不透明であり、新機関にどの程度の欧州委員会の意図が組み入れられることとなるのかにつき議論が曖昧であったからである、という指摘もある[201]。また、これら新た

---

198) EU-Kommission kritisiert uneinheitliche Anwendung des Telekommunikationsrecht, EuZW 2010, S. 443.
199) 前掲注141)、BEREC 設立規則 4 条、同 21 条参照。
200) EU-Telekom-Vorschriften in Kraft getreten, EuZW 2010, S. 82f.
201) *Möschel*, a.a.O. (Fn.131), S. 450; Binnenmarkt demnächst auch im Telekom-Sektor, a.a.O. (Fn.131), S. 801.

に機構を設立するにあたっては、民主的正統性をどのように確保することとなるのかも問題となろう。欧州市民のために情報通信市場の拡大と統一を図り、その結果として、欧州市民全体に経済的発展をもたらすことを新たな機構が目指すのであれば、欧州市民の意図が何らかの形で反映される組織であることが、たとえ専門的政策遂行機関であっても望ましいといえよう[202]。

すでに指摘したように、BEREC は、今後どのような役割を果たしていくのか未知数の部分の大きい機関である。しかしながら、BEREC とそれを中軸とする EU レベルにおける電子通信事業領域における規制のあり方については、今後も注視していく必要があろう。

---

[202] *Klotz/Brandenberg*, a.a.O. (Fn. 131), S. 147.

第5章　EU 情報通信法制の展開からみる規制と制度の組換え

5.1　EU 情報通信法制の展開の総括——2つの視点

5.1.1　ハーモナイゼーションの推進

　以上、本章においては、EU における情報通信法制との展開過程をたどってきた。その中で、筆者は、次の2つの視点が重要であると考える。まず、その第1は、ハーモナイゼーションの推進に際しての手法である。情報通信市場は20年前から急速に国際化してきたといわれ、情報通信に関する規制の歴史は、EU においても我が国においても、国際化への対応の歴史と重なる。市場の国際化に伴って生ずる最重要の課題は、技術標準の国際規格への対応である。そして、これまで見てきたように、EU においては、国際規格への対応を進めるに際して、各国の規制のハーモナイゼーションという課題が浮上し、様々な対応がとられてきた。

　前述したとおり、ハーモナイゼーションとは、各国の政策や規制を同質化もしくは均質化した上で、一定の施策を効率的かつ円滑に推進することをいう。ハーモナイゼーションには、協調的なハーモナイゼーションと強制的な契機によるハーモナイゼーションが存在する。すなわち、協調的ハーモナイゼーションとは、国際的な交渉を通じて各国の政策の同質化を図ることをいい、当事者各国間の合意によって相互調整を達成することをいう[203]。協調の範囲や緊密

---

[203]　須田祐子『通信グローバル化の政治学』（有信堂、2005年）149頁。

度につき、加盟各国が主体的な決定権をもつことから、それは、各国が自律性を有するハーモナイゼーションといえる。これに対し、強制的契機による強制的ハーモナイゼーションとは、加盟各国の自律を認めることなく、圧力によって政策や規制が同質化されることをいう。そして、電気通信のサービスの規制政策については、協調的ハーモナイゼーションが試みられるのが通例である[204]。

このように、EUにおいては、情報通信分野における協調的なハーモナイゼーションが不断に追求されてきた。それは、域内市場を形成するとの目標が設定された以上は、また外国市場との競争に耐えうる市場の形成を目指す見地からも、必然的な動きであった。電気通信市場の自由化と国際市場へのハーモナイゼーションの動きは、EUにおける政策判断とともに、これを受けた各加盟国政府における政策判断によって進展したものである。

5.1.2 柔軟な規制の組換え

他方、国際化が進展するなかで必要とされる規制枠組みとは一体どのようなものであろうか。それは、情報通信が国境を超え、各国経済にとって重要な役割を果たすからには、国際的協調と技術や規格などのハーモナイゼーションの重要性を踏まえつつ、柔軟な対応を可能とする規制枠組みとならざるを得ない。そして、そのような規制枠組みのあり方を検討するにあたっては、柔軟なだけではない、規制の整備と強化も必要な場合に行う視点が重要である、といえよう。

通信の自由化（1998年）にいたるまでのEC、とくに1987年のグリーンペーパー以前のECにおいては、通信の経済的重要性に対応するために、共通基盤の作成、標準化などが、共通域内市場を作成するうえで重要なことと認識され、技術標準のハーモナイゼーションが欧州委員会の主導によって行われた。

すなわち、1980年代前半当時、アメリカ企業や日本企業が世界シェアを伸

---

[204] WTOによる基本電気通信交渉は協調的ハーモナイゼーションの具体例である。高澤美有紀「WTOドーハ・ラウンドにおけるサービス貿易自由化交渉」レファレンス670号（2006年）9頁。

ばしつつあり、国家レベルの産業政策によっては欧州における情報通信技術関連企業の国際競争力の回復は難しいと考えられていた。そのような状況のなかで、ISDN の欧州における協調的導入や、ESTI の設立などを提唱して実際にそれらを行った欧州委員会は、同時に各国における規制緩和も強く推進した。

このような EU におけるアプローチは、これまで規制の必要性が認められてこなかった分野について新たな規制をもたらしたという意味において、規制の整備といえる。国有の形態が長く続いた電気通信の時代においては、規格の標準化――ハーモナイゼーション――について検討する必要はなかったのであり、その分野における調整の必要性は認められなかった。見方を変えれば、このような EU の方向は、それまでの電気通信規制を強化するものと見ることもできる。しかしながら、他方において、EU において新たな規制が展開されるに際しては、自主規制等を含む協働的規制が多く取り入れられていた。それは、規制のあり方を必要に応じて柔軟に変化させていったことを意味する。

5.2　EU 法の到達点――BEREC を核とするハーモナイゼーションと規制の組換え体制

以上の課題に応えるための模索の結果、現在、EU が創出した解決方策の1つが、BEREC を核としたハーモナイゼーションの推進体制である。

情報通信分野における特徴は4つある。①まず、技術革新がこの20年の間に急速に発展した分野であるということ。②次に、ナノテクノロジーや医療技術のように特定の分野に用いられる技術などではなく、誰もが使用すること。③さらに、競争が国際的に起こること。④最後に、通信は国境を越えるため、国際的協調（ハーモナイゼーション）が必要なこと。このように、①・②・③の特徴を有する情報通信であるからこそ、様々な規制の形態が模索されることとなる。また、通信がボーダーを超えるからこそ国際化が起こり、国際的ハーモナイゼーションが必要となるものである。

そして、本書において取り上げた BEREC は、国際的ハーモナイゼーションが今後さらに必要となる情報通信分野における、その核となる調整機構の位置づけを有するものであった。ハーモナイゼーションの必要な時代において重要となってくるのは、「協議」や「調整」を、いかにして透明性をもって行うこ

とができるか、どのようにして多くの関係主体の自発的協調を生み出すことができるかということである。そのような場合に、BEREC の存在は、分野専門的に客観性を有した組織という点においても、また、加盟国や欧州委員会からの独立性が認められている点においても重要であり、調整の要となるものであった。

近年、情報通信を伝達する方法や手段も多様になり、インターネット、衛星ネットワーク、パケット交換網、移動体地上ネットワーク、ラジオおよびテレビ放送に使用されるネットワークならびにケーブルテレビネットワークなども含むものとして考える必要が出てきている[205]。コンピューターを始めとした電子機器の使用とともに、ますます高度な情報伝達技術が用いられるようになった[206]。さらには、インターネットにつながったモノとモノがそれぞれ通信を行う IoT（モノのインターネット）の進展や[207]、人口知能の発展も含めて、様々な展開が今まさに拡大しようとしている。

また、様々な情報通信サービスにより、情報のやりとりは1対1の交信に限定される必要もなく、さらに、放送と通信を明確に区別することも困難な状況

---

205) 情報サービスの融合につき、参照、菅谷実・清原慶子（編）『通信・放送の融合―その理念と制度変容』（日本評論社、1997 年）第 1 章。また、インターネットという新しいメディアによって従来の枠組みが問い直される問題につき、参照、山口いつ子『情報法の構造―情報の自由・規制・保護』（東京大学出版会、2010 年）152 頁以下。
206) 情報通信産業の特質として、開始当初は国営であったものが多いということがある。Vgl. *Neuhaus*, a.a.O. (Fn. 30), S. 57ff.
207) IoT とは、Internet of Things の略称である。ネットワークの発達により、ありとあらゆる「モノ」がインターネットにつながる時代となっていることから、それらのモノがそれぞれ繋がり、「モノ」同士が通信をおこなうことが、「モノのインターネット」といわれている（より細かくいえば、IoT は 2 つの種類の通信を包含しており、モノとモノ（thing-to-thing）を繋ぐ場合と、機械と機械（Machine-to-Machine, M2M）を繋ぐ場合が存在する。このようなモノとモノを繋ぐ通信は、制限された範囲においても成立するし（Intranet of things）、一般にアクセス可能な状況（Internet of things）においても成立するとされている）。See, Commission of the European Communities, *Communication from the Commission to the European Parliament, The Council, The European Economic and Social Committee and the Committee of the Regions, Internet of Things-An action plan for Europe*, COM (2009) 278 final., p. 2.

第 5 章　EU 情報通信法制の展開からみる規制と制度の組換え　　　113

になってきている。

　このような状況に対応するために EU において行われた 2002 年の情報通信規制改革は、これまで検討したように、画期的なものであった。電子通信概念の提唱（それまで使用してきた telecommunications（遠隔通信または電気通信）という用語を electronic communications（電子通信）という用語に切り替え）とともに、さまざまな融合的メディアに対応する新たな枠組みが模索された[208]。今後の技術発展も予測し、それらに即応した分類とともに、欧州委員会による勧告などを併用することにより、適時適切な規制を行えるようにしたものである。

　情報通信産業分野には、どのような規制が必要となるのかについては特定の答えがなく、各国で、さまざまな枠組みが現在も模索されるなか、EU の出した電子通信規制枠組みは、ユニバーサル・サービス構築の枠組みを率先するなど充実したものであった。

　市場統合を目指す EU 域内においては、国際的な人と物の移動は自由となってきた。しかし、制約のない移動が保証されても、各国の情報通信規制が異なっていれば、ヒト・モノ・カネの移動制限を緩和した意味をなさない。ボーダーレスな環境は、実際に情報通信もボーダーレスでなければ実現しないのである。しかし、複雑な問題状況とそれに対する規制が整備されても、現実に適切な規制を行うことは難しい。それは、もともと国営的な設備の多かった情報通信分野特有の事業と規制の分離の問題にも由来する問題である。このような課題への EU なりの解答が、BEREC を核とした柔軟な組織形態の創設であったといえよう。

5.3　日本法への示唆——EU の経験から

　情報通信市場の規制は、どの範囲を規制するのかということも含めて複雑なシステムとならざるを得ない[209]。そこで、EU においては欧州委員会が、電気

---

208)　EU は、電子通信を、電子的な手段、電話、ファクシミリ、インターネット、ケーブル、衛星などを介したすべての形態の通信を可能な限り広く含むものと捉え、特定の技術に限定することなく、将来の技術の進展も包含するものとしている。

209)　*Winkelmüller/Kessler*, Territorialisierung von Internet Angeboten Technische

通信市場に強いイニシアティブを発揮し、さまざまな改革を行うと同時に規制機関のあり方も模索してきた[210]。

EUは正式に国のような形態をとりつつも国とは言えず、1つの国際機関とするには大きすぎる。また、規制や指令の提案権は欧州委員会に独占されているものの、理事会や欧州議会との共同決定は不可欠となっており、欧州委員会の提案に対して削除や追加を行う妥協が常に必要となる。そこで、欧州委員会は、欧州議会や理事会との仲介を行うように調整を行う。そのため、EUの目指す情報通信市場の規制は、直接的規制ではなく、特にEUという体制のためにも、規制機関と各国とを調整する中間的組織を置くことでワンクッションをおきつつ、全体的な統一的規制を目指すというものであった。さまざまなアクターが情報通信分野には関わり、それらは時には国であったり、市民であったり、会社であったり、もしくは標準化団体であったりする。すべてのアクターが特別の利害を持つということは断言できないが、適宜調整が必要となる場合は多い。この意味において、中間的組織形態は、反発を招く可能性を減少させ、さらには市場の統合をより強固とすることに役立つものといえよう[211]。

もっとも、情報通信分野に必要な規制手法は上記に述べたとおり、複雑かつ革新的な現状に合わせるために、適宜見直されている。必要があれば以前の規制形態にもどる、あるいは別の規制手法に変化する、もしくは直接的な規制という形を取らずに枠組みを監視するなど、技術革新に柔軟に対応する目的をもって、国内法の検討と模索が続けられている。EUにおいて規制枠組みが定期的に抜本的に見直されていることもその一例である。そして、第2章においておこなうドイツの情報通信法制に関する分析によれば、EUの中心的な国の1つ、ドイツにおける行政組織の形態は、情報通信の分野においても、行政決定組織の分節化が進行しており、自主規制の活用も含め、様々な種類がすでに創

Möglichkeiten, völker, wirtschaftsverwaltungs und ordnungsrechtliche Aspekte, GewArch 2009, S. 181 ff.

210) 内藤茂雄「ユビキタスネット社会と情報通信法制」ジュリスト1361号（2008年）15頁。

211) *Ladeur/Möllers*, Der europäische Regulierungsverbund der Telekommunikation im Deutschen Verwaltungsrecht, DVBl 2005, S. 530 ff.

設され、状況の変化に対応するため、不断の組織改編が進められている[212]。そしてこのような変化の模索は、2009年の時点、EUにおいては、BERECの登場という形をとって現れた。これは、加盟国の連合体における情報通信行政の推進のためには適合的な組織といえるのみならず、主権国家内の行政を通じた国際標準の変化への柔軟かつ機敏な対応、柔軟かつ適切な規制の組換えを実現する上でも、適合的な行政決定システムである、ということができる。

　ちなみに、このような視点から日本の情報通信行政を見るならば、次のような状況にある。日本において情報通信関係の横断的な施策はIT戦略本部[213]とNISC（National Information Security Center：内閣官房情報セキュリティセンター）[214]といった内閣官房の部署等で行われる。また、総務省情報通信国際戦略局、情報通信行政局、経産省商務情報政策局もインターネット関連規制を含め、様々な規制の整備を行っている。基本的に、我が国の情報通信政策は政府の部局等や総務省に設置された委員会や審議会などで対応しており、独立した委員会は現在のところ存在しない。なお、通信や放送の監理などを担う独立行政機関[215]の設立について議論していた総務省の「今後のICT分野における国民の

212）　ドイツにおける情報通信行政の展開については、第Ⅱ部において検討を行う。

213）　高度情報通信ネットワーク社会形成基本法（「IT基本法」）、（平成12年法律第144号）第1条「この法律は、情報通信技術の活用により世界的規模で生じている急激かつ大幅な社会経済構造の変化に適確に対応することの緊要性にかんがみ、高度情報通信ネットワーク社会の形成に関し、基本理念及び施策の策定に係る基本方針を定め、国及び地方公共団体の責務を明らかにし、並びに高度情報通信ネットワーク社会推進戦略本部を設置するとともに、高度情報通信ネットワーク社会の形成に関する重点計画の作成について定めることにより、高度情報通信ネットワーク社会の形成に関する施策を迅速かつ重点的に推進することを目的とする」。同第25条「高度情報通信ネットワーク社会の形成に関する施策を迅速かつ重点的に推進するため、内閣に、高度情報通信ネットワーク社会推進戦略本部（以下「本部」という。）を置く」。我が国の情報化推進施策につき、詳しくは、小向太郎『情報法入門　第三版』（NTT出版、2015年）37頁以下。

214）　情報セキュリティセンターの設置に関する規則平成12年2月29日内閣総理大臣決定（平成20年9月18日一部改正）第1条「内閣官房に、情報セキュリティ政策に係る基本戦略の立案その他官民における統一的、横断的な情報セキュリティ対策の推進に係る企画及び立案並びに総合調整を行うため、情報セキュリティセンター（以下「セキュリティセンター」という。）を置く」。

215）　日本版FCCと一般に報道がなされた。参照、日経コミュニケーション2009年9

権利保障等の在り方を考えるフォーラム」が平成22（2010）年12月に最終報告書をまとめたものの、そこにおいては積極論3点と消極論13点が併記され、結論は示されなかった[216]。その後、法案提出等はなされていない。

電気通信市場のさらなる国際化が進む現在、EUにおけるBERECを核とする行政決定システムは、国家的形態としてのEUとは状況が異なる日本においても、文脈の相違にもかかわらず、示唆をもたらすものと考えられる。日本においても、中間的形態の組織の設置――具体的にいえば、組織と組織の間に立って柔軟に調整を図る組織の設置可能性などを模索する上で、参考になるものと考えられる。

月24日付記事「「2年後の通常国会に『日本版FCC』法案を提出」――総務副大臣・政務官が就任会見」等。

[216] フォーラム報告書においてまとめられた意見のうち消極的な意見としては、たとえば「独立行政委員会を仮に作るとすれば、考えなければならない前提は権利侵害問題と免許行政や行政指導の問題。2つを一緒に混在させた形で強力な独立行政委員会を作ることは、表現の自由なり通信の自由などについて非常に大きな問題があるということは、このフォーラムの議論で共有できた。今後、BPOでは足りないのか、独立行政委員会を作ることが必要なのかについては、このフォーラムで議論したことを踏まえ、政府、有識者、あるいは国民総体で考えていかなければならない問題。【宍戸常寿フォーラム構成員（第10回議事録31頁）】」などがある。総務省今後のICT分野における国民の権利保障等の在り方を考えるフォーラム『「今後のICT分野における国民の権利保障等の在り方を考えるフォーラム」報告書』（平成22（2010）年12月22日）6頁。

第Ⅱ部　ドイツ情報通信法制の研究

第6章　序——情報通信法における EU とドイツ

　先端的産業の発展に伴う新たな規制手法の模索と、それにともなう新たな国家的役割——規制の模索——という現象は、我が国にも見られる共通の現象である。
　また、EU の規制を考える上ではその加盟国における国内法化の状況——実際に加盟国において活用されているのか否か——についてみることが不可欠となる。そのためにも、ドイツの取り組みを紹介することは、今日の日本にとっても有益な示唆が得られるものと考える。そこで、EU 経済の中心的存在を占めているといえるドイツを取り上げ、ドイツの情報通信行政の現状とドイツにおける取組みについて検討する。
　そこで、本章においては、ドイツにおける情報通信行政の枠組みを概観する。数ある EU 加盟国のうち、ドイツを取り上げる第一の理由は、ドイツがユーロ圏最大の経済国であり、欧州加盟国のなかで人口も最大であり、その結果、欧州議会における議席数も 96 席と最大であることである[1]（フランス、イタリア、イギリスが続いて、それぞれ、74、73、72 席を有している[2]）。

---

[1]　2016 年 10 月現在。See, http://www.europarl.europa.eu/meps/en/map.html
[2]　2012 年当時。イギリスにおいては今般、EU を離脱する投票がなされた。本論考はイギリスの EU 離脱に関する影響については考慮の対象外としている。この点は今後の研究課題ではあるが、イギリスが EU を離脱する方向に舵を切ったことでどのような影響が出るのかについて、現在様々な観点から検討がなされている。具体的にみると、たとえば、イギリスの離脱をめぐっては、一般にイギリスの政治家たちが想像しているよりもはるかに複雑で長い交渉が必要であろうと指摘している論考がある。イギリスは、

また、ドイツについて検討する第二の理由としては、本章第1節2に取り上げるように、ドイツにおいては伝統的に機関の分節化が進んでいるため、情報通信行政における組織のあり方を検討する際に参考となるためである。特に、多元的な機関の分節化がドイツにおいては進んでおり、多種多様な取り組みがなされていることを紹介する[3]。

　このように、欧州のなかで経済的にも政治的にも重要な位置を占めるドイツにおける情報通信関係法について検討することによって、「EUのなかのドイツ」がどのような規制枠組みを模索しようとしているのかについて明らかにし、EUにおける枠組みとの比較を行うことを目的とする。そのために、ドイツにおける情報通信法制の展開につき、EU法規の導入のありかたも含めて検討を行う。

　以下の6種類の相互に関連する問題の交渉をおこなう必要がある、との指摘等がなされている。それらとは、①リスボン条約第50条に基づくイギリスのEUからの法的な分離に関する問題（なお、離脱条項が発動されてから2年後にEUの関連法規はイギリスには適用されなくなる。残る27カ国は2019年6月に予定される欧州議会選挙の前に、また、EUの現在の7年間の予算サイクルが終了するまでの分離を望んでいる）、②EUとイギリスのFTAの問題（カナダとEUのFTA交渉と類似のものになるであろう）、③イギリスが離脱し、FTAが発効するまでの間のEUと英国の間の暫定措置の問題、④イギリスのWTOへの完全な加盟の問題、⑤EUが域外53カ国との間で締結している現行のFTAについて、イギリスが53カ国との間の2国間のFTAに変更する問題、そして、⑥EUとイギリスとの、対テロ対策、司法・警察協力を含む外交安全保障協力の設定の問題、である。See, Charles Grant, *Theresa May and Her Six-Pack of Difficult Deal*, Centre for European Reform, July 28, 2016 (http://www.cer.org.uk/insights/theresa-may-and-her-six-pack-difficult-deals). BREXIT（イギリスのEU離脱）につき、「まさに、遠大な交渉になることが予想される。」との指摘につき、植田隆子「ブラッセルから見たBREXIT（英国のEU離脱）問題」一般社団法人霞が関会 http://www.kasumigasekikai.or.jp/cn3/jijicolumn.html も参照。
　情報通信分野についてどのように問題が検討されていくこととなるのかについては、2016年10月現在、未知数である。この点については、今後の検討課題としたい。
3) 多元性のある組織については、マイナスの効果――すなわち、部分利益の介入の問題が生じ、内容面で決定の質が失われうるとの重要な指摘につき、Schmidt-Aßmann, Eberhard: Das allgemeine Verwaltungsrecht als Ordnungsidee, 2.Aufl., 2004., S. 374-376.（エバーハルト・シュミット＝アスマン　太田匡彦・山本隆司・大橋洋一訳『行政法理論の基礎と課題―秩序づけ理念としての行政法総論』266頁（東京大学出版会、2006年））。

6.1 EU 統合下の（主権国家）ドイツ

6.1.1 ドイツと EU の立法

　ドイツは主権国家であり、本来は国内の政治を外国から干渉されることなく行い、外交的にも、他の国々と国際法上平等の権利を持って行動できる。しかし、このような主権自体が、ヨーロッパにおいては、現実味を失いつつあるとの指摘がなされる[4),5)]。現在のドイツの政治と EU の政治は、基本法の第 23 条において規定されている。この基本法第 23 条は、1993 年に EU 条約（マーストリヒト条約）が発効し[6)]、それまでのヨーロッパ共同体（EC）がより強い統合

---

4) EU 加盟国の主権をさらに委譲しようとする動きは強まっている。たとえば、欧州債務危機対策を論じた欧州連合（EU）首脳会議が 2011 年 12 月 9 日に閉幕し、その会議においては、EU の金融規制・税制などにつき、各国の主権委譲も含めて話し合いがなされていた。特にドイツのメルケル首相ならびにフランスのサルコジ大統領は、財政規律を強化する協定を EU27 カ国の基本条約に盛り込むため、基本条約の改正を目指したが、イギリスが強硬に反対したため、合意に至らなかった（基本条約改正には 27 カ国の全会一致の批准が必要である）。この原因には、反対していたキャメロン英国首相の母体のイギリス保守党内の反 EU 議員が条約改正の機を利用して「EU から一部主権を奪還すべきだ」と唱えていたことがある。また、イギリス首相が国内の声を聞かずに条約改正案に賛成していれば、イギリス国内で国民投票がなされていた可能性が高い。See, Paul Taylor, *David Cameron has put Britain offside and offshore in Europe,* Reuters, London, December 9th, 2011.

5) 前掲注 2) も参照。2016 年 6 月 23 日に、イギリスにおいて、欧州連合（EU）からの離脱の是非を問う国民投票が行われた。その結果、Brexit（イギリス離脱）が確実なものとなった。この状況について分析した BBC の記事によれば、イギリスにおいては、「EU に毎週 3 億 5000 万ポンドを送っている。それより資金を NHS に使おう」と書かれた離脱運動が広く広がり、その他さまざまな理由で、離脱が決まったのだという。BBC News, 'Eight reasons Leave won the UK's referendum on the EU'. See, http://www.bbc.com/news/uk-politics-eu-referendum-36574526.

6) マーストリヒト条約は、ドイツ連邦憲法裁判所に起こされていた、マーストリヒト条約がボン基本法に反しているという違憲抗告の却下を受けて連邦大統領が署名して批准手続きが完了したことによって 1993 年 11 月 1 日に発効した（なお、前掲第Ⅰ部注 187) も参照。連邦憲法裁判所は、憲法異議のうち、選挙に関する基本法第 38 条を巡る問題のみを審査対象とした）。当該抗告は、ボン基本法によって保証されている政治的

を目指した際に追加された条項である。

すなわち、現在のボン基本法の第23条は、ドイツ統一時の1990年に、基本法の適用範囲とドイツへの州の加入を定めていた第23条が廃止されたことで空いていたために、そこに入れられた条文である[7]。その現在の第23条は、EUの立法にあたり、ドイツがその権限をEUに委譲できること、そして、その際には連邦議会と連邦参議院が発言をし、影響力を行使する機会を得られるようにする手続を定めている[8]。

な基本権がマーストリヒト条約によって侵害されるとし、新たに設立されるEUがこれまでの「民主主義の赤字」を解消していないなか、かかるEUに権限委譲をおこなうことは許されないとしたものである（民主主義の赤字については、前掲第Ⅰ部注189）を参照）。当該憲法異議の実質審査のうち、民主的正当性に関する重要な部分は、以下のように判示した。「欧州連合のような国家結合体（Staatenverbund）による高権的権力（Hoheitsgewalt）の担当は、主権的（souverän）で在り続ける国家の授権によって根拠づけられる。その国家は、通例は政府を通じて行為し、これによって統合を制御する。ゆえに統合は第一次的に政府によって決定づけられている。……構成国政府の代表者は国内では執行機関に属するとはいえ、執行機関が立法を行うことは一定範囲で憲法上も許されている。したがって、執行機関に属する政府代表の集う閣僚理事会が共同体権力の行使を担っているからといって、直ちに民主制の要請が害されているということにはならない」（BVerfGE 89, 155, 186-187. 上記訳は中村民雄・須網隆夫（編著）『EU基本法判例集』（日本評論社、2007年）35頁による。）

7) 広渡清吾『統一ドイツの法変動――統一の一つの決算』（有信堂、1996年）324-325頁。

8) 1990年に行われた東ドイツにおける選挙において、東ドイツの住民は、新憲法の制定ではなく、西ドイツ基本法第23条の規定によって、連邦共和国の法体系に加入することにより、ドイツの統一を実現することを選択した。第23条は、基本法が適用される地域を州の名前をあげて規定することにより、西ドイツ地域以外の地域が連邦共和国に加入することを可能としていたものといえる。なお、そのために、ドイツの統一によって新たな憲法が制定されることや、まったく新たな統一国家が作られることはなく、東ドイツが西ドイツに加入し、連邦共和国の政治制度が継続することとなった。そもそも、西ドイツ基本法は1949年に制定された時から、暫定的に成立した連邦共和国のための基本法として「憲法（Verfassung）」という名前を使用せず、「基本法（Grundgesetz）」と規定していたことで、将来の再統一を意識していたと分析される（後掲注25）も参照）。森井裕一『現代ドイツの外交と政治』（信山社、2008年）101頁。さらに、リスボン条約の承認にともない、基本法第23条を含めて改正法が2008年10月16日に公布された。当該改正は、欧州連合との関係についての基本原則を規定する第23条の第1項の次に

なお、現在は、連邦議会のなかに「外交委員会」とは別に、EU に関する問題を扱う「EU 問題委員会」が議会内の委員会として設置されている。ドイツの利益は本来、連邦政府を通して加盟国の代表が出席する EU の閣僚理事会によって担保されるが、現在では EU の立法にあたって、ドイツ国内の議会によるコントロールもなされる枠組みとなっているものである[9]。

6.1.2　EU 政策との協調

　ドイツは、マーストリヒト条約の発効を決定づけるドイツ連邦憲法裁判所の判例において「EU 条約は、より一層緊密な——国家によって組織された——欧州諸人民の連合を実現するための国家結合体（Staatenverbund）を創設するものであって、単一の欧州国民を基礎とする国家（Staat）を創設するものではない」「ヨーロッパ法がドイツ法秩序内で効力をもち適用されるのは、ドイツの立法者が批准法によってヨーロッパ法の実施のための法適用の命令を発したからである。それゆえ、ドイツはドイツ自らの法により主権国家としての性質……を保っている」と明示したように[10]、EU 法の国内的効力および適用は主

　　第 1a 項を加え、連邦議会及び連邦参議院は、欧州連合の立法行為が補完性原則に違反することを理由として欧州連合裁判所に訴えを提起する権利を有すること、連邦議会は、その議員の 4 分の 1 の要求がある場合は、この訴えを提起する義務を負うこと等の手続きを定めたものである。Gesetz zur Änderung des Grundgesetzes (Artikel 23, 45 und 93) (GGÄndG2008) v. 08.10.2008 BGBl. I S. 1926.

9)　さらに、ドイツが分権的国内政治システムを有していることに注意が必要である。このような分権のシステムと、EU のシステムが重複するために、実際の政策決定の過程は、より複雑となる。ドイツの分権に関する歴史を踏まえた日独米比較法的考察については、参照、薄井一成「分権時代の地方自治（1）（2）（3）（4・完）」一橋法学 3 巻 2 号 509-550 頁、同巻 3 号 881-921 頁（2004）、4 巻 1 号 1-35 頁、同巻 3 号 937-973 頁（2005）（ドイツにおいては、市町村が「多元的な政治主体」として主観的な法的地位を享受していることについて、特に 3 巻 2 号 80 頁以下）。また、参照、稲葉馨「ドイツの自治組織権論」新正幸・赤坂正浩・早坂禧子（編集）『公法の思想と制度——菅野喜八郎先生古稀記念論文集』（信山社、1999 年）379-404 頁（390 頁以下）、片木淳「地方分権の国ドイツ—11—西ドイツの地方自治」地方自治 469 号（1986）86-109 頁。

10)　前掲注 6）参照。連邦憲法裁判所はまた、「条約の創造者（Herren der Verträge）である構成国は、期間の定めなく締結された連邦条約に拘束されることを、長期的に構成国となりつづける意思によって基礎づけた」とも判示する。BVerfGE 89, 155,188-190.

権を有するドイツの行為（国内法化）にかかっているという認識を有している。

　しかし、EUの政策方針や方向性については他の加盟国とのハーモナイゼーションを図りながら決定されていくものであり、EUと連携する国内制度が形式的に整っていたとしても、実質的にEUの一構成国の国内システムによって、EUの政策方針そのものを変更させるといったことは困難である。

　それは、問題となるEUの立法もしくは立法案が市民生活に直接に影響を及ぼすようなものである場合でも同様である。

　また、EUの権限は、政策分野ごとに大きく異なるものであり、EUの政策とドイツの国内政治や政策執行の連携の問題を考える際には、十分慎重に考える必要がある。すなわち、ドイツがその独自の意見を強く主張できる場合と、そうでない場合が存在することに注意が必要となる。たとえば、たとえドイツであっても、欧州委員会が絶大な権限を有している競争政策分野（独占禁止法などの分野）においては、欧州委員会の決定を覆すことは不可能である。同時に、外交政策の分野などは、構成国の権限が大きく、構成国の同意なくしてEUが行動することはできない。

6.2　EU経済センターとしてのドイツ[11]

　ドイツは、ユーロ圏において最大の経済規模を有している。ドイツは、世界有数の工業先進国であるとともに貿易大国であり、GDPの規模ではアメリカ、中国、日本に次いで世界第4位である[12]。また、ドイツは、ユーロ圏GDPの

　　上記訳は中村民雄・須網隆夫（編著）『EU基本法判例集』（日本評論社、2007年）36頁による。

11)　ドイツ統一によって欧州共同体域内においても最貧地域として認識されたドイツ新5州については、1991年度から1993年度にかけて、30億エキュの支給がなされた。

12)　2015年のGDPはそれぞれ、アメリカ：18兆366億US$、中国：11兆1815億US$、日本：4兆1242億US$、ドイツ：3兆33652億US$であった。2009年においては、アメリカ：14兆1200億US$、日本：5兆690億US$、中国：4兆9850億US$、ドイツ：3兆3390億US$であったが、周知のとおり、2010年にそれまで2位であった日本と3位であった中国の地位は逆転した。See, World Bank, World Development Indicators Database, October 2010, 2015.

約3割をも占め、その経済力をもってEUの統合推進の中心的な役割を担ってきた。EUが域内市場の形成と維持を目標としながら社会的な経済格差の是正も行ってきたなか、1980年代のドイツは加盟国中最大の経済力を持つ国として共同体財源への拠出負担は大きかった[13]。ドイツ・マルクは事実上、ヨーロッパの中心的通貨としての地位を当時すでに有していた。その後、長い間ECにおいて主要な通貨としての役割を果たしてきたドイツ・マルクを放棄したものの、通貨統合の恩恵を受けているのもドイツであり、やはり経済のセンター的存在であり続けている。それは、通貨統合の後ドイツの輸出のほぼ半分はユーロ圏内に向かっている点にも表れている[14]。

もっとも、10年前のドイツは、シュレーダー前政権下、2001年以降、景気低迷が続くなかで失業者が急増し、2005年1月には統計数値上、失業者が戦後初めて500万人の大台を突破し、2月には522万人を記録するまでになり、この失業問題がシュレーダー政権への大きな批判材料となって、政権交代の原動力となったほどであった[15]。

しかし、現在は世界全体の景気後退にもかかわらず、ドイツの失業率は10年前よりも低くなっている[16]。すなわち、ドイツの失業率は2010年からの6

---

[13] See, Ian Bache, *The politics of European Union regional policy : multi-level governance or flexible gatekeeping?*, (Sheffield Academic Press, 1998) p. 70.

[14] 1999年に実施された「欧州通貨統合」(ユーロの導入)が従来のドイツの経済体質とうまく調和せず、それに「東西ドイツ統合問題」も加わって一層の経済低迷を招く原因となったとの分析がある。かかる経済状況においてドイツ企業が成長するため、ユーロ圏の景気の良い地域に向け、輸出が促進された。ユーロ圏内であれば同通貨であり、関税障壁もないため、製品に競争力があればいくらでも輸出を伸ばすことができたためである。もっとも、製品に競争力を出すために、労働力は常に低く抑えられた。ドイツの賃金には、安すぎるとの批判も多い。参照、日本総合研究所調査部「ドイツ経済の回復は本物か──進展する構造調整と今後の課題」マクロ経済センター・マクロ経済レポートNo-2006-03 (2006年)。

[15] 現メルケル政権が発足した2005年11月の時点の失業者数は453万人、失業率は10.9％であった。同上、87頁。

[16] ドイツの合意形成に基づく旧来の経営システムは、コストを抑える必要がある時に、雇用主が労働組合を味方につけておくことにも役立ったとされる。また、ドイツの中小企業ミッテルシュタント(家族経営も多い)は業務の整理を行って不況に備えた。さら

表6.1

	2010	2011	2012	2013	2014	2015	2016年10月時点
ドイツ	6.94	5.86	5.37	5.23	5.01	4.63	4.29
日本	5.06	4.58	4.33	4.01	3.58	3.37	3.18

(International Monetary Fund, World Economic Outlook Database October 2016, World Economic Outlook Database April 2016 等を参考にして作成。なお、参考として日本も載せている。)

年の経緯をみても、年々低くなっている（表6.1を参照）[17], [18]。

　ギリシャの財政問題であらためて明らかになったことの1つが、ドイツ経済がEUの中で唯一好転していたことであった。EUの経常収支は、ドイツのみ

に、自由化の方向へと向かった経済政策のため、特にシュレーダー政権が2003年から2004年にかけて、労働市場と福祉制度に改革を導入した（2002年末から2003年末にかけて成立したいわゆる「ハルツ」法による「ハルツ」改革）。こうした政府による制度改革に加え、欧州の単一通貨ユーロによる競争圧力にも駆り立てられた結果、ドイツ企業は実質賃金を低く抑え込んでいた。その結果、2000年から2008年にかけて、ドイツの単位労働コスト（ULC）は年間平均1.4%低下した。同じ期間にアメリカではULCが0.7%低下するにとどまり、逆にフランスでは0.8%、イギリスでは0.9%上昇している。See, Wolfgang Streeck and Christine Trampusch, *Economic Reform and the Political Economy of the German Welfare State*, In: Kenneth Dyson and Stephen Padgett (Ed.) *The Politics of Economic Reform in Germany*, (Routledge 2006) pp. 69-71.

17)　欧州連合（EU）の統計機関ユーロスタットが2010年7月に公表した、EU27カ国とユーロ圏16カ国の4〜6月期のGDP（季節調整済み）の速報値は前期比1.0%増。年換算でみるとユーロ圏の成長率は4%以上となり、ユーロが創設された1999年以降の年平均成長率に比べて約3倍になった。参照、「海外経済データ」内閣府経済財政分析統括官付海外担当国民経済計算（SNA）関連統計。

18)　特にドイツ経済の状況は、2010年前後の欧州経済危機のなか、欧州連合（EU）内の「周辺諸国」のソブリンリスク（政府債務の返済が滞る危険）の顕在化によってユーロ安が生じた結果、ドイツの工業製品が世界の各地で売り上げ増となり、EU各国のなかでもっとも好調であり、国内の雇用情勢も改善されていた。欧州統計局の統計はドイツ経済とユーロ圏全体の経済の格差をはっきりと見せている。欧州統計局の発表によると、2010年4月のユーロ圏の失業率は、スペイン、ポルトガル、アイルランド、それにイタリアでの悪化を反映して、12年ぶりの高水準である10.1%に達した。ただ、失業者数の増加幅は2万5000人にとどまっており、統計局は失業率がピークに近づいている兆候が見られるとしている。参照、大和総研「海外情報—欧州経済見通し　強い国は強く、弱い国は弱く」Strategy and Economic Report Vol. 201（2010年）。

GDP比約5％の黒字で、他国は軒並み赤字である。財政においてはドイツもGDP比5.3％の赤字ではあるが、EU他国に比べてその赤字は最小である。

　EU統計局の発表によれば、2016年7～9月期の実質GDP成長率は1.6％、年率換算は1.4％とのことであった。4～6月には、英国のEU離脱決定による先行きの不透明感があるものの、景況感が改善していると分析されている。特に、牽引役のドイツにおいては、実質賃金が上昇し、個人消費が堅調に推移していることが示され、引き続きドイツがEU全体をけん引していることは明らかとなった[19]。

　そして、ドイツ経済のなかでも、ICT分野は、機械工業よりも大きな分野を占め、年間140ビリオンユーロ以上の経済がドイツ国内で発展している。現在、ICT分野は、ドイツにおいて、もっとも発展している分野の1つである。80万人以上の人がICT分野において雇用され、また、65万人以上の人がICTの利用者の側で雇用されている。ICT分野はドイツにおける経済のけん引力となっているとともに、それにあわせてメディア分野における法律も変化を遂げている。

---

[19] See, EUROSAT News releases, 2-31102016-BP, published on 31-Oct-2016. ドイツにおいては低金利とユーロ安を背景に同国の投資と輸出志向型経済が推進され、中国などへの輸出を増やし、4～6月期の国内総生産（GDP）は前期比で、東西ドイツ統一以来最高となる2.2％成長を達成し、まさに経済のセンター的存在としての印象を強くしていた。中国、インドなどで売り上げを伸ばした独電機メーカー、シーメンスの2010年前半期の最終利益は前期比12％増の14億1千万ユーロ（約1550億円）、中国に約30年前に進出した独自動車メーカー、フォルクスワーゲン（VW）の今年上半期の中国での販売台数は前期比46％増となるなど、ユーロ圏諸国の財政問題が欧州の景気回復に打撃を与えるとの懸念が強まってはいるものの、ドイツ経済は勢いを増した。ドイツ経済が力強さを取り戻したのは、ギリシャ財政危機によるユーロ安で機械や自動車といった輸出がアジア市場で増えたことに加え、内需が回復したことも大きいとされる。このように、EUの中でも特に景気好調が目立つドイツでは、輸出向け受注が堅調に拡大しており、また、設備投資や個人消費にも回復の兆しが出てきている。参照、同上2頁。

6.3 EU 政策形成下でのドイツのリーダーシップ

6.3.1 改革論議の提案

ドイツにおける情報通信法制の枠組みを概観するにあたり、数ある EU 加盟国のうち、ドイツを取り上げる理由については、以上のとおり、ドイツが、昨今の欧州経済危機の中にあって、ますます欧州行政に強い影響力を有する国だからである[20]。

そして、ドイツは EU（EC）の原加盟国として、ボン基本法も積極的な協力を掲げ（基本法第23条）、条約や、それに基づく規則の順守はもとより、さまざまな政策の実行を EU（EC）指令に合わせ、国内法の改正を行いながら実施してきたためでもある。

ドイツにおいては EU そのものの将来が極めて真剣に議論されてきた。EU 加盟国のなかで、EU そのものの将来、EU の改革そのものを提案できる環境が整っているということである。EU の将来像を提案したものとしては、周知のとおり、2000年時のシュレーダー政権下で、当時のフィッシャー外相がフンボルト大学において行った、ヨーロッパの将来像についての演説がある[21]。フィッシャー構想は、これまで ECSC の発足以来統合の進展にともなって巨大化して見えにくくなっていた EU の制度設計を、市民により分かりやすい形で制度設計しなおそうとする試みであり、ヨーロッパ連邦という概念を用いた点において、極めてドイツ的であった。

かかるフィッシャー構想は、欧州統合の祖ともいえるジャン・モネが構想していた、機能分野ごとの統合を積み重ねて漸進的に統合が進んでいく方法とは異なっており、2000年の秋に署名されたニース条約に反映されることはなか

---

20) See, *Eurostat,* Current account balance as percentage of GDP, 2011.
21) *Fischer,* Vom Staatenverbund zur Foederation - Gedanken ueber die Finalitaet der europaeischen Integration:Rede von Joschka Fischer in der Humboldt-Universitaet in Berlin am 12. Mai 2000. フィッシャー構想に触れた論稿として、田中友義「研究ノート 欧州はどこへ行くのか？欧州統合構想と新たな欧州像の模索」国際貿易と投資　53号（2002年）76頁以下。

った。しかし、その後もドイツ国内でEU改革論議は続けられ、欧州憲法条約をけん引することとなった。

すなわち、ジスカールデスタン元仏大統領が議長を務めた「ヨーロッパの将来に関する諮問会議」にフィッシャー外相、トイフェル・バーデン・ビュルテンビュルク州首相らドイツ委員が関わった結果、いずれもドイツから出された提案が彼らに満足のいく形で答申に組み込まれ、この結果は極めて肯定的にドイツ国内でとらえられた。

政府間交渉を経てローマで2004年に署名されたEU憲法条約は、フランスとオランダの国民投票によって批准が否決されるなど、政策過程において一時棚上げされる結果となっていたが、上記のように改革論議を重ねて欧州憲法条約にもリーダーシップを発揮していたドイツにおいては、連邦議会においても連邦参議院においても、与党・野党ほとんどの賛同を得て可決されていた。

6.3.2 補完性の原則の導入等

ドイツのEU政策に及ぼす影響力は、もちろん他国との協調や均衡を考えることも多いとしても、多大である。たとえば、EUが補完性の原則をEU条約によって規定した経緯には、ドイツの州の意向が大きく反映した[22]。補完性の原則は、政策を実施するにあたり、もっとも効率よく政策を遂行できる行政のレベルが主体となるべきである、と規定している。すなわち、可能な限り市民に身近な政策決定システムが機能する。そして、地方自治体のなかでも解決可能な政策領域はまず市町村において、それが不可能であるなどの不適切な事柄であれば、州のレベルで考察する、等と段階的に考えていくべきものとされる。

このように各加盟国の独立性を保つ形における補完性の原則の採用に貢献したドイツであるが、もちろん、制度的にみれば、ドイツとEUの政治は、この20年ほどの間により強く、政治的にも経済的にも連帯するようになっている。

2007年にはドイツが欧州理事会の議長国となった[23]。その欧州理事会の議長

---

22) 補完性の原則について、前掲第I部注190）参照。連邦制を採用するドイツのイニシアティブに基づき、イギリスの支持を受けてマーストリヒト条約にも取り入れられたものである。

23) ドイツは同時にG8の議長国でもあった。

国として、ドイツは、まずローマ条約50周年を祝う際にベルリン宣言を採択し、また、2007年6月の欧州理事会においては、後に「リスボン条約」と呼ばれることとなる「改革条約」の原案を作成した[24]。そして、2005年初夏からオランダとフランスの国民投票によるEU憲法条約否決をうけて、憲法条約の採択について議論してきたEUの改革を再度進めることに大きく貢献した。EUにおけるドイツのリーダーシップが、このように、その政策遂行の側面からも図られている。

---

24) リスボン条約によるEUの権限の拡大と縮小については、中西優美子『EU権限の法構造』（信山社、2013年）19頁以下参照。

第7章　ドイツ情報通信法制の展開と現状

7.1　ドイツにおける自由化の過程

　以下にドイツにおける情報通信分野の改革が、EC（EU）における情報通信政策にも協調するかたちでおこなわれてきたことを確認するため、特に情報通信分野の自由化が問題となりはじめた1987年前後からのドイツにおける自由化に向けた流れを概観する[25]。

7.1.1　ポストリフォーム以前

　西ドイツの時代においては、電気通信分野の独占体制は非常に強かった[26]。1949年に制定されたドイツ基本法第87条1項1文は、連邦が自らの下級行政組織を持つ連邦固有行政として電気通信事業を行う旨を定め、ドイツ国郵便（Deutsche Reichespost）の後継となるドイツ連邦郵便（Deutsche Bundespost）が

---

[25]　周知のとおり、1989年11月9日のベルリンの壁の崩壊に続いて、1990年10月3日にはドイツ民主共和国が解体され、新しい5つの州（neue Bundesländer）がドイツ連邦共和国へと編入された結果、ドイツは再統一された。Vgl. Vertrag zwischen der Bundesrepublik Deutschland und der Deutschen Demokratischen Republik über die Herstellung der Einheit Deutschlands (Einigungsvertrag - EV), 31.08.1990, BGBl. II S. 885, 1055.

[26]　もっとも保守的であると評価されていた。See, Carl Cristian von Weizsäcker and Bernhard Wieland, *Current Telecommunications Policy in West Germany*, Oxford Review of Economic Policy 4, 1988, pp. 20-39.

運営にあたることとなった。なお、ドイツ連邦郵便はドイツ連邦郵便監理法により、連邦の特別財産たる地位を与えられた[27]。これら基本法の規定により、電気通信事業によるドイツ連邦郵政省（MDBP）の独占は法的に保障されており、この電気通信分野の独占体制が強かったことは内外にもよく知られていた。また、伝統的に、電気通信事業にかかわるサービスの提供は、国家の当然の役割としてドイツにおいては広く認識されていた[28]。なお、1970年にドイツ連邦郵便の公社化に関する法案が提出されたことがあったものの、当時の与党であった自由民主党（FDP）の反対によって審議は進まず、当該法案は1973年に再提出されるものの、さらに廃案となるなど、現実とはならなかった。

　しかし、1970年代末ごろから1980年代初頭にかけて、IBMをはじめとするコンピューター・メーカーやデータ通信を多用する企業などを中心とした産業界がドイツ連邦郵政省の独占を批判しはじめ、同時に電気通信市場開放を要請しはじめた[29]。アメリカ系企業はシーメンスを優遇する政府調達や技術標準化に対して不満を持ち、データ通信を利用する企業は、データ通信に必要な回線の使用に関するドイツ連邦郵便の規制と、ドイツ連邦郵便によるネットワーク施設の独占に対して不満を持った。また、政府として、アメリカが西ドイツの市場開放を求めはじめた[30]。

　これら市場開放の流れに対応するため、1984年3月に連邦政府は情報とコミュニケーション技術開発研究のための諮問委員会の招集を各界に呼びかけ、

---

27)　Gesetz über Verwaltung der Deutschen Bundespost (Postverwaltungsgesetz-PostVerwG) vom 24. Juli 1953, BGBL. I S. 676. ドイツ連邦郵便監理法第3条1項。特別財産（Sondervermögen）とは、私企業ではなくあくまでも特別財産であり、行政組織から経済上は分離された地位にあるものの、法律上独立していない存在である。

28)　Ingo Vogelsang, *Deregulation and Privatization in Germany*, Journal of Public Policy 8, pp. 195-212.

29)　Witte, Die Deutsche Bundespost im Wettbewerb. In: Neue Kommunikationsdienste der Bundespost in der Wirtschaftsordnung, Schriftenreihe der Gesellschaft für öffentliche Wirtschaft und Gemeinwirtschaft, Heft 19, S. 11-27, 1980.

30)　Wolfgang Hoffman-Riem, *New Media in West Germany: The Politics of Legitimation*, in K. Dyson and P. Humphreys eds., The Political Economy of Communications: International and European Dimentions, London and New York, (Routledge, 1990) p. 189.

第7章　ドイツ情報通信法制の展開と現状　　　　　133

　1985年3月に、連邦政府電気通信制度委員会が設置され[31]、同時に、連邦政府は民営化全般に関する基本構想を発表した。かかる委員会設置目的は電気通信領域における問題と解決策――特に技術革新への適応策と国際的通信の発展のなかでの競争確保に関する報告書の提出を主眼とするものであり、予定どおり約2年の検討ののち、1987年9月には西ドイツにおける電気通信制度に関する「テレコミュニケーションの新秩序」と題された報告書が提出された[32]。160頁に及ぶこの報告書は、ドイツの問題状況の分析とともに諸外国の実情、さらにドイツにおける改革の前提条件について論じたうえで、電気通信市場の改革のために、ドイツ連邦郵便の3分割という制度改革案を提示した。すなわち、西ドイツ連邦郵電省の郵便事業と電気通信事業の分離を勧告し、電気通信サービスを独占サービス、規制サービス、非規制サービスに分類し、非規制サービスである付加価値サービスは競争に開放し、端末機器市場についても開放することを勧告した。もっとも、ネットワークについてはテレコムが独占を維持すべきとし、音声電話サービスについても、分類したサービスのうちの独占サービスに位置付け、テレコムの独占の下に維持することが定められた。すなわち、端末機器や付加価値サービスなど、電気通信が技術の発展によって新たに得た性質にかかわるサービスに関しては自由化を目指すこととし、そうではない、昔ながらの電信・電話にかかわる性質のサービスについてはテレコムの独占を認めるというものであった。

　かかる電気通信の有する新たな性質に関するサービスについてある程度の自由化を勧告した報告書に対し、西ドイツ連邦郵電省は消極的な姿勢を見せた。報告書においては、自由化のみならず、イギリスや日本に続き、欧州において

---

31)　エーベルハルト・ヴィッテ（Eberhard Witte）を委員長とした電気通信政府委員会である。Beschluss der Bundesregierung vom 13. März 1985 zur Einsetzung der „Regierungskommission Fernmeldewesen". Vgl. *Witte*, Neuordnung der Telekommunikation: Bericht der Regierungskommission Fernmeldewesen, Heidelberg, 1987; *Witte*, Die organisatorische Verknüpfung von Informations- und Kommunikationssystemen ZO 1980, 430f.; Entwurf eines Ersten Gesetzes zur Änderung des Postverwaltungsgesetzes, Bundestagsdrucksache 10/4491 vom 05.12.1985.

32)　*Scherer*, Postreform II: Privatisierung ohne Liberalisierung CR 1994, S. 418ff.

も問題とされはじめてきた「民営化」といった組織の構造改革も扱われていたためである。民営化の問題について考えるとなると、政党や労働組合をはじめ、組織そのもののありかたの変革に抵抗や反対を示すと考えられる多くの問題に対処しなければならなかった。

労働組合は一連の自由化・非規制化の流れに反対していた。特に当時50万人の従業員を抱えていた連邦郵電省の労働組合は、民営化が行われた際にはその50万人のうち1万人の失業者が出るとして報告書に反対していた。また、各政党も、大規模な労働組合の反対を無視できず、社会民主党も、収益の高いテレコムと収益の低い郵便の分離に関する懸念を表明し、組織の分離に反対を表明した。当時のコール首相が属したキリスト教民主同盟（Christlich-Demokratische Union Deutschlands: CDU、以下CDUという）においても、党内の大多数の者は積極的な賛成を行うことができずにいた。

経済界においては、国際的な経済活動の推進のために自由化・非規制化に合意する企業が報告書に賛同するなかで、それまで連邦郵電省とかかわりのあった企業は当然、連邦郵電省の業務の縮小によって受ける影響を考えて自由化に反対した。上記のように、労働組合による内部補助の否定を難しくする規制緩和への反対はもちろん、電気通信機器メーカーも、総体的に閉鎖的な政府調達による恩恵を受けてきたため、ドイツ連邦郵便への依存度の高い中小企業も反対の中心的存在となって通信の自由化に抵抗を行った。このように、ドイツ連邦郵便の独占を前提としたそれまでの電気通信制度は、政府およびシーメンス等の電気通信機器メーカーとドイツ連邦郵便の労働組合部門であるドイツ郵便労働組合（DPG）など、限られた関係利益団体との間で成立した様々な交渉の結果成り立っていたため、それら団体の利害調整は非常に困難を極めた。これらの関係団体は、ドイツ連邦郵便の予算や郵政大臣によって提出される指令などの承認権限を有するドイツ連邦郵便の運営協議会にも代表を送っており、実際に制度改変を行う制度上の手続上にも、規制緩和の障害があった[33]。

---

33) もっとも、こうした状況のなかでも、アメリカや日本に続き、競争を市場に導入すべきであるとするドイツ国内の議論も増加していた。See, Karl-Heinz Neumann, Economic Policy Toward Telecommunications, *Information and the Media in West Germany*, Deutsche Bundespost - Wissenschaftliches Institut für Kommunikationsdienste

7.1.2 ポストリフォームⅠ——契機

　ポストリフォームへ向かう契機は、郵政省次官の説得的説明によって作られた。自由化ひいては民営化につながる動きに関する反対に対する説明のために、1986年に連邦郵電省次官が説明を行った。そこにおいては、連邦郵電省の事業政策の基本姿勢、すなわち、連邦郵電省としては分割・民営化を進めないこと、ユニバーサル・サービスの維持とインフラストラクチャー構築に公平性が要求されること、かかる公平性を満たす経営形態としては独占の形態が適していることなどが政府の方針とされた[34]。

　電気通信自由化推進計画は、労働組合、連邦郵電省、ドイツ社会民主党（Sozialdemokratische Partei Deutschlands: SPD、以下SPDという）やCDUなど主要政党から構成される反対派と電気通信業者や関連する企業——たとえばVAS（付加価値サービス）提供業者などの賛成派との対立の中で進められた。そして結局、当時のシュリング郵政大臣が1988年3月に提出した連邦郵電省組織改革案が同年5月に閣議決定された。かかる閣議決定「連邦共和国における郵便・電気通信制度の改革——テレコミュニケーション新秩序に関する連邦政府構想」においては、連邦郵電省内に電気通信、郵便、貯金の業務を担当するテレコムと、郵便サービス、郵便為替預金の3つの公企業を設けることが定められていた。また、端末機器は全て自由化することとされ、同時に機器の認定を行う独立機関を設置することなども取りきめられた。

　このような一連の連邦郵電省改革はグリーン・ペーパーやそれを受けたアクションプランの内容に沿うものではあったが、その内容に、分割予定3事業の赤字を内部相互補助で埋め合わせを図ることや、テレコムが通信網の建設・運営と電話サービスの提供を独占的に提供することと定められるなど、完全なる

(WIK) - Diskussionsbeiträge Nr. 8 (1984).

34)　Vgl. *Schatzschneider*, Fernmeldemonopol und Verfassungsrecht MDR 1988, 529ff.; *Schwarz-Schilling*, Zum Bericht der Regierungskommission Fernmeldewesen, CR 1987, 738ff.; *Scherer*, Telekommunikationsrecht im Umbruch, CR 1987, S. 743ff; Kongreß zum Telekommunikationsrecht, CR 1987, S. 398; *Krips*, Bundesrepublik Deutschland im Umbruch? (I), VW 1988, S. 774.

分割や完全なる自由化が目指されたものではなかった[35]。そして、このような限定的な自由化においても、すでに国内においては多くの反対が存在していた。特に労働組合は、法案によって将来の人員削減が実施されることを恐れて反対を表明し、また、改革の対象であった連邦郵電省の職員は、自身の職員としての身分の保障がなされるのでなければ賛成しないとしていた。連邦各州の利害を代用する参議院においては、法案の可決によって州の意見が連邦（郵電省）の政策に反映されなくなるのではないかと懸念が表明された。

7.1.3　ポストリフォームIの具体的内容

　結局、約1年の審議を経て、郵電省の組織改革法案は、最終的に1989年の4月に連邦議会において、ドイツ連邦郵便の経営体制に関する法律および従来の郵便制度法と通信施設法の改正として可決され[36]、連邦参議院における承認ののち、1989年の7月1日から発効することとなった。この法律においては、当時の連邦郵電省を郵便電気通信省と、3事業部（郵便サービス、テレコムそして郵便為替預金）に分けることとし、3事業部に企業的な経営を行わせることが定められた（ポストリフォームI）。ドイツにおける郵便を含む電気通信事業の改革は、このポストリフォームIと、1991年半ばから連邦郵電大臣のイニシアティブで始められたポストリフォームIIに分けられる。

　まず、ポストリフォームIの内容上の特徴としては、第一に、規制と経営の分離が定められたことがある。連邦郵電省が規制を担当し、経営は、ドイツ郵便テレコム（Deutsche Bundespost Telekom）、ドイツ連邦郵便サービス（Deutsche Bundespost Postdienst）、ドイツ連邦郵便銀行（Deutsche Bundespost Postbank）の3事業体が行うとされた。すなわち、ドイツ連邦郵便から規制部門が独立し、郵便・電気通信省が中立的な規制官庁として設立され、ドイツ連邦郵便が独立

---

35)　桜井徹『ドイツ統一と公企業の民営化―国鉄改革の日独比較』（同文館出版、1996年）90頁。

36)　Gesetz über die Unternehmensverfassung der Deutschen Bundespost-Postverfassungsgesetz-PostVerfG;*Scherer*, a.a.O., Telekommunikationsrecht im Umbruch, S. 743ff; *Witte*, Regulierungspolitik, In: Jung, V., Warnecke (Hrsg.,) Handbuch für die Telekommunikation, 1998, 6/35-6/47.

公的企業として3事業体となり、それを統括する組織としての理事会であった。このドイツ連邦郵便の3公社への分割は、ドイツ連邦郵便（DBP）の運営協議会の廃止とともに、内部の相互補助関係を断ち切ることをもっとも優先的な狙いとしたものであったが、それは、法案審議の最終段階において労働組合に同調するSPDの反対にあったために理事会の設置という形で妥協が図られたのである。その結果、3事業体の法的地位はなお特別財産のままであり、加えて、各事業体の総裁が参加する理事会は、連邦郵電省の直轄となっていた[37]。さらに、州と連邦議会の代表で構成されるインフラ協議会が設置された点も、DBP運営協議会が廃止されたあとに都市部と農村部の間の相互補助の可能性を残すために取られた妥協案であった。さらに、公社化したあとのドイツ郵便テレコムの民営化の決定も労働組合の反対によって見送られた[38]。しかし、この規制と経営の分離の方向は、1987年のグリーン・ペーパーに規定されたEC共通政策に適合するものであった[39]。ECにおいて進められたEC域内の自由化政策は、ドイツの政治状況とともに、ECの統合の進展自体に触発されたドイツ国内における電気通信業界全体の視点が、ドイツ国内市場重視から欧州市場重視へと転換したこともあって、ドイツ政府によって受容されていくこととなった[40]。

次に、本法律は、それまでドイツ連邦郵便の完全独占化にあった電気通信市場を独占的事業領域と競争的事業領域に区分し、独占領域とされたインフラス

---

[37] 3事業体となったDBPの各事業体は、DBPの部分特別財産（Teilsondervermögen）とされた。また、法人格は付与されなかったものの、基本法第87条1項の趣旨との抵触はなく、基本法第87条1項に基づく電気通信事業構造は変更がなかったということがいえる。参照、米丸恒治『私人による行政』（日本評論社、1999年）259頁以下。

[38] Vgl. *Gramlich*, Von der Postreform zur Postneuordnung, zur erneuten Novellierung des Post- und Telekommunikationswesens, NJW 1994, S. 2785.

[39] いくつかの点で当時における限界はあったものの、通信主管庁の独占が象徴的であったドイツにおいて電気通信の自由化が時代の流れに逆らえない状況となっていたことを本法律による規制と経営の分離の方向性は示している。その背景には、ECによる自由化への圧力とともに、SPD/FDPの連合からCDU/FDPの連合へと政権が交代し、FDPと関係の深い連邦経済技術省の発言力が増大したこともあった。*Id.* (above note 200), Hoffman-Riem, *New Media in West Germany,* p. 189.

[40] *Scherer,* a.a.O., Telekommunikationsrecht im Umbruch, S. 743ff.

トラクチャーとしての通信網と基本的サービスとしての電話事業以外のサービスは競争に開放することとするなど、ECにおける1992年の市場統合を支える政策が取られた[41]。この法律の下において独占的領域と定められた電気通信網ならびに電話サービス以外のサービスとは、移動体通信、衛星通信、テレックス、テレファックス、ならびにISDNなどの基本サービス以外の通信サービスと端末機器の製造・販売であった[42]。

ポストリフォームIの特徴はさらに、合理化の推進にもみられた。電気通信事業の黒字によって郵便事業の赤字を補てんしていた改革前から、郵便、電気通信さらに貯金の全事業分野における独立採算制へと変わり、郵便と銀行部門の収支均衡が目標として掲げられ、部門ごとに合理化への圧力が形成される仕組みとなった。

西ドイツにおいて自由化、規制緩和が進められた範囲は、電気通信技術の発展に伴う新たなマーケットにかかわる範囲であった[43]。反面、ネットワークと基本的なサービスについては、電気通信事業体の経営や人的な雇用に大きな影響を与えうる部分であったため、連邦郵電省は自身による管理・運営を手放そうとはしなかった。基本的なサービスや事業組織にかかわる変革については、労働組合や組合に支持される主要政党、連邦郵電省関連業者など、反対層が大きかったという事情もある。

7.1.4 ポストリフォームⅡ

以上のように、はじめ、ドイツ政府は民営化に消極的であった。しかし、1990年6月に出されたオープン・ネットワーク・プロヴィジョンに関するEC

---

41) この姿勢はフランスとも共通する部分があった。*Doll / Heun / Lohmann*, Europäisches Telekommunikationsrecht im Vergleich CR 1992, 363ff; *Witte*, Die Entwicklung zur Reformreife. In: Büchner (Hrsg.), Post und Telekommunikation, Eine Bilanz nach 10 Jahren Reform, 1999, S. 59-85.

42) 基本的な通信網と電話サービスは連邦郵電省の独占の下におくことが定められており、法律そのものは完全に独占の排除や民営化を目指すものとは言いがたい側面もあった。

43) *Witte*, a.a.O., Die Entwicklung zur Reformreife, S. 59-85.

の理事会指令、電気通信サービスの競争に関するECの委員会指令など、相次いでECにおいて明確となった規制緩和政策への協調のため、1991年半ばからのポストリフォームIIにおいては、規制緩和の徹底による競争の導入と組織の改革、すなわちドイツ連邦郵便テレコムの株式会社化が目指されることとなった。

ポストリフォームIIの背景には、また、EC指令の目指す情報通信政策への協調と同時に、東西ドイツ統一に伴って生じた旧東ドイツ地区の電気通信事業復興のために必要とされる巨額の投資資金確保への対応もあった。さらには、ドイツ連邦郵便テレコム自体の経営難による財政不足解消への対応も必要となっており、かかる財政難の対応という側面も有していた[44]。

ポストリフォームIにおいて、連邦郵電省の規制機能と事業運営機能との機能分離は確立したものの、電気通信事業は連邦の固有行政であるとする基本法の枠組みは続けて維持されていた。そのために、いまだDBPテレコムは国家附属的な存在のままであり、さらに、法的な性格も不明確であったことが問題となった。

もっとも、ポストリフォームIIが目指す郵政民営化改革には、基本法の改正が必要となり、ひいては当時の野党（SPD）の同意をとりつける必要が生じた。SPDは労働組合と同調し、民営化反対とインフラストラクチャーの独占維持を主張していたが、公企業体への改組と、資金調達の必要性、海外競争への対応については了承した。民営化を求める政府と、公企業体への改組を求めるSPDならびに労働組合の立場の差を埋めるために約1年間の交渉が行われ、ドイツも1993年6月に民営化に対する基本合意が成立し、民営化へ向けた法律の整備を開始し、1996年には株式の発行を行うことが決まった。

しかし、基本合意は成立し、民営化も決定したものの、民営化の議論のみが

---

44) 東西ドイツ統一にともなう設備投資によってDBPテレコムの自己資本比率は急激に低下した。そして、市場での資金調達を可能とする民営化の検討の必要性へと結びつくこととなった。*Gabrisch*, Universaldienst in Deutschland: Neukonzeption für einen liberalisierten Telekommunikationsmarkt,1996, S. 60ff; Leonard Waverman and Esen Sirel, *European Telecommunications Markets on the Verge of Full Liberalization*, Journal of Economic Perspectives vol.11,1997, 113, 122.

先行して自由化や非規制化の議論が進まないことを受け、ユーザー企業や新規参入を狙う企業は、ネットワーク分野でも競争を導入するよう政府に主張し、圧力をかけていた。そして、EUのレベルで完全自由化へ向けた状況が整うにつれて、政府はこの分野の自由化を行うと主張したのに対し、郵便物流企業ドイチェポストと社会民主党は経営体質悪化につながるとして自由化に反対し、また民営化後のドイツ・テレコムは、音声電話の独占とネットワークの独占とを完全自由化期限まで維持することを求めた[45]。

1995年の11月、政府とSPDは電気通信市場を完全開放するに際しての原則をめぐって合意に達し、与野党間で自由化法案の立法タイムテーブルを確認した[46]。その後も社会民主党などの反対は存在し、完全自由化までの独占の保持、そして新規事業者にユニバーサル・サービス[47]の提供を約束させるとい

---

[45] ポストリフォームIIの主目的は、組織改革にあり、電気通信法制度の規制緩和や自由化についての課題は残されていた。参照、米丸恒治「ドイツ第二次郵便改革の行政法的考察―郵便三企業の株式会社化・官吏の移籍・「私人による官吏の雇用」」法学論集鹿児島大学法文学部紀要30巻2号(1995) 148頁以下。

[46] キリスト教民主同盟、自由民主党の勢力が強い連邦議会と各州、および社会民主党の勢力が強い連邦参議院との双方で法案審議をスムーズに進めるためであった。Vgl. Witte, Liberalisierung der Telekommunikationsmärkte. In: Bundesministerium für Wirtschaft (Hrsg.), Die Informationsgesellschaft. Fakten, Analysen, Trends. BMWi-Report, 1995, S. 8-9.

[47] 電気通信関係において使用される他の多くの概念と同様に、「ユニバーサル・サービス」についての明確な基準となる定義は存在しない。なお、「ユニバーサル・サービス」概念自体は、米国電話会社AT＆Tが、企業戦略としてユニバーサル・サービスを目指すという自社広告にその起源を有するが、電気通信におけるユニバーサル・サービス概念は、歴史的に拡大・変遷を遂げている。一般的には、居住地域や所得水準、その他のサービス利用上の不利な条件にかかわらず、社会に属するすべての人々が通信ネットワークへの最低限のアクセスを公平かつ妥当な料金で利用できることとして理解されている。特に、ユニバーサル・サービスの中核要素としては、以下の諸点が挙げられる(OECDの定義につき、前掲第I部注83)を参照)。

・利用可能性：高コストの遠隔・過疎地域においても都市部と通信サービスの水準、料金、品質が同じであること。

・低廉性：サービスの確保と利用に当たって、消費者に不当な負担を強いる、あるいは、その利用を困難にするような料金であってはならない。特に、低所得者、社会的弱者、障害者がこのような不利益を被ってはならない。

う限定が求められたものの、連邦協議をへて法案は1996年7月に可決された[48]。

7.1.5　ポストリフォーム後

　法案が可決されたあと、ドイツにおいて情報通信関係の会社として、ドイツ・テレコムとフランス・テレコムとの合弁会社アトラスが設立され、さらに、米国スプリントとの間でグローバルワンが設立されるなど、インターナショナルな戦略が進められた[49]。

　そして、フランス・テレコムとの間では意見が合わず、合弁会社関係は解消される結果となったが、ドイツ・テレコムは積極的にヨーロッパに出資を行い、オーストリアのマックス・モバイル、チェコのラディオ・モバイル、スイスのモダコムなど、移動電話市場の取り込みも含めて特に欧州内における拡大戦略が取られた[50]。

・アクセス利便性：障害者による通信サービスへのアクセスを実現する。
・サービス継続性：すべての人が一定レベルのサービスを所定の料金で利用でき、将来的にも同じ料金でサービスの利用が期待できる。Xavier, Patric, *What rules for Universal Service in an IP-enabled NGN environment*, ITU workshop Document: NGN/03, 15 April 2006, pp. 9-13.

48)　*Müller,* Telekommunikationsmärkte in Deutschland nach der Postreform I ZögU 1992, 308ff.; Post-Kundenschutzverordnung vom 19. Dezember 1995, BGBl. I S. 2016; Telekommunikationsgesetz vom 25. Juli 1996, BGBl. I S. 1120; Verordnung zur Sicherstellung der Postversorgung der Bundewehr durch die Feldpost (Feldpostverordnung 1996 - FpV 1996) vom 23. Oktober 1996, BGBl. I S. 1543; Verordnung über den Datenschutz für Unternehmen, die Postdienstleistungen erbringen (Postdienstunternehmen-Datenschutzverordnung - PDSV) vom 4. November 1996, BGBl. I S. 1636; Telekommunikations-Universaldienstleistungsverordnung vom 30.01.1997, BGBl. I S 141; Anordnung zur Übertragung disziplinarrechtlicher Befugnisse im Bereich der Deutschen Telekom AG vom 28. November 1997, BGBl. I 1998 S. 62.

49)　参照、斎藤敦『独英情報通信産業比較にみる政治と経済』（晃洋書房、2008年）95頁以下。

50)　Commission of the European Communities, *Eighth Report from the Commission on the Implementation of the Telecommunications Regulatory Package European telecoms regulation and markets 2002*, Brussels, 3.12.2002, COM (2002) 695 final, Annex 3, Overview of

このような民営化を含めた情報通信分野の改革が、現在ドイツは欧州諸国のなかで一番の経済的地位を有していることに貢献している[51]。ドイツにおける情報通信分野の民営化が上手くいったのは、1990年以降、高度情報通信ネットワークの発展のなか、民営化が1990年代後半と遅れたものの、民営化以前に技術開発によって産業の技術力向上がなされていたために、民営化後の競争環境に耐えることができたためである、という分析がなされている[52]。それら競争環境を支えてきたのも、ドイツにおける、様々な情報通信関係も含む研究・開発機関の存在である。

7.2 ドイツ情報通信法制の現状

以下においては、ドイツにおける情報通信法制度の現状について、情報通信行政を担う規制機関、現在の情報通信関連法（電気通信法とテレメディア法）をみていくこととしたい。なお、規制機関については第8章においても、多様な機関の1つとして検討するが、本文脈においては、BAPTからRegTP、そしてBNetzAへの変化と、EU指令に基づいた変化に焦点をあてて、重要な部分につき、事実経過を追う形でみていくこととしたい。

7.2.1 BAPTからRegTPへ

ドイツ情報通信規制官庁の変化の経緯は、EU全体の通信の自由化と連結し

---

implementation in the Member States : Germany, SEC (2002) 1329; Ingo Vogelsang, *The German Telecommunications Reform - Where did it come from, Where is it, and Where is it going?*, Presentation paper at Verein für Sozialpolitik Annual Meetings, 2002. また、参照、会津泉「米国・英国・ドイツの情報通信の新しい潮流―通信法改正と競争状況の成立を中心に」国際大学GLOCOM・ハイパーネットワーク社会研究所アスペン会議報告（1996年）。

51) 第6章第2節を参照。

52) Mestmecker, *Über den Einfluss von Ökonomie und Technik auf Recht und Organisation der Telekommunikation und der elektonischen Medien*, Mestmacker (Hrsg.), Kommunikation ohne Monopole II, 1995, S. 95ff. また、斎藤敦「ヨーロッパのエレクトロニクス・通信政策と電機産業」同志社大学大学院『商学論集』33巻1号（1998年）86頁。

ている。すなわち、第1章第2節にみたように、EU 加盟各国は、通信の自由化の達成期限を 1998 年 1 月 1 日と定められ、その期限達成に向けて努力を続けていた。

　ドイツにおいても、1994 年のドイツ・テレコムの民営化法[53]に基づき、1995 年 1 月に株式会社形態へとドイツ・テレコムの改組が行われた。そして電気通信の全面的な自由化に向けた制度上の枠組みを確立する 1996 年電気通信法に基づいて連邦郵電省が 1997 年の末に廃止された。

　EU の 1994 年のグリーン・ペーパーとそれを受けたアクション・プランに定められた 1998 年 1 月 1 日までに達成すべき完全な通信自由化の達成のためには、ドイツ・テレコムを直接的監督下に置いていた郵便と通信に関する連邦郵便電気通信省（Bundesministerium für Post und Telekommunikation：BMPT）とその組織下の連邦郵便通信庁（Bundesamt Bundesamt für Post und Telekommunikation：BAPT）を組織替えする必要があったためである。

　そして、ドイツ・テレコムとの指揮監督関係のない新たな独立規制官庁として、連邦経済技術省の所管のもとに、電気通信・郵便規制庁（Regulierungsbehörde für Telekommunikation und Post：RegTP）が設立された（1998 年 1 月 1 日）。

7.2.2　RegTP から BNetzA へ

　ドイツの情報通信に関する規制機関は、さらに、2005 年 6 月までの RegTP（電気通信・郵便規制庁）から連邦伝送網庁、すなわち BNetzA へと変化した[54]。

　連邦経済技術省が一般的な行政上のガイドラインを示す権限を有するものの、RegTP は免許の付与、免許条件の遵守状況の監視、料金規制、周波数割り当て、相互接続問題、番号政策、消費者保護などの責務を負っていた。

　また、EU 指令に基づいて電気通信政策を遂行するため、電気通信政策の根

---

53) Postneuordnungsgesetz (PTNeuOG) vom 14.09.1994, BGB1, I/1994, S. 2325 ff.
54) 変化の経緯は、EU 全体の自由化と連結している。1998 年の EU における通信の自由化（第 1 章第 2 節参照）をうけ、ドイツ・テレコムを監督下に置いていた郵便と通信に関するドイツ連邦官庁 Bundesamt für Post und Telekommunikation（BAPT）から、ドイツ・テレコムの指揮監督関係をなくす新たな独立規制官庁の存在が必要となった。

拠法である国内電気通信法の整備を行っていた[55)]。

そのなかで、さらに関係分野を拡大するために、2005年7月からは連邦電気通信・郵便規制庁を引き継いで連邦伝送網庁（BNetzA）が発足した。すなわち、ガス、郵便のほか、2006年1月からは、鉄道分野も電気通信・郵便規制庁に追加され、電気通信・郵便・ガス・鉄道規制庁となったものである[56)]。

7.2.3　情報通信関係法律1──2004年電気通信法

電気通信法（2004年）は、2002年4月ならびに同年7月のEU指令を国内法制化するため、1996年電気通信法と関係法令の改正によって2004年6月に成立した。そして、EUの進める電気通信市場制度の開放政策に従った、かかる改正法律によって、電気通信市場参入のための免許制度の廃止[57)]、周波数取引の導入などの規制緩和が規定された[58)]。

ドイツの電気通信法の基本的枠組みは、①届出義務の策定、②競争市場の調整（市場調整、参入の調整、料金の調整など）と周波数の定め、そして③ユニバーサル・サービスの提供義務の規定ならびに、④独立規制機関の設置によって成り立っている。なお、同法の構成は、第1章に一般的規定、第2章に市場規制、第3章が消費者保護、第4章が放送の伝送について、第5章が周波数、番号などの権利の付与、第6章がユニバーサル・サービスに関する規制、第7章が通信の秘密、データ保護、公共の安全に関する規定、そして第8章が規制監

---

55)　参照、堀伸樹「英国とドイツに関する比較電気通信産業論の試み─規制緩和と競争を中心として」InfoComReview Vol.21（2000年）41頁以下。

56)　*Neuhaus*, a.a.O. (Fn.30 [chapter 1]), S.85f; *Gramlich*, Die Tätigkeit der BNetzA in den Jahren 2008 und 2009 im Bereich der Telekommunikation, CR 5, 2010, 289, 294ff; a.a.O. (Fn.38), *Ellinghaus*, CR 1, 2010, 20.

57)　*Stober*, Telekommunikation zwischen öffentlich-rechtlicher Steuerung und privatwirtschaftlicher Verantwortung –Entwicklungsstand und Regulierungsbedarf aus wirtschaftsverwaltungs-und verbraucherschutzrechtlicher Perspektive, DÖV 2004, S.212ff.

58)　*Id.* (above note 2 [chapter 1]), Goodman, pp. 213-223. さらに、電気通信に関する新規市場に関して、2007年の2月には2004年電気通信法の一部改正がなされ、第9条a「新規市場」が追加された。この条項は、新たな情報関係市場における投資と革新を促進するために追加され、原則として新規市場において電気通信に関する規制の適用を排除することが定められた。

督機関、第9章以降第11章までが公課、罰則、罰金、移行規定である。以下重要な項目について説明を加える。

(1) 届出に関する規定[59]

　2003年7月のEU認可指令（2002/20/EC）第3条2項に基づいて、電気通信分野において事業免許を取得する義務が廃止されたために、2004年電気通信法第6条に届出制度が導入された。そのために、テレビやラジオの放送事業や電話事業に関して、免許は必要とされない。もっとも、電気通信法第6条により、申請義務が新規事業者に課されている。すなわち、公的な電気通信ネットワークを事業としようとするもの、電気通信事業を一般に提供する事業を行おうとするものは、規制庁（BNetzA）に申請を行わなければならない。その申請がなされることにより、規制庁は市場を全体的に概観することができる。また、申請の数その他によって、市場の競争状況の判断を行うことができる。規制庁はまた、申請書を適正に公開することを義務付けられており（第6条4項）、そのことは、他の競争者への情報提供に資するものである。

---

59) §6 Meldepflicht, BGBl. I 2010, Nr. 65, S. 1979ff.（仮訳）
(1) 公的なコミュニケーションネットワークに関する事業を行っているもの、もしくは電気通信サービスを公衆のために行っているものは、その事業を始める際、変更する際、また、終了する際に連邦伝送網庁に申請を行う必要がある。かかる申請は書面でなされなければならない。
(2) 申請は以下の内容を含まなければならない、すなわち、第1章に基づいて必要な事業者の証明――とくに商業登録番号、住所、ネットワークもしくはサービスの短い概要、そして、事業開始予定日。申請は、連邦伝送網庁によって公示されている方法に従って行わなければならない。
(3) 申請がなされた場合、連邦伝送網庁は、1週間以内に申請の完全性を第2章に従って確認し、当該事業が本法に依拠して行われる権利を有することを証明する。
(4) 連邦伝送網庁は、定期的に、事業者のリストを公表するものとする。
(5) 事業が確実に終了し、当該終了がその終了から6カ月以内に書類によって連邦伝送網庁に告知されなかった場合、連邦伝送網庁は、公式に事業の終了を宣言することができる。

(2) 競争市場の調整に関する規定と周波数

　市場における競争を適切な状況に保つために、市場の調整規定が電気通信法に定められている。基本的には市場において独占が生じて競争が生じていない状況を回避するために、市場の確定（第10条）、市場の分析（第11条）、規制庁による調整的行政処分（第13条）などの規定とともに、参入の調整（第21条）ならびに料金調整（第27条）などが定められている。

　また、有限な電波に関して混乱が生じないよう、周波数に関する規則も第52条以下に定められている。

(3) ユニバーサル・サービスに関する規定[60]

　電気通信法第2条2項5号の目的規定には、「電気通信サービスを相当な価格において、地域間における格差が生じないように配慮しつつ、確実に提供すること」と定められ、それを受けた同第78条1項にユニバーサル・サービスの定義が定められている。それによれば、ドイツ電気通信法にいうユニバーサル・サービスとは、「一定の質を担保しつつ、公衆に提供される最低限のサービスであり、それは、すべての最終的な消費者がその住居地もしくは職場に関係なく、適切な価格で利用可能でなければならない。また、一般に対するかかるサービスの提供は、基本的な配慮に基づき、必要不可欠のものである」とされる。その具体的な内容は同第78条2項に示されており、電話回線への接続、電話帳の整備、包括的かつ公的な電話に関する情報提供、硬貨やカードによって利用可能な、公衆電話の地域間格差のない一般的な需要に応じた整備、緊急時における無料通話の可能性などが定められる。また、実際にユニバーサル・

60）　§2 Regulierung und Ziele：規制の目的（Ziele der Regulierung）
　(2)　規制の目的は、5. 電気通信の基本的需要を手頃な価格によって広く提供することにある。
　§78 Universaldienstleistungen78　ユニバーサル・サービス
　(1)　ユニバーサル・サービスとは、公衆に対する、一定の品質が保たれ、すべてのエンドユーザーがその住所や会社の住所にかかわらず、手頃な価格でアクセスできる最低限のサービスの提供のことをいう。かかるサービスは公衆のために必要不可欠なサービスである。

第7章　ドイツ情報通信法制の展開と現状　　　147

サービスの提供義務を負う企業は、市場において少なくも4パーセント以上を有する企業となる（同第80条）[61]。

(4) 独立規制機関の設置

電気通信分野において独立規制機関に相当するのは、連邦電気・ガス・電気通信・郵便ならびに鉄道規制庁（上記伝送網庁）である。当該規制庁は、電気通信分野において管轄権をもち、一定の独立性を有して市場の監査・監督を行う。一定の独立性というのは、連邦経済技術省の所掌事務の範囲内において活動が展開されるという意味である。基本法第87条f条第2項によれば、電気通信に関する高権的規制を実施するのは連邦行政である。もっとも、従来国家が独占的に提供してきた電気通信サービスについては、国家・行政から一定の独立性を有した機関が調整にあたることが、規制の濫用や安易な規制改革などを回避することにつながるとして、独立性を有した機関が調整的措置を行うこととなった[62]。

7.2.4　情報通信関連法律2──テレメディア法
(1) 改正の背景と特徴

テレメディア法は、従来テレサービスとメディアサービスとを区別し異なる法律により規律していたものを、情報社会の進展に対応するため「テレメディアサービス」という包括的な概念のもとに統一的に規律するとともに2000年6月8日のEU指令（電子商取引に関する指令）の内容を国内法において実現す

---

61) ユニバーサル・サービスの提供義務（§80 Verpflichtung zur Erbringung des Universaldienstes）もしもユニバーサル・サービスが市場によって必要な程度に提供されていない場合、もしくはそのような状態である懸念がある場合、関連市場において少なくとも、全市場の4パーセントのシェアを有する全ての供給者（プロバイダー）はかかるユニバーサル・サービスの提供に参加することを義務付けられる。一文によるかかる義務付けは、以下の基準に従って満たされる。それらは、公衆電話ネットワークへの接続、公衆電話番号をまとめた本へのアクセス、現金やカードによって電話が利用可能であること、現金やカードによって使用可能な電話の設置、112番による緊急電話もしくはその他緊急番号へのアクセス等とされる。

62) BNetzAに関する説明頁参照。*Hubertus*, Telekommunikationsrecht, 2005, S. 108ff.

るために 2006 年 10 月 23 日に成立したものである[63]。この 2 つの法改正によって通信と放送の融合の現状により即したメディア法制が整備されることとなった。

そして、両法案の最大の変更点は、放送と電気通信の中間領域のサービスである「テレサービス」と「メディアサービス」が一括され、「テレメディア」として扱われることであった。

(2) マルチメディア法からテレメディア法へ

1997 年以来ドイツでは、個人的な通信に近い電子メールやウェブ上の電子商取引などについては、インターネット・サービスプロバイダー (ISP) や情報提供事業者について、情報やデータの送受信に着目して、これらをまとめて「テレサービス」として連邦法で規制していた[64]。その一方で、不特定多数に向けられたウェブサイトやテレビのショッピングチャンネルなどは放送により近いメディアサービスとして州際協定で規制されていた。

すなわち、1997 年のマルチメディア法は、以下の 3 つの法律から構成されていた。まず、①サービスを提供するものの定義や、その責任の範囲について規定したテレサービスの利用に関する法律（TDG: Gesetz über die Nutzung von Telediensten）。次に、②データ保護法の特別法にあたり、テレサービスの利用において利用者の個人的なデータがどのように保護されるべきかについて規定した、テレサービスにおけるデータ保護に関する法律（TDDSG: Gesetz über

---

[63]　連邦政府は 2006 年 6 月 14 日、「テレメディア法」の法案をまとめ、翌週 22 日、16 州の首相は「統一ドイツの放送に関する州際協定」の第 9 次改正法案について合意した。

[64]　テレサービスとは、文字、画像または音声のような結合可能なデータの個別的な利用のために行われ、かつその基礎に電気通信を利用した伝送があるすべての電子的情報サービスおよび通信サービスのことを指すとされていた。なお、既存の電気通信、放送、出版プレスについてはマルチメディア法の範囲から除かれていた。「情報サービスおよび通信サービスのための大綱条件の規律のための法律」Gesetz zur Regelung der Rahmenbedingungen für Informations- und Kommunikationsdienste (Informations- und Kommunikationsdienste-Gesetz；IuKDG) （情報・通信サービス法もしくはマルチメディア法）

第 7 章　ドイツ情報通信法制の展開と現状　　　　　　　　　　149

den Datenschutz bei Telediensten)。さいごに、③ネットワーク上での取引を確実なものとするためのデジタル署名について規定した、デジタル署名に関する法律（SigG: Gesetz über Rahmenbedingungen für elektronische Signaturen）[65]。最後のデジタル署名に関する法律は、署名と個人の関係を認証する認証機関について詳細に規定したものであった[66]。

　しかし実際にはテレサービスとメディアサービスの区別が困難なケースが多い等、運用の面で問題があったために見直しが議論されてきていた。そのために、2004 年末、連邦と州は、メディア法を将来の発展にとって開かれた、簡素化されたものとするため、テレメディアの概念を採用し、その普及手段や方法ではなく、規律の目的に応じて権限を配分することについて合意し、上記のマルチメディア法を構成する 3 つの法律を一本化し、テレメディア法（TMG）が制定されることとなったものである[67]。

(3) テレメディア法の特徴、内容

　テレメディア法は主として、それまでにも定めていたスパムメールに関する規定、テレメディアサービスにおける違法コンテンツに関するプロバイダの責任、そして、テレメディアサービス提供事業者に対するデータ保護に関する規

---

[65]　マルチメディア法の施行にあたっては、さらに、刑法（StGB: Strafgesetzbuch）、秩序違反法（OwiG: Gesetz über Ordnungswidrigkeiten）、青少年に有害な文書の流布に関する法律（GjS: Gesetz über die Verbreitung jugendgefährdender Schriften und Medieninhalte）、ならびに著作権法（UrhG: Gesetz über Urheberrecht und verwandte Schutzrechte）、価格表示法（PrAKG: Preisangaben- und Preisklauselgesetz）、価格表示規則（PAngV: Preisangabenverordnung）の改正法が同時に施行されていた。
[66]　参照、米丸恒治「ドイツ流サイバースペース規制　情報・通信サービス大綱法の検討」立命館法学　255 号（1997）141 頁。
[67]　ただし、意見形成にとって果たす機能の違いに応じて、放送とテレメディアの区別は維持されることとなった。また、テレメディアの経済に関する規律（発信地国原理、参入の自由、有料プロバイダーの名称・所在地・連絡先等の明示義務、プロバイダーの責任、データ保護）については、連邦テレメディア法が行うこと、経済的、一般的要請を超える内容（コンテンツ）に固有の規律は、州が放送州際協定によって行うことが合意された。そのため、放送州際協定には、テレメディアを規律する章が設けられ、名称も、放送とテレメディアに関する州際協定と変更された。

定を定める。もっとも、これらは以下に述べるように、新たな統合的な概念の採用などについては新しい点があるものの、規制の内容そのものは、以前から行われていたものである。テレメディア法は、連邦と州による規制について区別が困難となっていた部分につきもう一度整理をおこなったものということができる[68]。

　この立法によって、はじめに最大の変更点として指摘していた、区別の困難さを批判されてきたテレサービスとメディアサービスの区別の廃止がなされた。そして、放送にもテレコミュニケーションにもあたらない、電気通信技術による情報発信が「テレメディア」として規律されることになった。たとえば、これまでメディアサービスとされてきた文字放送やショッピングチャンネルはテレメディアとして規律されることとなった。また、ブログやポッドキャストもテレメディアにあたるとされた。両者を包括するテレメディアについての一般的な法的規定は今後、連邦の「テレメディア法」が統一的に定める。その上で、ウェブ上のニュースサイトなど、世論形成に一定の影響をもちうるテレメディアについては、「放送とテレメディアのための州際協定」が、反論権や青少年保護の保障、制作責任者氏名等記載義務などの内容規定を定めることになった。

　「テレメディアサービス」とは、インターネット電話などのすべて電気通信ネットワークを経由した信号の伝達を本質とする電気通信サービスや無線放送サービスを除いたあらゆる電子情報通信サービスであり、インターネットアクセスや電子メールなどを提供するサービスは「テレメディアサービス」に含まれ、電子メールを用いた広告もこれに含まれることとなった。

　そして、テレメディアサービスのうち、直接もしくは間接に企業や個人事業主の商品・サービスの販売促進のため、またはそのイメージを向上させるために行われるすべての通信は「商業通信」として以下に示す特別の表示義務がサービス提供者に課されている。それらは、①商業通信である旨を明確に識別できるようにすること、②商業通信を委託した自然人・法人が明確に同定できること、③割引・景品・プレゼントなどを販売促進目的で提供するときは、明確

---

68) *Geppert / Roßnagel (Hrsg.)*, Telemediarecht. Telekommunikations und Multimediarecht, 8.Auflage., 2009, S.XXI.

に識別できるようにし、その応募条件を容易にアクセスできる場所に明確かつ曖昧でない形で表示すること、④広告的性格を有するコンテスト・抽選を行うときは、明確に識別できるようにし、その参加条件を容易にアクセスできる場所に明確かつ曖昧でない形で表示すること、といった内容である[69]。

さらに、テレメディア法では、商業通信を電子メールで送信する場合の受信者を特に保護するため、当該電子メールの送信者に対して高い透明性を要求するという観点から、送信者がその身元や商業的性格について曖昧にしたり隠蔽したりする行為を禁止する。そして、商業通信を含む電子メールの送信者が、上記行為に違反した場合は、秩序違反として最大5万ユーロの過料に処されることとなる。ただし、曖昧・隠蔽とみなされるのは、ヘッダーと件名の部分で、意図的に、受信者が当該電子メールの内容を見るまでは送信者の身元や商業的性格に関する情報を得られないようにし、または誤った情報を与えるようにした場合とされている。

(4) テレメディア法の評価と放送州際協定との相違

2007年の制度改革は、テレサービス法とメディアサービス州際協定の本質的内容を変更するものではなかった[70]。ただし、これまで区別され、別々に規律されてきた2つの分野が、テレメディアとして統合され規律されることになったため、これまでテレサービスとしての緩やかな規律のみが妥当していた分野に、メディアサービスに対するより厳しい規律も妥当することになり、その意味で規制強化につながることが懸念されている[71]。

放送州際協定では、テレメディアについて3つの観点からの区別がみられる。それらは、「①もっぱら個人的目的または家族的目的のためのテレメディアの提供者は、名称と所在地を明示する義務を負わない。②①以外のテレメディア

---

[69] なお、当該企業や個人事業主のホームページやメールアドレス、商品・サービスや当該企業・個人事業主のイメージに関して独立かつ無償で送られるものを除くこととされた。これらの規制内容自体はテレメディアに対する統一的規制がなされる以前から実施されていたものである。

[70] *Fechner*, Medienrecht, 11.Auflage, 2010, S. 344.

[71] *Geppert / Roßnagel (Hrsg.)* , a.a.O., Telemediarecht, 8. Auflage, 2010, S. 89.

の提供者は、名称と所在地を明示する義務を負う。③テレメディアのうち、ジャーナリズム的・編集的に構成されたコンテンツ（内容）、とりわけ、完全にまたは部分的に定期刊行物の内容を再現しているコンテンツ（内容）は、ジャーナリズムの原則を遵守しなければならない」というものである。報道については、それを発信する前に、提供者はその内容、出所、真実性を入念に吟味しなければならない。また、ジャーナリズム的・編集的に構成されたコンテンツ、とりわけ、完全にまたは部分的に定期刊行物の内容を再現しているコンテンツの場合、提供者の名称と所在地だけでなく、編集責任者の氏名と住所も明示しなければならず、反論権の義務も負う。データ保護についても、ジャーナリズム的機能に配慮した規定が設けられている。

この他、放送州際協定によれば、テレメディアは、広告とそれ以外のコンテンツを明確に区別しなければならない[72]。

7.3　まとめ

以上、ドイツの情報通信法の自由化の過程と現状を概観してきた。そこから分かることは、現在のドイツはEU指令の国内法化や、EU指令に定められた枠組みの国内同調化をすすめなければならない義務も有しているなかで当該国内法制度の変革を積極的に進めてきたことである。特に通信の自由化に合わせた省庁の廃止と創設や、EU全体の目標となる情報通信市場自由化に合わせた近年の改正をみれば、EUスタンダードへのハーモナイゼーション（協調）の歴史でもあったということである[73]。

---

72)　Vgl. *Potthast*, Die Umsetzung der EU-Richtlinie über audiovisuelle Mediendienste aus Ländersicht, ZUM, 2009, 698; *Hesse*, Die Umsetzung der Werbebestimmungen der EU-Richtlinie über audiovisuelle Mediendienste in Deutsches Recht aus Sicht des öffentlich-rechtlichen Rundfunks, ZUM, 2009, 718; *Seibold*, Die Umsetzung der Werbebestimmungen der EU-Richtlinie über audiovisuelle Mediendienste in Deutsches Recht, ZUM, 2009, 720.

73)　EUの推奨する市場自由化政策は、開かれた競争市場の下において国家に保障責任を負わせる形へ、国家の任務形態を合わせていくものともいえる。Vgl. *Voßkuhle*, Beteiligung Privater an der Wahrnehmung offentlicher Aufgaben und staatliche Verantwortung, VVDStRL Bd. 62 (2003), S. 289f.

情報通信分野の自由化、そして関連機関の民営化は、もともとドイツ連邦郵便が盤石な独占体制を築いていたことや、労働組合に対する各政党の配慮などの政治的事情もあって、迅速に進んだとはいえなかった。先進経済国のなかでは、遅れた自由化となったとの評価がなされている[74]。それでも、EU指令枠組みに合わせて1998年1月1日までの通信自由化の期限は守られ、EU情報通信関連指令の国内法化は順次なされてきた。ドイツの法制度は、テレメディアという通信と放送の融合に対応する概念の導入や、青少年保護に関する規制枠組みなど、ドイツ固有の法的枠組みを有しながら、同時に、ヨーロッパ化[75]の歩みを進めている。

---

[74] *Id.*, Leonard Waverman and Esen Sirel, *European Telecommunication Markets*, 114-122. Vgl. *Immenga /Lübben /Schwintowski (Hrsg.)*: Telekommunikation: Vom Monopol zum Wettwebwerb, 1998, S. 43-45.

[75] Vgl. *Zuleeg/Rengeling*, Deutsches und Europäisches Verwaltungsrecht – Wechselseitige Einwirkungen, VVDStRL Bd. 53 (1994), 154ff. ドイツ国内法のヨーロッパ化について, H=H・トゥルーテ　山本隆司　訳「電気通信のグローバルな秩序枠組みの発展と公法」自治研究75巻7号（1999年）36頁以下、山本隆司『行政上の主観法と法関係』（有斐閣、2000年）423頁以下、特に438頁参照。また、EC指令のドイツ国内における法的効果、ヨーロッパ法への適合的解釈について、参照、高橋滋『先端技術の行政法理』（岩波書店、1998年）272頁以下。

第 8 章　ドイツ情報通信法制の特色

8.1 公私協調の精緻な展開——規制、規整、基盤整備と技術開発[76)]

8.1.1 序——多種多様な規制機関

　ドイツにおいては、多元性を有する機関が多く存在している[77)]。そのなかには、組織の自律性や自主性を保ちつつも、国家が法律によって枠組みを作るなどの統制された自主規制を採用するもの、組織内の多元性をもつものなどがある。とくに、ドイツ経済を支え、ドイツ・テレコムがやや遅れて民営化を行うこととなっても市場における優位的な地位を保つことを支えたとされる[78)] 基盤整備や技術開発に関しても多くの機関が存在し、それら機関が様々な公私協

---

76)　本書においては、環境分野における協働原則（Kooperationsprinzip）（後掲注179）参照）との混同的使用を避けるために、できる限り「公私協調」という言葉を用いている。

77)　ドイツにおいて様々な多元的・分権的機関が存在することに関する紹介は多い。たとえば、大久保規子「営造物と利益集団の多元的参加—ドイツにおける理論の展開」一橋論叢 108 巻 1 号（1992）104-125 頁。また、社会保障の分野における多元的・分権的な組織の考察について、参照、古屋等「ドイツの社会法典における給付主体—その『協働』（Zusammenarbeit）と第三者との関係をめぐる予備的考察」茨城大学政経学会雑誌 69 巻（2000 年）69 頁以下。

78)　第 7 章参照。ドイツ・テレコム民営化の前の段階から公私協調を行う多様な機関に支えられた技術開発が進んでおり、それら情報通信に関する機関の成果にも、ドイツ情報通信経済は支えられた。

調のネットワークを形成している。また、メディアの統合、携帯性やネットワークといった問題に対応するために、メディア規制などについて、近年は自主規制機関を活用する機関の改変も多く行われた。

ドイツにおいては、歴史的な背景もあり[79]、権力が集中しすぎないように、機関の分節化が進んでいるといわれる[80]。なかでも、自主規制を枠組みの中で活かした形態の機関の分節化が進んでおり、さまざまな取り組みがなされている。

そのなかでは、連邦政府や州政府も重要なアクターとして役割を果たしていることがある。すなわち、情報通信分野においてイノベーションをもたらす情報通信政策の推進のため、もともと豊富に存在するさまざまな社団などの規整機関、基盤整備機関、技術開発機関などがそれぞれ協調し、ネットワークを形成している。

---

[79] ここにおいては、神聖ローマ帝国時代における領邦国家の名残がドイツにおいては強く残ることも含意するが、とくに、第三帝国期において、教育・科学・文化的行為を行う団体等が、ナチスの人権主義的なイデオロギーに「強制的な同質化」をさせられた経験をさす。社会学的見地からの分析の一端として、Kogut/Walker, *The Small World of Germany and the Durability of National Networks,* American Sociological Review, vol. 66, no. 3 (2001) p. 319; Tanja Börzel, *States and Regions in the European Union: Institutional Adaptation in Germany and Spain,* (Cambridge University Press, 2002).

[80] 特に明文で、歴史を踏まえたことには言及されていないものの、ドイツの行政組織は、第二次世界大戦の教訓（前掲注79）参照）を背景に形成されている。特に科学技術政策においては、科学が政治に悪用された背景をふまえて、科学と政治の間に一定（以上）の距離をおく形態が取られている。そして、連邦政府の意向がただちに研究に反映されにくいような仕組みが注意深く構成される。また、研究助成は（学術審議会の例をみても分かるように）基本的に連邦政府と州政府が双方で負担するようになっているなど、制度設計から過去の歴史を踏まえた慎重な制度設計となっている。このように、連邦政府に権限が集中し過ぎないよう、多元的かつ分散的仕組みになっている。もっとも、このような仕組みは、見方によれば、急激な世界情勢の変化への対応がしづらいという弊害もある、と分析される。文部科学省　科学技術政策研究所「科学技術を巡る主要国等の政策動向分析」NISTEP REPORT No.117（2009年）211頁。政治学的見地から社会構造を分析し、民主的コーポラティズムの発現を評価・分析したものとして、Peter Katzenstein, *Policy and Politics in West Germany: The Growth of a Semisovereign State* (Temple University Press, 1987).

第8章　ドイツ情報通信法制の特色　　　　157

そこで、以下においては、まず、ドイツに特有な連邦政府と州政府の連携状況と、連携を支える調整的機関をみたのち、各規制、規整、基盤整備、技術開発機関につき、それぞれの組織内容等の特徴をみることによって、多様な主体によって公私協調が緻密に発展している現状を把握することとしたい。

8.1.2　連邦政府と州政府、その他機関の連関――情報通信政策を支えるネットワーク

(1)　連邦政府の役割

　連邦制を採用しているドイツにおいては、ボン基本法によって連邦の権限が認められる事項以外の規律は、州の権限に属する[81]。情報通信の発展とも密接に関係する、教育と文化も、それぞれ、教育主権（Bildungshoheit）、文化主権（Kulturhoheit）、が連邦ではなく、各州に帰属するために、連邦教育研究省は、強い権限を有していない。また、電気通信に関しては連邦が管轄するが、放送の送信業務以外の業務は、各州メディア法によって設立された営造物としての州メディア監督機関連関が行う。

　しかし、情報通信に関係するプロジェクトを行う際に、連邦と州は協調的に働き、様々な技術開発機関も含めて協力しあう。特に連邦政府は立法分野、経済的な安定性、競争において情報通信政策に有利な枠組み条件を提供する役割を果たすものであるということができる。また、研究開発についての戦略的な見地に従い、公的研究開発活動と私的研究開発活動を特定の技術分野に向けて、プロジェクトの許認可を行うことによって指導する。

　さらに、連邦政府は制度的な資金供給も行う。具体的には、特定のテクノロジーに焦点を当てた大規模な研究センターとしてのヘルムホルツ協会、フラウンホーファー協会、マックス・プランク協会、ライプニッツ協会、各種科学アカデミーその他関係機関に資金を提供することを行っている。同時に、連邦政府は、研究開発に関する中小企業と情報通信活性化活動を援助するプログラム

---

81)　GG Artikel 30: Die Ausübung der staatlichen Befugnisse und die Erfüllung der staatlichen Aufgaben ist Sache der Länder, soweit dieses Grundgesetz keine andere Regelung trifft oder zuläßt.

も実施する。

　以上から、連邦政府は、ドイツの情報通信政策に関するネットワークを形成する主な主体とみなすことができる。

(2) 連邦政府と州政府の調整

　連邦と州政府が関わる総合的情報通信政策も多いなか、上記にあげた連邦政府の役割を果たすためにも、州政府との協調的活動は不可欠である。そのため、合同科学会議（GWK[82]）が、具体的な協調を調整する機関として存在している。GWKは、連邦と州が、国際的な情報通信政策を含めた学術・研究政策の調整を行うために、2008年1月より前身の、連邦・州合同委員会（BLK[83]）の後継の機関として設置された。かかるGWKの構成員は、連邦と州の大臣と議員から構成されており、学術・研究政策と戦略、研究助成に関し、連邦と州の双方に影響を与える、国家的、国際的プロジェクトすべてにかかわる機関である。

　かかる調整機関の存在は、以下にみる連邦政府の情報通信政策の推進を州政府、そして関係する基盤整備・技術開発機関等と協調しておこなうことに役立つものである。

　学術審議会（WR[84]）は、1957年に連邦政府および州政府によって設立された機関であり、連邦政府・州政府双方に対する助言機関である。学術審議会の組織は内部的に多元性を有しており、組織内に、諸政府代表のパートナーとして、学者や、市民団体の代表を入れている。そして、学術界と政策立案者で行う継続的な対話のなかから、ドイツの学術の振興を政策決定する際の助言を行っている[85]。

---

82) Gemeinsame Wissenschaftskonferenz von Bund und Ländern. 連邦政府と州政府の間において、教育政策、研究助成に関する取り決めに基づいて活動していた、教育、研究助成に関する問題を討議する連邦政府・州政府合同で設置された常設フォーラムのことをいう。

83) Die Bund-Länder-Kommission für Bildungsplanung und Forschungsförderung.

84) Wissenschaftsrat.

85) 研究プロジェクトに関する勧告や報告の発行，プレスリリースの発表も行っている。Das jährlich fortgeschriebene Arbeitsprogramm, Arbeitsprogramm des Wissenschaftsrates Juli 2011 - Januar 2012 (08. Juli 2011).

第 8 章　ドイツ情報通信法制の特色　　　　　　　　　　　　　　159

　学術審議会は科学委員会と管理委員会があり、科学委員会は、32人の委員からなり、そのうち24人は、ドイツ研究財団（DFG）、マックス・プランク協会、ヘルムホルツ協会、フラウンホーファー協会、ライプニッツ学術連合（ライプニッツ協会）そして大学学長会議（HRK[86]）の6つの機関の共同推薦で選ばれ、残りの8人は、連邦政府と州政府の共同推薦で選ばれる。管理委員会は、22名から構成され、16名は各州代表（投票権は1人1票である）、残りの6名は、連邦政府代表で、連邦政府代表が計16票を有する。2つの委員会を合わせた本会議には54名の構成員がおり、64票の投票権がある。学術審議会の意思決定は本会議で行われ、最終的な意思決定には3分の2の多数決が必要とされる。
　学術審議会は、政策と技術開発を含む研究開発の調整に役立つ機関であり、州政府と連邦政府の間も取り持つ機関である。

8.1.3　規制機関

　情報通信に関係する省として、以下、連邦経済省、連邦伝送網庁、連邦教育研究省、そして、連邦ITセキュリティ庁についてみる。その理由は、通信の監督機関が、連邦経済技術省と連邦伝送網庁であることと、情報通信政策に上記省庁がそれぞれ関わっていることにある。

（1）連邦経済技術省[87]（BMWi[88]）

　連邦経済技術省は、ドイツ経済の成長と競争力の強化、雇用問題の解消、中小企業の支援、経済発展と環境保護の両立ならびにICT部門も含めた新たな技術開発支援に係る政策を扱っている。ICT部門に関しては、競争力を高める電気通信政策、放送政策、研究開発支援、通信網整備支援、国際標準化対応政策、周波数政策などを扱っている。
　組織の構成は、連邦経済技術省の最高責任者である大臣の下に、議会担当大臣3名と常任副大臣3名がおり、大臣を補佐している形をとる。また、分野ご

86）　Die Hochschulrektorenkonferenz.
87）　同省は連邦経済労働省という名称であったが、2005年に労働部門が他の省に移り、代わりに「技術」という言葉が入った。
88）　Bundesministerium für Wirtschaft und Technologie：BMWi.

とに、①中央事務局、②欧州政策局、③経済政策局、④中小企業政策局、⑤エネルギー政策局、⑥産業政策局、⑦貿易政策局、⑧通信・郵便政策局、⑨技術政策局に分かれた9つの総局を置いている[89]。

具体的な実行政策は、中小企業なども含めた研究開発の支援、中小企業のEコマース展開の支援（助言、教育、専門家の支援など）であり、特に中小企業におけるインターネットセキュリティを向上させる政策など、中小企業向けの政策を行っている。また、競争力を高める電気通信および放送政策を策定すること、国際標準化対応政策、固定・移動体通信網整備（周波数政策）も主要な役割の1つである。そのために、連邦経済技術省は、世界情報社会サミット、国際電気通信連合主催の会議、経済協力開発機構等、欧州および国際レベルの組織に参加してドイツの利益を代表している。

他省庁との連携としては、具体的に、連邦教育研究省とともに「ドイツのための最先端技術戦略」の策定を行っており、技術開発に係る国家戦略を作成している。同省は2009年2月に、国のICT政策を示したデジタルフランス2012（フランス）に対抗する方法で、「ドイツ連邦政府のブロードバンド戦略」という政府方針を発表している。

(2) 連邦伝送網庁（BNetzA[90]）

連邦伝送網庁は、自由化と規制緩和を推進することによって、電気、ガス、電気通信、鉄道インフラ市場の発展を促進することを目標とした組織である。前述のとおり、連邦伝送網庁は2005年7月に連邦電気通信郵便規制庁を引き継ぎ、さらに電気・ガス・鉄道へと管轄が広がったものである。

連邦伝送網庁は独立規制機関として電気通信法に予定されている機関である。その組織構成として、連邦伝送網庁には、連邦議会議員16名と、連邦参議院の代表16名から構成される諮問委員会（Beirat）がおかれ、当該諮問委員会の提案に基づいて連邦政府によって任命される長官と2名の副長官によって率い

---

89) Entwurf zum Vergabewesen zur Neuordnung des Vergabewesens im Internet, der Entwurf auf der Homepage des Bundesministeriums.

90) Bundesnetzagentur: BNetzA.

られる。諮問委員会の構成員は、各議会が提案し、連邦政府が委嘱するものである[91]。

さらに、長官の下には、ビジネス支援部局、情報通信技術とセキュリティ部局、電気通信規制の経済的側面に関する部局等下部組織が置かれる。そして、同庁によるさまざまな行政行為や訴訟の裁断は、長と2人の陪席委員から構成される、決定部が行う[92]。決定部の構成員のうち、すくなくとも1人は、裁判官資格を有する必要があり、周波数配分や、電気通信のユニバーサル・サービス義務の賦課等は、同庁長官が長、副長官が陪席委員となる長官決定部が担当する。決定部（長官決定部を含め9つ存在）は、原則として公開の口頭審理に基づいて決定を行うが、関係人の同意があれば、口頭審理を経なくても決定ができることとされている。

そのなかでも、特に情報通信に関する決定部門は、上記ユニバーサル・サービス義務等にかかわる長官決定部を含め、一般個人向け電気通信市場規制に関する電気通信市場決済部、ブロードバンドサービスや電気通信部門の市場規制に関する電気通信市場裁決部の3つが存在している[93]。

具体的には、市場の規制により、都市および地方における公正で、活力のある競争を確保すること、ドイツ国内に低価格で利用可能な電気通信および郵便サービスを行き渡らせること（上記ユニバーサル・サービス）、公共機関での電気通信サービスの使用を促進すること、電気通信および放送部門の効果的な周波数の使用を保証する（周波数の適切な割り当て）、ネットワークのセキュリティを高めることである。さらには郵便事業免許の交付や技術標準の調整なども行う[94]。

---

91) 連邦伝送網庁法第1条から第5条。
92) その他の部局は、①電気通信規制、免許、周波数管理の法的側面に関する部局、②国際関係や郵便規制に関する部局、③電気通信の技術規制に関する部局、④地域活動に関する部局、⑤エネルギー規制に関する部局である。Siehe Bundesnetzagentur Startseite, Die Bundesnetzagentur Über die Agentur Organisationsplan, *Der Organisationsplan der Bundesnetzagentur für Elektrizität, Gas, Telekommunikation, Post und Eisenbahnen Stand 02.11.2009.*
93) Vgl.Bundesnetzagentur Startseite, Über die Agentur：Status der Bundesnetzagentur.
94) その他、周波数と電話番号の管理、電波干渉の監視、市場観測、新しい規制につ

連邦伝送網庁は、すでに言及してきたように、電気、ガス、電気通信、郵便、鉄道など社会基盤に関する独立規制機関とされる。すなわち、裁決部による決定を法制上、連邦経済技術省は取り消すことができないとされており、制度上強い権限が保障されている。

　もっとも、連邦伝送網庁は連邦経済技術省の監督のもとにおかれている。そのために、連邦伝送網庁が独立規制機関であるという独立性をどのように考えるべきかという問題は存在する。この点については、「市場の事前規制または事業者間の紛争の仲裁を所管する加盟国行政機関は、独立に活動し」とするEU法的枠組みにおいても、「加盟国憲法に適合する監督を妨げない」と規定されていることから、「ある一定の」独立性を保った機関であると考えるのが妥当である[95]。

　連邦伝送網庁は、様々な欧州および国際規制組織に参加している組織である（独立規制機関グループや欧州規制機関グループ等）。連邦伝送網庁はさらに、連邦経済技術省から多くの欧州および国際組織に参加して働くように委託されている（欧州郵便電気通信主管庁会議、電気通信委員会、国際電気通信連合、欧州電気通信標準化機構など）。そのため、国際関係・郵便規制部局にある国際調整室が、欧州の規制機関、欧州委員会、その他国際機関や組織との共同活動を調整している[96]。

いて市民への助言および情報提供することなども行っている。a.a.O., Über die Agentur.
95）　山本隆司「行政法システムにおける市場経済システムの位置づけに関する諸論」森嶋昭夫・塩野宏編『変動する日本社会と法――加藤一郎先生追悼論文集』（有斐閣、2011年）43頁以下も、EU加盟国の規整行政機関の独立性を強く求めるEU指令の影響として、連邦伝送網庁の独立性に着目している。
96）　たとえば、電気通信分野において欧州委員会からの要求に対応するのも連邦伝送網庁である。2009年末、欧州委員会は連邦伝送網庁に書状を送り、ドイツ・テレコムによる固定通信網市場の独占的支配を改善することを求めた。ドイツでは、ドイツ・テレコムによる固定通信網の再販売価格が非常に高く設定されており、他の通信事業者との競争が成立しにくい状態にある。このような状況を見て、欧州委員会は、規制機関である連邦伝送網庁に、再販売料金の引き下げ等を求めた。

(3) 連邦教育研究省[97]

連邦教育研究省は教育、科学、研究に係る政策を立案することを目的とする省である。

その組織体制は、最高責任者である大臣の下に、議会担当大臣2名と常任副大臣2名がおり、大臣を補佐する形をとる。また、同省には以下の8つの部局が置かれ、その下に多くの下部組織が存在している[98]。

すでに言及したように、教育——学校教育ならびに大学教育——は各州の管轄に入るため、連邦教育研究省の主な活動は、初期教育、生涯教育、職業訓練、そして、研究助成、若手研究者の育成、および継続教育、高等教育、国際交流（研究開発分野）を支援することである。

そのため、科学と産業の連携を強化させること、情報通信技術を含め、健康、気候、エネルギー効率、モビリティ、セキュリティ等、いくつかのテーマの重点的支援を行うこと、ならびに法的義務等を改善することによって技術開発を行う中小企業を支援すること、そして、「研究・技術開発専門家委員会」と「産業・科学研究同盟」による技術戦略の評価をおこなうことを施策としておこなっている。

連邦教育研究省は2006年8月より、省間にまたがる技術開発政策である「ドイツのための最先端技術戦略」を進めている。また、特に情報通信技術部門に関して、技術戦略を実現するために、「IKT2020——技術開発のための研究」、「ドイツ情報社会2010（Information Society Germany 2010）」、「最先端クラスター、未来志向型プロジェクト及びネットワーク国際化」のための助成事業などもおこなっている。

---

97) Bundesministerium für Bildung und Forschung：BMBF. See, https://www.bmbf.de
98) それらは、中央サービス局、戦略・政策局（第1局）、教育・研究分野における欧州および国際提携活動局（第2局）、職業訓練・生涯学習局（第3局）、科学システム局（第4局）、技術開発のための研究担当局・重要な技術関係局（第5局）、生命科学局（健康のための研究担当局）（第6局）、未来対策局（文化・基礎・持続的発展研究担当局）（第7局）である。

(4) 連邦ITセキュリティ庁[99]

連邦ITセキュリティ庁は、情報通信分野のセキュリティの問題を担当する機関である。その設置背景は、1980年代ごろから連邦政府および議会で、ICT部門のセキュリティを向上させる必要性が議論され始めた結果[100]、内務省の主導で中央暗号化機関が1986年に設立されたというものであり、当該中央暗号化機関を前身とする[101]。その後、1989年に同機関は中央情報通信技術セキュリティ庁に改組され、当該セキュリティ庁を前身機関として、現在の連邦ITセキュリティ庁が1991年に設立された。

連邦セキュリティ庁の組織には、最高責任者の長官と副長官、そしてその下に、内部監査担当、国際関係担当、広報担当が存在する。

また、同庁は、①事務局と、②応用セキュリティや重要インフラ、インターネットを扱う第1部局、③暗号や盗聴対策を行う第2部局、④検定や認定試験、新技術に関する業務を扱う第3部局といった4つの組織からなる。

連邦ITセキュリティ庁の活動内容は、連邦政府、民間業者の両方にITセキュリティサービスを提供することや、セキュリティの問題についての調査を行い、情報を提供することと同時に、ITシステムのテストと査定を行うこと、産業界と提携し、安全なITシステムの開発を行うことである。

8.1.4 規整機関

以下は、規整機関について検討する。規整機関としては、州メディア監督機関ならびに同監督機関と関連して放送の監督を行う機関、そして、自主規制機関である。上記にみた連邦規制機関（一定の独立性を有する連邦伝送網庁を含

---

[99] Bundesamt für Sicherheit in der Informationstechnik：BSI.

[100] *Bundesamt für Sicherheit in der Informationstechnik*, E-Government Handbuch, Einleitung, 2006.

[101] 1986年にコンピュータセキュリティ問題を扱う機関としての任務を託された中央暗号化機関（Zentralstelle Fur das Chiffrierwesen：ZfCH）が、1989年には連邦政府の情報セキュリティ関連機関（Zebtralstelle fur Sicherheit in der Informationstechnik：ZSI）となった。その後、1990年に現在の機関となった（情報セキュリティ庁：Bundesamt für Sicherheit in der Informationstechnik：BSI）。

第8章　ドイツ情報通信法制の特色　　　　　　　　165

む）と上記機関を区別する理由は、州メディア監督機関に関しては、歴史[102]をかんがみて州の権限に属することとなった放送の枠組みを整序する州メディア監督機関が、多元性を重視した独立機関であることと、のちにみるように、共同規制枠組みを取り入れているためである[103]。また、自主規制機関も、共同規制が自主規制を活用する取り組みであることからも、秩序の整備に役立つ規整機関として整理をしている。

(1) 独立規整機関としての州メディア監督機関[104]

　州メディア監督機関（Landesmedienanstalten）は、商業放送の認可と監督を行う独立の規制機関である。その役割は、監督を通じ、民間放送における意見の多様性を確保すること、公共放送と民間放送という二元的な放送秩序が機能するように監督することである[105]。州政府は、州メディア監督機関が法律の規定に違反しているか否かについて形式的監督義務を有するものの、任務に関する人事と意思決定や財源については州メディア監督機関の完全な独立が図られている。特に、政治的な独立性を担保するため、その財源が税金ではなく、すべて受信料で賄われる点に特徴がある[106]。

　メディア監督機関は、それぞれ独立して 14 存在しているが、以下で見るよ

---

102)　第二次世界大戦中にナチス・ドイツのプロパガンダに、放送が利用されたことを踏まえている。

103)　BVerfGE 12, 205, 261. ドイツにおいて放送法の内容形成に大きくかかわってきた放送法判決のうち、1961 年第一次放送判決は、放送の自由を根拠として、国家による放送の運営を違憲と判示した。そして、放送の自由を確保するためには、意見形成の重要な手段である放送の、社会的な権力による独占を防がなければならないとした。すなわち、この論理のもとでは、私的な放送事業者の設立は可能であるが、その認可の前提として、社会集団の代表が運営に関与している公共放送と同様の仕組み（内部的な多元性）が要請されるとした。参照、西土彰一郎「二元的放送秩序における公共性の異同(1)」六甲台論集法学政治学編 46 巻 2 号（1999 年）87 頁。また、参照、鈴木秀美『放送の自由』（信山社、2000 年）。

104)　詳しくは前出の記述を参照。

105)　参照、鈴木秀美『放送の自由』（信山社、2000 年）272 頁以下。

106)　Siehe z.B. Wolfgang Hoffman-Riem, Finanzierung und Finanzkontrolle der Landesmedienanstalten, 1993, S. 65ff.

うに、州を超える問題については州メディア監督機関の協会全体と、各州にまたがる委員会で対応を行っている。

メディア監督機関連盟（Die medienanstalten）[107]は、州メディア監督機関連盟（Arbeitsgemeinschaft der Landesmedienanstalten: ALM）とその下にある各団体が利用している名称であり、ドイツ民間放送の発展のために、州を超える問題に協力するための機関でもある。このメディア監督機関連盟の下に、重要な政策協力事項を議論する評議会代表会議（Gremienvorsitzendenkonferenz: GVK）、各州の法定代表によって構成される執行役会議（Direktorenkonferenz der Landesmedienanstalten: DLM）、認可と監督に関する委員会（Kommission für Zulassung und Aufsicht: ZAK）が存在する。

それらは、①放送事業者の規制や事業免許の交付に係る問題を担当する委員会としての、各州メディア監督機関の長官から構成される規制問題委員会、②国および国際レベルで、州のメディア庁の関心を守ることを目的として、各州メディア監督機関の長官から構成される州メディア監督機関長官会議、③メディア政策およびメディア倫理を担当するため、各州メディア監督機関の理事会等の議事長から構成される議事長会議、④番組編成に係る問題を取り扱う、州メディア監督機関長官会議と議事長会議を合わせた組織である総会である[108]。

そして2013年からは、以下でみるメディア部門集中審査委員会（Kommission zur Ermittlung der Konzentration im Medienbereich: KEK（以下KEKという））や青少年メディア保護委員会（Kommission für Jugendmedienschutz: KJM（以下KJMという））も連盟に属している。もっとも、Die Medienanstalten（メディア監督機関連盟）は最終的な報告や調整をまとめている機関であり、KEK、KJMとも独立して業務を行っている。州メディア監督機関全体の提携活動を保証する機関である[109]。

---

107) Die Medienanstalten, Vertrag über die Zusammenarbeit der Arbeitsgemeinschaft der Landesmedienanstalten in der Bundesrepublik Deutschland (ALM), Vom 20.11.2013.
108) Die Mediaanstalten, Über uns, Organisationen: Kommission für Zulassung und Aufsicht (ZAK) Direktorenkonferenz der Landesmedienanstalten (DLM) Gremienvorsitzendenkonferenz (GVK) Gesamtkonferenz (GK).
109) Staatsvertrag über den Rundfunk im vereinten Deutschland, Rundfunkstaatsvertrag

第8章　ドイツ情報通信法制の特色

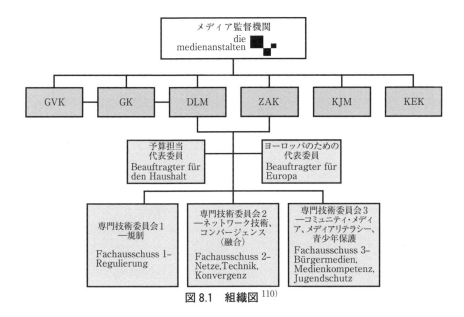

図8.1　組織図[110]

　州メディア監督機関連盟の活動目標と内容は、放送部門における各州の関心を保護すること、そして放送事業者と情報や意見を交換すること。また、放送部門における各州に共通の問題を取り扱うため、そのような問題に関して、専門家の意見を聴取すること。さらには、放送番組編成の監視と分析を行うことである。

　西ドイツにおいて民間放送が導入された1984年以降、各々の州に設置された州メディア監督機関（Landesmedienanstalt）[111]は、「公法上の営造物[112]」で

　　－ RStV, 13. Rundfunkänderungsstaatsvertrag.;Staatsvertrag über den Schutz der Menschenwürde und den Jugendschutz in Rundfunk und Telemedien (Jugendmedienschutz-Staatsvertrag - JMStV); Audiovisual Media Service Directive (AVMSD).

110) Vgl. http://www.die-medienanstalten.de/ueber-uns/organisation.html.
111) 1984年以前にも民間放送の導入を巡っては、それがそもそも憲法上許されるのかについて政治的な議論が1960年代、70年代から交わされていた。しかし、ドイツにおける民間放送の発展は1980年代半ばまでなく、それまでは公共放送しか存在していなかった。ドイツは第二次世界大戦の敗戦国であったために、周波数の割り当てが少なか

ある。

　ドイツ連邦憲法裁判所の放送判決によって、州メディア監督機関の役割は、規制と監督を通じ、民間放送における意見の多様性を確保すること、公共放送と民間放送という二元的な放送秩序が機能するように監督することとなった[113]。そしてそのために、州メディア監督機関が商業放送の認可と監督を行う独立の規制機関として、設立されたのである[114]。

　州メディア監督機関の各機関の各州における基本的な構造と権能は共通しており、主な内部機関は評議会と執行役である。

　まず、評議会は州メディア監督機関の意思決定機関であり、様々な社会団体の代表により、多元的に構成されている点に特徴がある。いかなる社会団体が代表を派遣すべきであるのかについては各州法によって指定されており、州議会に議席を有する政党の代表が入っている場合もある[115]。もっとも、政党代表

ったこともあり、公共放送のみの放送体制が長く続いた。そして、その公共放送も、2つの全国向け放送と州内向け放送の計3つのみであった。塩野宏「放送の特質と放送事業」『放送法制の課題』（有斐閣、1989年）86頁以下。

112）「営造物」とは、公法上の独立行政体のうち、社団および財団を除いたものと定義される。公法上の営造物は、行政に様々な利害関係者を参加させ、多元的な決定構造を保証し、より効果的に国民・住民の利益を実現するため、ドイツで伝統的に使用されている組織方式である。行政的権能を担うが、官庁からは独立した地位が与えられる。参照、大久保規子「営造物理論の展開と課題」一橋論叢102巻1号（1989）115-116頁。

113）州政府は、州メディア監督機関が法律の規定に違反しているか否かについて形式的監督義務を有するものの、任務に関する人事と意思決定や財源については完全な独立が図られている。

114）そして、州メディア監督機関は各州におかれ、各州で制定された商業放送法が商業放送についての規律と州メディア監督機関の設立、組織、任務について定めた。東西ドイツの統一後は、ベルリン州とブランデンブルク州が共同で監督機関を設立し、また、ハンブルク州とシュレスヴィヒ・ホルシュタイン州が機関を合併させ、現在は全国において14の機関が存在する。

115）一部の州メディア監督機関においては、州議会が専門知識を有した少数のメンバー全員を選出し、公職や官職にあるものを排除している（MASH, SLM, mabb）。人数は16人から77人くらいで推移している。*Fechner*, Medienrecht, 11.Auflage, 2010, S. 313. Vgl. Staatsvertrag über die Errichtung einer gemeinsamen Rundfunkanstalt der Länder Berlin und Brandenburg: § 14 Zusammensetzung und Amtsdauer des Rundfunkrates. ベルリンとブランデンブルグにおいては、30人であり、その構成員は、宗教関係者、各利

者が入っている場合には、また、そのような選出方法ではない場合に評議会構成員に政党代表が入る州も多いが、決定に必要とされる過半数には届かない人数であり、影響力は限定されていると評価される。州議会と州会計検査院に決算報告書と事業報告書を送付する義務を定めている州も存在するが、説明責任はなく、評議会の構成が民主制と正統性をすでに担保していると考えられている[116]。

次に、執行役（Director, Präsident）は州メディア監督機関の業務を統括し、評議会の決定を執行し、さらに、法的・対外的にも機関を代表している。かかる執行役に選出されるのは、放送やメディア業界、州メディア監督機関、もしくは州の官庁などにおいて職歴を重ねた経験豊かな人物となる。執行役の選出は、評議会が内部において選考委員会を組織し、独力で行うものとされる。その任期は4年から5年であり、再選も可能とされる。

州メディア監督機関の財源は、全て受信料による。公共放送の徴収した受信料の約2パーセントが州メディア監督機関に配分され、各州の受信料支払者の数に比例して各州庁に分配される仕組みとなっている[117]。州メディア監督機関の職員は合計約400名である。

州メディア監督機関[118]は、民間放送の免許の交付、その番組内容の監視、

益団体（女性団体代表、福祉関係者、スポーツ関係者など）、議員など、多元性に富む。評議会の構成員は無報酬でかかる決定その他を行い、数カ月に一度の頻度で評議会は開催される。そして、議事録の公開を行っている州メディア監督機関は存在しない。Vgl. *Holznagel/ Krone/Jungfleisch,* Von den Landesmedienanstalten zur Landermedienanstalt. Schlussfolgerungen aus einem inte»nationalen Vergleich der Medienaufsicht, 2004, 27-47.

116) *Fechner,* a.a.O., S. 314.
117) その他、手数料収入が約1万1000ユーロ（130億円）ほど存在する。
118) 州メディア監督機関はその存在も含めて合憲性が争われた。まさに放送は「公共」に資するという点から、民間放送との併存体制が争われ、公共放送と民間放送の併存という二元的放送秩序を導入したニーダーザクセン州の放送法の合憲性が争われた事案において、民間放送の規律を、均衡性のある意見の多様性に関する「基本的基準」――ここでは、「民間放送において、あらゆる意見の潮流が表現される「可能性」（可能性であって、確実に実際の番組内容に実現される必要はない）が確保されて、支配的な意見の力の成立が阻止されるような規律――が満たされればよいとして、州メディア監督機関の存在も含めて合憲とした（Vgl. BVerfGE 73, 118 (164 ff.).）。参照、前掲注103）、

青少年の教育に携わる人々のメディアリテラシーの向上、そしてインフラストラクチャーの設備と新しい放送技術の利用（デジタル化など）を支援している。

(2) メディア部門集中審査委員会（Kommission zur Ermittlung der Konzentration im Medienbereich：KEK）

連邦レベルでの監督を行っている機関として、メディア部門集中審査委員会は、1997年1月に発行された「放送に関する州際協定（RStV）」の第3次改正に基づいて設立された。意見の多様性を損なうことがないようにマスメディアを監視し、意見の多様性確保を目的とする機関である[119]。

同委員会は、各州のメディア監督機関から独立した機関であるが、それらと密接に連携して活動する。委員会の構成は、放送事業と経営に関する法律の専門家6名と州メディア監督機関の代表6名から成っている。

(3) プレス評議会

プレス評議会（Deutscher Presserat）は1956年に設立された。このプレス評議会は、1952年の連邦プレス法案に強制加入性のプレス会議所が入っていたことに抵抗し、イギリスのプレス評議会をモデルとして設立されたものである。プレス評議会は、そもそも国家介入の余地の大きなプレスの自由に対して適切な規制という意味で自主規制を行っているものである[120]。

プレス評議会の自主規制の特色は、意見表明の自由への侵害を軽くする意図とともに、第二次世界大戦中のナチス時代に行われた強制加入制のライヒプレス会議所による言論の自由の抑圧の反省から、強制的要素を排除するためのものという点がまず存在する。さらに、プレス会議所の自主規制は、州プレス法、民事訴訟法との間での連携関係が存在する。

西土・「二元的放送秩序における公共性の異同（1）」94頁。
119) Renck-Laufke, Was ist und was kann die KEK?, ZUM 2000, S. 369-375.
120) 参照、宍戸常寿『憲法裁判権の動態』（弘文堂、2005年）209頁以下。かかるプレス評議会の自主規制が円滑に行われるようにするということも、国家の保証責任であるとする見解がある。*Groß*, Selbstregulierung im medienrechtlichen Jugendschutz am Beispiel der Freiwilligen Selbstkontrolle Fernsehen, NVwZ, 2003. S. 1393 (1396f).

第 8 章　ドイツ情報通信法制の特色　　　　　　　　　　　　171

　プレス評議会の活動として、ドイツのプレス評議会によるプレスコード（行動規範）の策定がまずあげられる。プレスコードは 16 条から成り立っており、各条文を補完する指針も策定されている。さらに、プレス評議会は、プレスに対する苦情の審査を行う。誰もがプレスコード違反に関する苦情をプレス評議会に対して申し立てることができ、かかる苦情は、出版社とジャーナリストの代表（割合は半分ずつである）によって構成される苦情審査委員会によって審査される[121]。

　そして、当事者間による話し合いなどによって解決が図られない場合に、注意、譴責、違反認定いずれかの決定が下されることとなり、譴責の場合にはとくに、プレス評議会ならびに処分を受けたプレスがかかる事実を公表しなければならないとされている。そして、評議会の決定を覆すことは、評議会が明らかに不法行為を行ったなどの不法行為に基づく民事訴訟を除いては裁判によるものは予定されていないとされる。評議会は民間の団体であり、当該決定がなされることによって法的な不利益は生じないためである。また、プレス評議会は、データ保護に関する自主規制規範の策定も行う[122]。

（4）ドイツにおける連邦データ保護監察官の権限等と個人情報保護機関への発展
　ドイツにおいては、連邦データ保護法（Bundesdatesnschutzgesetz: BDSG）が存在し、ドイツにおいても、情報処理に関する監督機関としての第三者機関が置かれている[123]。ドイツにおいては、1. ドイツの連邦機関ならびに鉄道・郵便・通信事業（民営化された事業）が、連邦データ・情報保護監察官（Bundesbeauftragten für den Datenschutz und die Informationsfreiheit）によって監

---

[121]　出版やジャーナリズムなどのプレス関係者以外を構成者としない苦情審査委員会は不透明かつ非中立であるとの批判もあるものの、プレスの自由を根拠としてこのような構成とされている。Siehe, *Schwetzler*, Persönlichkeitsschutz durch Presseselbstkontrolle, 2005.
[122]　藤原静雄「個人情報保護法制とメディア」小早川光郎・宇賀克也編集　塩野宏先生古稀記念『行政法の発展と変革（上）』（有斐閣、2001 年）720 頁以下参照。
[123]　Bundesdatenschutzgesetz（http://www.gesetze-im-internet.de/bdsg_1990/）.

督され[124)]、2. 州の公的機関は、州データ保護監察官、民間機関ならびに公法上の企業が監督官庁による監督を受ける。

その中で、以下においては、特に連邦監察官について検討する。連邦監察官は連邦政府の提案に基づき、ドイツ連邦議会の過半数以上の可決によって選出され（連邦データ保護法第22条1項1文）、大統領によって任命される。

その職務は、連邦データ保護法によって個人に与えられた自己のデータに関する苦情申し立ての権利に関する処理（苦情処理、連邦データ保護法第21条）、監督のための立ち入り検査、データ等の閲覧、データ保護の改善等の提案（連邦データ保護法第24条）、データ保護法やデータ保護に関する他の法律の規定に関する違反や利用に際する瑕疵を確認した場合に異議を唱えること（連邦データ保護法第25条1項）、さらに、連邦政府と連邦機関に対する、データの改善に関する勧告ならびにデータ保護の照会に関する助言を行うこと（連邦データ保護法第26条3項）等である。

ドイツの連邦監察官は、個人情報保護の実態の監督のため、調査し、立入検査を行うこと（連邦データ保護法第24条、第38条）や、意義を申し立てること等が可能であるが、金銭制裁を課すことはない。

その他、上述の通り、民間機関と公法上の企業によるデータ処理は各州の監督官庁、州の公的機関は州のデータ保護監察官による監督を受けるが、州によって、1つの監督官庁が民間機関と公的機関の両方を管轄する場合もある。

連邦データ保護法第38条に規定される各州監督官庁には、州のデータ保護監察官ならびにデータ保護のための独立した委員会があり、委員会には、州のデータ保護監察官が存在している。連邦データ保護監察官には、金銭的制裁を課す権限はないが、監督官庁には、民間機関の命令違反やデータ保護法違反に対して過料を科し、犯罪の訴追を行う権限がある。

124）　連邦保護監察官は、組織として、他のドイツ連邦の省庁と同様の構成を取り、9つの部局を有していた（2015年1月現在）。連邦データ保護・情報公開監察官（Bundesbeauftragte für den Datenschutz und die Informationsfreiheit, BfDI）は、旧連邦データ保護法第22条により、連邦内務省（Bundesministerium für Innern, BMI）に設立されており、同省の事務管理（Dienstaufsicht）の下に置かれていた（http://www.bfdi.bund.de/DE/BfDI/Dienststelle/Organisation/organisation-node.html）。

監察官は 1 名であるが、事務局職員を含めると、現在、スタッフは約 90 名存在している[125]。

(5) ドイツにおける個人情報保護に関する第三者機関

　ドイツにおいては、特に個人情報保護の監督・監視機関の独立性が問題となっており、2016 年 1 月 1 日に個人情報保護に関する独立規制機関として、データ保護監察に関する機関の独立性が確保される形で、新たに第三者機関として、上記データ保護監察官組織が設置された[126]。この組織は、EU とドイツにおいて長く争われてきたデータ保護監督の独立性のあり方に関する見解に関する法的紛争の結果[127]、欧州司法裁判所の決定を受け入れる形で、ドイツにおいて、連邦データ保護法 2015 年 2 月 25 日の第二次改正法によって、より独立した形での監察機関とされたものである[128]。

　欧州司法裁判所とのデータ保護監察機関としての独立性を巡る攻防や、実際にデータ保護監察機関の任務として、どのような規制を EU の枠内で行うこととなるのか等、様々な論点は存在するが、民主主義の発展の基盤としても重要な基本権の情報にも関係する内容を保護し、ビッグデータやユビキタスコンピューティングに関係するパーソナルデータの処理に関する機関が新たに改組・設置されたことは、非常に重要なことであり、比較対象としても、日本の個人情報保護委員会の設置のあり方やその機能と権を考える上でも重要であると考えられる（個人情報保護委員会については後述参照）[129]。

---

125) 同上。
126) EuGH, Urteil vom 8.3.2014, Rs. C-293/12 und C-594/12, Rn. 68; s. hierzu *Roßnagel*, Neue Maßstäbe für den Datenschutz in Europa. Folgerungen aus dem EuGH-Urteil zur Vorratsdatenspeicherung, MMR 2014, 376.
127) EuGH, Urteil vom 9.3.2010, Rs. C-518/07, Rn. 58. Petri/Tinnefeld, MMR 2010, 355; Roßnagel, EuZW 2010, 296; Schild, DuD 2010, 549.
128) BGBl. I, 162., EU ABl. L 119 vom 4.5.2016, 1.
129) Siehe zu Roßnagel / Geminn / Jandt / Richter, Datenschutzrecht 2016. „Smart" genug für die Zukunft? Ubiquitous Computing und Big Data als Herausforderungen des Datenschutzrechts. kassel university press, 2016. （http://www.uni-kassel.de/upress/online/OpenAccess/978-3-7376-0154-2.OpenAccess.pdf）

(6) インターネット自主規制団体

インターネットにおける自主規制は、ドイツにおいて、情報保護法の枠組みの下にあり、このことから、EUの推奨する自主規制を活用する共同規制枠組みにも適合するようになっている。すなわち、ドイツ連邦情報保護法第38条aは、情報保護に関するEU指令第27条によって、同業組合その他の団体による行動規範の策定を奨励されていることに合わせて改正された[130]。そこにおいては、事業団体その他の情報管理者を代表する団体が、国家当局の意向に従い、ドイツ情報保護法を適切に実施することを目指し、全国的な行動規範を策定し、その草案を提出することを認めている。それらの行動規範は第三者に影響を与えるものではなく、それらを提出する団体内部でのみ適用されるものである。また、それらの行動規範の提出により、ドイツ情報保護法のスムーズな実施が予定されている。

行動規範の草案は、行動規範を提出する団体の内部において、法律上、技術上、そして組織上の要件を満たしていることが確認されなければならず、それら行動規範を提出した団体は、説明を求められた場合には当局にそれら行動規範に関する説明を行わなければならないとされている。そして、説明を受けた当局は、かかる行動基準が情報保護法に準拠しているかについて審査を行う[131]。

ドイツのみならず各国において法律とは独立した関係にあるインターネット上の行動規範も数多く存在するが、それら行動規範について、EU指令の内容を国内法化したドイツにおいては、2001年に改正された連邦情報保護法により、行動規範の実定法への適合性を行政機関が審査するという仕組みが導入されて

---

130) 情報保護に関するEU指令：Directive 95/46/EC of 24 October 1995 on the protection of individuals with regard to the processing of personal data and on the free movement of such data, OJ 1995 L281/31.Bundesdatenschutzgesetz BDSG 38a:
(1) 専門家協会やその他協会等であって、一定の責任を代表する団体は、データ保護法の適用に関する行動規範の案を政府規制機関に提案することができる。
(2) 政府機関はデータ保護法との適応について案を検証する。

131) *Gerhold/Heil*, Das neue Bundesdatenschutzgesetz, DuD 2001, S. 382f.; *Abel*, Umsetzung der Selbstregulierung im Datenschutz: Probleme und Lösungen, RDV 2003, 11ff.; Nitsche, Datenschutz bei einem Finanzdienstleister, DuD 2001, S. 165.

いるものである[132]。かかる認定行為は、インターネット上の行動規範に法規範性が認められるものではないものの、国家が認定を行うことにより、国家は、自主規制を行う規制主体が法に違反した内部規則を策定することを未然に防ぎ、さらに、自主規制の結果に対する国家責任を果たすことができると評価されている[133]。

8.1.5 基盤整備と技術・研究開発——委員会、社団

以下においては、基盤整備と技術開発にかかわる機関をみていく。ドイツにおける公的な研究機関は多く、特に情報通信技術部門の公的研究機関が多く存在する。その特徴として、ドイツでは、国立の大学研究機関の他に、「登記社

---

[132] 自主規制を EU 法規の下に調和させていく方式について、coordinated self-regulation（調和された自主規制）とする分析につき、See, Abraham Newman and David Bach, *Self-Regulatory Trajectories in the Shadow of Public Public Power: Resolving Digital Dilemmas in Europe and the United States*, Governance 17. 3 (2004) pp. 387-413, 401.

[133] 認定を得ることにより、行動規範は承認を受けた自主的規範としての性格を有することとなる。それは、裁判などの場においては判断の手がかりとして用いられるなど、法的準則としての意味も有することになるとの指摘もある。Vgl. *Roßnagel/Pfitzmann/Garstka*, Modernisierung des Datenschutzrechts, Gutachten für das Bundesinnenministerium, 2001, S. 158ff. なお、欧州委員会による契約条項の標準型などについては以下に紹介されている。*Duhr/Naujock/Peter/Seiffert,* Neues Datenschutzrecht für die Wirtschaft, DuD 2002, 18. もっとも、たとえばドイツの債権回収業者全国協会（Bundesverband der Deutschen Inkasso-Unternehmen）は、情報保護に関する行動規範を政府によって承認してもらおうと試みたものの、失敗したという例もある。Vgl. *Abel*, a.a.O., S. 11f.（なお、現在当該債権回収業者全国協会は Code of Conduct を有しているが、その詳しい内容はインターネット上に示されておらず、いつどのような経緯で Code of Conduct が制定されたのかについては不明である）そして、結局、関係者に様々な利害の確執などがあることや、企業によって異なる経済的利害関心の合意に到達することが困難であることなどから、自主規制の策定にそれほど努力が傾けられないことも相まって、結局多くの企業が自主規制への意欲を失い、議会による一般的な拘束力のあるルールの策定を望んでいるとの指摘がある。結局、インターネット上もしくはインターネットを介した情報に関する自主規制がドイツにおいては定着していないとされる。そして、このインターネットにかかわる自主規制にみられる各企業の消極性は報道における分野とは対極にある。Vgl. *Tomale*, Die Privilegierung der Medien im Deutschen Datenschutzrecht, 2006.

団（emgetragener Verein: e.V.）」という法制上は民間の地位で設立された半官半民の研究機関の集合体の下で研究開発が盛んに行なわれている。これらの組織は部門ごとに数多くの研究所を持ち、多くの重要な研究が行われている[134]。

　これらの登記社団型の組織は研究所の集まりであり、研究開発支援機関ではない点に特徴を有している。登記社団は民法で設立条件等が規定されており、裁判所に登録される。「協会」は民間非営利組織であり、公共機関、民間営利組織とは区別される。またある一定の事業を行なう場合、税制上の優遇措置を受けられることとなっている。

(1) ドイツ標準化協会（Deutsche Institut für Normung: DIN）（登記社団）
　ドイツ標準化協会は非営利標準化団体であり、1917年に設立された。同協会は1975年には政府によって国家標準化機関として認められているが、法制上は「登記社団」という民間の地位を有している。関係省の他、産業団体、公共機関、商業・貿易団体、研究機関が参加している。
　ドイツ標準化協会の組織構成としては、最高意思決定機関である総会と、経営方針に責任を持つ理事会が存在する。総会では、年報の承認、理事会の構成員の選出等を行なう。総会の他に、実質的に大きな権限を持つのが理事会で、標準化活動の方針に責任をもち、同協会の経営方針を決定する。理事会は、各分野の企業および研究機関の代表者の他、関係省の代表者からなる。また諮問組織が理事会を支援する。セクターおよび専門ごとに多くの下部局があり、情報通信技術の標準化活動を担当する部局がある。その構成員は380名であるが、毎年、外部の専門家2万8500名が同協会の標準化活動に関わっている。予算規模は約6200万ユーロである。
　組織の活動内容としては、技術規格や標準の他、技術規則や技術規制を策定し、それらの応用を促すことがあげられる。
　さらに、欧州および国際レベルの標準化団体で活動し、ドイツの利益を代表

---

[134]　なお各組織の人員数には、正規雇用されている研究者の他に、海外の客員教授、技術スタッフ、博士課程の学生および博士課程を修了したばかりの研究者（ポスドク）、研究所によっては修士の学生も含まれる。そのため、研究所帰属人数は非常に多い。

する存在である。また欧州および国際標準を国内レベルで採用するという役割も有している。

(2) DIN および VDE ドイツ合同電気電子 IT 委員会（Deutsche Kommission Elektrotechnik Elektronik Informationstechnik im DIN und VDE：DKE）

DIN および VDE ドイツ合同電気電子 IT 委員会はドイツ標準化協会（DIN）とドイツ電気技術者協会（VDE）の合同組織として、1970 年に設立された。DIN および VDE ドイツ合同電気電子 IT 委員会は、電気電子機器と情報通信技術部門の技術標準および安全な技術仕様の策定を行う組織である[135]。

合同委員会の主な目標は、ドイツ国内、欧州および国際レベルで電子工学、情報通信技術に関する技術標準、技術仕様の一貫性を確保することである。以上のために、ドイツ標準化協会の標準および電気電子情報通信技術協会の技術仕様を開発、改定、修正すること、またこれらの標準および仕様の出版、普及につとめることを主たる活動内容とする。

合同委員会が策定する技術標準および仕様は、ドイツ標準化協会において、ドイツの標準として認知される。また、電気電子情報通信技術協会において、同協会の技術仕様、またはガイドラインとして採用される。

さらに、合同委員会は、電気・電子工学、情報通信技術部門の欧州および国際標準化団体（主に欧州電子技術標準化委員会（CENELEC[136]）、欧州電気通信標準化機構（ETSI）国際電子技術委員会（IEC[137]））において、ドイツの利益を代表するために活動している。

(3) 産業・科学研究同盟（Forschungsunion Wirtschaft-Wissenschaft）

産業・科学研究同盟は、最先端技術開発の発展のため、研究機関、産業界の代表者が集まって議論するために連邦教育研究省によって 2006 年に設立された技術政策フォーラムである。

---

135) VDE は、現在、電気電子情報通信技術協会（Verband der Elektrotechnik Elektronik Informationstechnik）である。
136) CENELEC: European Committee for Electrotechnical Standardization.
137) IEC: International Electrotechnical Commission.

その活動内容としては、連邦教育研究省における「最先端技術戦略」を実現するために、技術開発の障害となる事柄を特定し、研究機関、産業界、政策に勧告を行うことがあげられる。対象となる分野は、ICTも含め18分野あり、メンバーのそれぞれが1つあるいは複数の分野を担当し、政府向けに勧告を策定する。

組織の最高責任者は議長で2人設置されている。そして、メンバーは、大学、公的研究機関の代表者、また関連企業の代表者等から構成される。

(4) ドイツ研究財団（Deutsche Forschungsgemeinschaft: DFG）

ドイツ研究財団の前身団体は、1920年に設立された。ドイツ研究財団は、ドイツにおける大学および公共研究機関での研究を財政的に支援する独立研究助成機関である[138]。助成対象は、全科学部門および人文学である。主にドイツの州および政府から資金を供給されているが、同財団は、法制度上は登記社団と言う民間の地位を有している。

ドイツ研究財団の組織構成のうち、最高意思決定機関は総会であり、同財団の方針を決定し、また理事会および執行委員会の役員等を選出している。総会の下には、①研究および方針について検討し、国内および国際関係の調整を行い、政府など組織への連絡役も行う理事会、②財団の運営責任を担う執行委員会、③研究助成プログラムと助成方針の策定を行う合同委員会、④あらゆる提案・勧告の再審査を行う検査組織、⑤財団の実施的運営を行う執行組織といった組織が設置されている。そして、上記のなかでも、実質的に大きな権限を持つのが執行委員会であり、同財団の決定の全責任を有している[139]。

その活動内容は、研究プロジェクトの助成、研究者間の共同作業を簡便化すること、若手研究者の教育および支援、科学と研究に関して、議会および公共行政機関への助言、そして公共セクターと民間セクターとの関係を発展させることである。

---

[138] 本部人員は650名であり、約20億3700万ユーロほどの予算を有している。
[139] 執行委員会の構成員は、各人が1つのセクターの専門家であり、研究機関の代表者や、国立大学の教授等からなっている。

また、ドイツ研究財団は、国際科学会議（International Council of Scientific Unions）、欧州科学財団（European Science Foundation）および国際科学財団（International Fondation for Science）に参加しており、ドイツ政府を代表している。その他、欧州および国際レベルで関連機関との提携を強化している。また同財団は海外に出先機関を設けており、科学研究に関する情報を交換するとともに、それらは公的そして私的なネットワークを形成している[140]。

(5) マックス・プランク学術振興協会（Max-Planck-Gesellschaft zur Förderung der Wissenschaften）（登記社団[141]）

マックス・プランク学術振興協会は、1911年に設立されたカイザー・ヴィルヘルム協会を前身機関として、1948年に設立された。

マックス・プランク学術振興協会は、各種研究機関から構成される独立非営利組織である。現在約80の研究機関が存在し、生物・医療部門、化学・物理学・技術部門、人文学部門の3つの部門を研究対象とする。ICT部門の研究機関は、化学・物理学・技術部門に属している。

マックス・プランク学術振興協会の最高意思決定機関は総会である。総会においては、同協会の規則が修正され、理事会のメンバーが選出される。なお、実質的に大きな権限を持つのは理事会であり、理事は連邦政府および州政府、政治、科学、ビジネス、マスコミなど様々な分野から選出されている。その人数は約30名である。理事会は研究所の設立や閉鎖、予算を決定するとともに、マックス・プランク学術振興協会の理事長および各研究所の責任者を指名する。マックス・プランク学術振興協会の研究所はとりわけ基礎研究を行うことで知られている。基礎研究は国立大学でも行なわれているが、大学では行うことが困難な、予算額の大きな研究や、学際性の高い研究を行ない、大学での研究活

---

140) 中国、アメリカ、ロシア、インド、日本。
141) 民間非営利組織であり、たとえばNPOなどの法人化にも広く利用される。少なくとも7名の構成員が必要とされるが（BGB§56）、会の名称、目的、所在地や会員の権利・義務、代表者や執行機関などについて定めた規約を裁判所に登記することによって、法人格を取得できる。Siehe Bürgerlichen Gesetzbuches(BGB)§21ff.

動を補足する役割を有している[142]。

その特徴として、マックス・プランク学術振興協会はドイツ連邦政府および州政府から約 80 パーセントの資金を供給されていることがある[143]。

(6) フラウンホーファー協会（Fraunhofer-Gesellschaft）（登記社団）

フラウンホーファー協会は設立当初 3 名の職員で構成されていた小規模の組織であり、産業に直接関わる応用研究に助成金を与える役割を有していた。現在はドイツ国内に 60 以上の研究所を有するフラウンホーファー協会は、複数の工学系研究機関から構成される非営利組織であり、マックス・プランク学術振興協会と同じく「登記社団」という法的地位によって設立されている。フラウンホーファー協会は、マックス・プランク学術振興協会とは異なり、基礎研究だけでなく、応用研究を行なうことで知られており、産業の利益と直接結びつく研究開発を行なうことが多い。研究テーマは情報通信技術部門を含めて、多岐に渡るものである。

フラウンホーファー協会の最高意思決定機関は総会で、理事会のメンバーの指名、協会の規則の修正に係る決定等を行なう。実質的に大きな権限を持つのは理事会で、科学、ビジネス、産業、連邦政府および州政府の代表から構成される。人数は約 30 名である。理事会は、基礎研究に係る方針を定め、同協会に属する研究所の設立、合併、移転、閉鎖に係る決定を下す[144]。

同協会の資金の 3 分の 1 は連邦政府および州政府から供給され、3 分の 2 は

---

[142] マックス・プランク学術振興協会の約 80 の研究施設には、1 万 3300 名（4800 名が研究者、7000 名が博士課程等の学生である）が所属しており、その予算規模は 13 億ユーロとなっている（2009 年度の予算）。マックス・プランク学術振興協会に属する ICT 部門の研究所としては、251 名の研究者を擁するマックス・プランク情報学研究所がある。

[143] 法制度上は登記社団（eingeträgner Verein）という民間の地位を有している。この地位は法定上の義務に大きく関わり、同組織の政府からの独立性を保証するものとなっている。

[144] 応用研究に重点を置くフラウンホーファー協会には、数多くの情報通信技術関連の研究機関が存在している。組織の構成員はその大多数が科学者もしくはエンジニアであり、約 1 万 7000 名、予算規模 15 億ユーロを有している。

第8章　ドイツ情報通信法制の特色　　　　　　　　　　　　181

企業の研究委託から提供されている[145]。

　さらに、連邦政府および州政府のサポートによって、フラウンホーファー協会とマックス・プランク学術振興協会のあいだで共同研究も行なわれている。これは、基礎研究と応用研究の溝を埋めるための試みとされる[146]。

(7) ヘルムホルツ協会（Helmholtz-Gemeinschaft）（登記社団）
　1970年にヘルムホルツ協会の前身組織が設立されたが、それは、研究所間のつながりが非常に弱い組織であった。この組織は1995年にヘルムホルツという名前を採用し、2001年に「登記社団」という法的地位で現在のヘルムホルツ協会が設立されることとなった。

　ヘルムホルツ協会の最高意思決定機関は総会である。総会は各研究機関の責任者から構成され、同協会の戦略や研究プログラムの枠組を定める。

　同協会においては、総会の他に、理事会が重要な役割を有している。理事会は同協会外部のメンバーから選出され、連邦政府および州政府の代表者、科学、産業の専門家、他の機関の代表者から構成される。理事会は、同協会の研究活動の評価を独立した専門家に委託する。そして、その結果から予算の優先順位などについて資金供給者に勧告を行う。

　現在、ヘルムホルツ協会は、16の研究機関から構成されるドイツ最大の科学研究組織であり、その研究領域は、エネルギー、地球環境、健康、物質、航空学・宇宙・交通・キーテクノロジーで、ICT部門は最後のキーテクノロジーに属している。

　そして、その財源は連邦政府および州政府によって予算の70％が供給され、残りの30％について、各研究機関が企業との研究契約によってまかなう仕組みとなっている。なお、同協会は、個々の研究機関に資金を分配するのではなく、研究プログラムごとに予算を分配するプログラム指向の助成システムを採

---

145)　このように企業との研究契約によって資金を調達する方法は、フラウンホーファー・モデルと言われている。
146)　またフラウンホーファー協会は、世界各地に代表機関を有して研究をおこなっている（欧州、アメリカ、アジア、中東）。

用している [147]。

　同協会はブリュッセル、モスクワ、北京に代表機関を持ち、国際共同研究プログラムを支援する。また、複数の分野においてこれらの研究機関は産業界と緊密に提携し、各研究者は民間企業と交流することが求められる [148]。

(8) ライプニッツ学術連合（Leibniz-Gemeinschaft）（登記社団）
　1970年代に連邦政府と州政府共同で科学技術政策および支援活動について盛んに議論され、1977年に46の研究機関が共同で助成されることが決定した。その時に作成された「ブルー・リスト」と呼ばれるリストに記載された研究機関のグループが、ライプニッツ学術連合の前身組織である。1993年に「ブルー・リスト科学共同体」という名称を採用し、1997年に現在のライプニッツ学術連合が誕生した。

　ライプニッツ学術連合の最高意思決定機関は総会である。総会は各研究機関の責任者から構成されている。総会は予算を承認し、会長および副会長を選出する。また、総会の他に重要な役割を持つのが理事会である。理事会は連邦政府および州政府の関連省の代表、他の研究機関の責任者および各部門の専門家からなる。理事会は同協会の研究戦略を立てるとともに、諮問機関の役割を果たす。また大学等、他の機関との共同活動を支援している。

　現在ライプニッツ学術連合は、86の研究機関から構成される独立非営利組織で、「登記社団」として1997年に設立されている。

　研究領域は、人文学、経済社会科学、生命科学、数学・自然科学・工学、環境学であり、その予算の約7割は連邦政府と州政府によって供給され、残りの

---

147) 同協会は研究機関に対して、約2万8000名の構成員を有し、約28億ユーロの予算を有している。特に情報通信技術関連の研究プログラムは科学計算、情報技術とナノ電子工学システム、ナノシステムとマイクロシステムならびに最先端工学資材である。
148) それらのプロジェクトに3つのセンターが協力している。GKSS研究センター（主として海岸工学、ポリマー研究、資材研究を800名の研究員で行っている）、ユーリッヒ研究センター（健康、エネルギー、情報、物理学・科学計算を4400名かつ4億1500万ユーロの予算規模で行っている）、カールスルーエ研究センター（エネルギー、地球環境、ナノシステム、マイクロシステム、科学計算、物質に関する研究を8000名かつ7億ユーロの予算規模で行っている）。

ほとんどは共同プロジェクトを通した企業からの助成でまかなっている。また、ライプニッツ学術連合の研究機関は、1つ1つが小規模であり、大学、他の研究機関、企業と提携して活動している点に特徴がある[149]。

8.1.6 小 括
(1) 多元性に富む機関

以上、情報通信分野にかかわる規制機関、規整機関ならびに社団、委員会を含む技術開発・基盤整備機関についてみてきた。

その結果、まず、民間非営利組織の形をとるDIN、ドイツ研究財団、フラウンホーファー協会など、ドイツには情報通信技術に関連する研究を行う機関が古くから存在し、組織構成そのものが多元性に富んでいることが確認できた。

つぎに、以上みてきた情報通信関連団体、機関において、州メディア監督機関の内部的多元性はもちろん、その他研究機関においても、意思決定機関にできる限り多くの関係団体や学術団体から代表を選ぶようにするなど、各機関の内部的多元性が充実していることが確認できた。

これらの結果、ドイツの情報通信関連政策は、連邦政府や州政府はもちろん、関連諸団体が影響を相互に与えあいながら決定されていくことがわかる。情報通信施策が多くの専門団体の影響を受けることは、基盤整備と技術開発に関する団体から、さらに学術審議会など連邦・州政府に働きかける調整的機関に委員が選ばれることからも明らかである

(2) 機能的なネットワーク

このように、ドイツにおいては、政府による資金援助を受けながら独立して研究を行う多様な団体の存在によって情報通信分野の政策立案の基盤となる調査・研究が支えられている。それぞれの団体が、研究機関であればさらにその

---

[149] 学術連合は1万4000名の構成員を有し、12億ユーロの予算規模を有する。予算は2009年のものである。ライプニッツ協会の情報通信技術部門の研究機関には、ライプニッツ・情報インフラストラクチャー研究所（320名・3500万ユーロ）、ライプニッツ・高性能マイクロ電子工学研究所（270名）、ライプニッツ・情報学センターなどがある。

傘下の研究所なども含めて研究もしくは調査を行い、時には政府と連携してプロジェクトを行っている。情報通信分野を監督する役割にある省庁も、新たな試みを積極的に行うなど、研究における公私協調は非常に盛んである。つまり、研究機関などが中間的な組織となり、クッション的存在として、公私協調を活性化させることにも繋がっているものと考えられる。

そして、連邦政府や州政府と連携を図りながら、情報通信技術産業にも直接に役立つ研究を効率的に幅広く行う、極めて機能的なネットワークが形成されている。加えて、連邦政府と州政府の協調をみた際に検討したように、合同科学会議、学術審議会など、調整的機構の存在も、機能的なネットワークの形成に役立っている。

以上から、情報通信分野において、ドイツは非常に多くの、緩衝材となる組織を有しており、それらを活用する枠組みとなっているものと評価することができよう。

8.2　公私協調における「距離」[150]

8.2.1　序

以上にみてきたように、ドイツにおいては、様々な機関が情報通信政策を活性化させる公私協調を、ネットワークとして支える基盤がある。そこで、以下、上記多様な機関が、具体的にどのような公私協調を行っているのかをみることで、ドイツ情報通信法分野に特徴的な公私協調形態について検討することにしたい。特に、情報通信分野においてEU指令においても推奨され、導入が図られている共同規制枠組みが、メディア分野を含む情報通信法制に特有な側面があるのか、以下、EUにおける情報通信分野の共同規制の取り組みを含めて、みることとしたい。

共同規制について特に分析を行う理由は、共同規制が情報通信分野に適切な規制として推奨されている事実と、また、EUとドイツにおいて協調的に採用されている取組みであることである。

---

150)　参照、前掲注75)、山本・『行政上の主観法と法関係』243頁以下、特に250頁。

第8章　ドイツ情報通信法制の特色　　　　　　　　　　　　185

　そこで、共同規制といった新たな取り組みが模索される現状についてみるにあたり、以下、全体的な分析の前提とするために、①公私協調のなかでの共同規制の一般的位置づけを検討したうえで、②EUにおける導入の経緯も含めてみることとしたい。EUにおける共同規制導入については、本書第1章においてEUの新しい情報通信法制の動向を検討する際、BERECを主体に検討したために検討対象としていなかったため、共同規制に関するEUの推奨状況としてみることとする。

　③そのうえで、ドイツにおける共同規制の取り組みとしての青少年保護規制に関する取り組みと、ドイツ情報通信法制が枠組みを提供する公私協調形態としての電子政府の新たな取り組み、そして、ドイツ最大の公私協調プロジェクト団体（D21）の自主規制の取り組みを、情報通信分野における主要なドイツの公私協調的取り組みとして検討をおこなう。

　④さいごに、後に紹介・分析するなかでも、共同規制にかかわる取り組みが、EUにおいても、ドイツにおいても、法的規制と社会的規制双方の利点を組み合わせたものとして認識され、利用されはじめようとしている点について検討することとする。

8.2.2　共同規制の位置づけ

　EUでは、共同規制が導入されている。かかる規整は、法律による規範と自主規制が互いに協調しあう関係にあるとする（Co-Regulation）[151]。そして、EU

---

151)　シュミット・アスマン教授は、「均衡のとれた利益調整に対して現実政治が侵害することに対抗して、決定主体が必要不可欠な距離を確保できるようにするために、独立化が必要とされうる」として、距離創設的組織分離につき、その著書『行政法理論の基礎と課題』5章37節において説明している。エバーハルト・シュミット゠アスマン　太田匡彦・山本隆司・大橋洋一訳『行政法理論の基礎と課題―秩序づけ理念としての行政法総論』（東京大学出版会、2006年）260-261頁。Vgl. *Schmidt-Aßmann*, Das allgemeine Verwaltungsrecht als Ordnungsidee, 2.Aufl., 2004, 5/37f; *Hoffman-Riem*, Öffentliches Recht und Privatrecht als wechselseitige Auffangordnungen-Systematisierung und Entwicklungspespektiven, In: Hoffman-Riem/Schmidt-Aßmann (Hrsg.), Öffentliches Recht und Privatrecht als wechselseitige Auffangordnungen, 1996, 300ff; *Trute/Pfeifer*, Schutz vor Interessenkollisionen im Rundfunkrecht, Zu 53 NW LRG, DÖV, 1989, S. 192ff.

指令によって推奨されて実際に各 EU 加盟国において取り入れられはじめている公私協調形態が、共同規制（Co-Regulation）とされる[152]。

それでは、メディアを含む情報通信分野において、後に見る「共同規制」が自主的な取り組みを法律の枠組みの中に取り込む形を採用していることは、公私協調のなかで、どのような位置づけを有するのだろうか。

公私協調とは、国家がその単独責任の下で果たしてきた公的な任務を、民間の事業者と共同で遂行していく様々な行政現象を指し示す概念である。しかし、公私協調[153]についてはすでに多くの分析と検討がなされているとおり[154]、公私協調は、公私の協調がいかなる場合に問題となるのかも含めて、深く広い問題である。また、公私協調が実際にどのような行政と民間の関わりを指すのかについては、様々な見解が存在する。端的にいえば、さまざまな概念の定義が試みられてきたものの[155]、今日、概念の定義は困難であるとされる[156], [157]。

---

152) *Weichert,* Regulierte Selbstregulierung- Plädoyer für eine etwas andere Datenschutzaufsicht, RDV 2005, S. 1ff.; Overkleft-Verburg, Datenschutz zwischen Regulierung und Selbstregulation, In: Alcatel SEL Stiftung (Hrsg.), Rechtliche Gestaltung der Informationstechnik, 1996, S. 41.

153) 本書においては、「公私協調」という用語を使用することについては、前掲注 76) 参照。

154) 宮崎良夫「行政法関係における参加・協働・防御——日本とドイツの行政法学説——」金子仁・磯部力（編）『手続法的行政法学の理論』（勁草書房、1995 年）67 頁以下、山田洋「参加と協働」自治研究 80 巻 8 号（2004）25 頁以下、岸本大樹「公的任務の共同遂行（公私協働）と行政上の契約——ドイツ連邦行政手続法第四部『公法契約』規定の改正論議における協働契約論（2）」自治研究第 81 巻 6 号（2005）132-133 頁、同「(1)(3) - (4・完)」自治研究第 81 巻 3 号 91 頁以下、同 12 号 111 頁以下（以上、2005）、82 巻 4 号 126 頁以下（以上、2006）。紙野健二「協働の観念と定義の公法学的検討」名古屋大学法政論集第 225 号（2008）1 頁以下、戸部真澄「協働による環境リスクの法的制御（上）（下）」自治研究 83 巻 3 号 80 頁以下、同 4 号 79 頁以下（2007）等。

155) 山本隆司教授によれば、「公私協働（公私協調）は、狭義には、公的な組織と私的な組織の区別の存在を前提としたうえで、私人ないし私的な組織が、「自らの利益以外の利益に関する情報をも、国の単なる一情報源としての役割を超えて加工することを、国によって法律上または事実上任されている場合」であると理解される。そして、公私協働論とは、それを法治国原理・民主主義原理の見地から、それが許容もしくは要請される論理あるいは条件を検討するものである。山本隆司「公私協働の法構造」『公法学の法と政策　下巻——金子宏先生古稀祝賀論文集』（有斐閣、2000 年）531 頁以下。また、

第8章　ドイツ情報通信法制の特色　　187

　しかし、国家と社会の形態が刻々と変化し、公と私の協調のかたちが様々な形で現れる現代社会の中にあっても、公私協調の一般的な重要性については、論者の間に争いがない[158]。国家が公私協調形式を利用する理由としては、合意、了解により国家による「執行」（Vollzug）の問題が軽減されることとならんで、必要な技術的専門知識が第一次的に社会的・経済的な分野に存在していることや、すべての生活領域において現代国家が一方的決定のための完遂能力を喪失していることがあげられる[159]。国家の役割が増大して、国家が「可能な水準を超えて任務を引き受けている」こともあると評価されるなかで、公私協調による任務の引き受けの形態のバリエーションは、増加する可能性はあっても減少する可能性はないように考えられる[160]。

　規制者と被規制者との協調に基づく規制枠組みは、もちろん協調が必要とされる原因となった規制者側の負担軽減など、上記のとおり多くのメリットもあ

たとえばツィーコーは、「公的セクターから生まれるアクターと私的セクターから生まれるアクターとの間の長期にわたって循環的に行われる協働であって、その範囲内で、私人が国と事業者の間で策定された目的を達成し、相乗効果をもって効率性という成果を上げ、アウトプットに適合的な正規の取り決めに基づいてそしてリスクを配分する、実質上純粋の財政援助を超えた公的任務の達成に貢献し、国は公的任務の達成に関する保障責任（Gewaehrleistungsverantwortung）を引き受ける」こととするもの、という。

156)　公私協働概念の不明確性については以下の文献を参照。前掲注154）、岸本・「公的任務の共同遂行（公私協働）と行政上の契約（2）」141頁。紙野健二「協働の観念と定義の公法学的検討」名古屋大学法政論集第225号（2008）1頁以下。戸部真澄『不確実性の法的制御』（信山社、2009年）238頁以下。

157)　Vgl. *Ziekow/Windoffer*, Public Private Partnership-Struktur und Erfolgsbedingungen von Kooperationsarenen, 2008.

158)　参照、前掲注77)，大久保・「営造物と利益集団の多元的参加：ドイツにおける理論の展開」104頁。

159)　とくに、文化と組織化の進行した現代社会においては、国が公共に対する責任を実現するために、自らすべての知識を収集してひとつの決定へと導くことが常に可能でもないし、常に望ましいわけでもないとされる。Siehe zu *Trute,* Die Verwaltung und das Verwaltungsrecht zwischen gesellschaftlicher Selbstregulierung und staatlicher Steuerung, DVBl 1996, 950ff.

160)　Vgl.*Hoffman-Riem*, Verantwortungsteiung als Schlüsselbegriff modernar Staatlichkeit, in: In: Paul Kirchhof u. a. (Hrsg.): Staaten und Steuern, Festschrift für Klaus Vogel zum 70. Geburtstag, 2000, S. 50ff.

る。しかし、一方で、癒着や被規制者の利益の侵害——協調の下での過剰な、恣意的な介入——といった弊害も持ちうる[161]。そして、かかる弊害は、表現の自由や学問の自由も含んだ情報通信分野においては、大きな問題となる。

そこで、社会のなかで自立した意思決定がなされていた自主規制が、公式に枠組みの中に組み込まれて、自主規制機関の判断が尊重されることによって、必要以上の干渉を避けることが、均衡のとれた利益の調整になる場合がある。または、規制者と被規制者で適切な「距離」が保たれる枠組みとなるものである[162]。

EUにおいて導入が推奨され、ドイツにおいても採用された「共同規制」枠組みは、自主規制機関の判断を尊重したうえで、法的枠組みのうえで判断を採用することを明確にしたものである。かかる共同規制は、利益の衝突が問題となりうる情報通信分野において必要とされる「距離」の保証としても、有効なものであろう[163]。

以上、「共同規制」は、公私協調のなかでも、法的な枠組みと自主規制を組み合わせることで、協調を明確化したもので、必要とされる「距離」を透明性を持って保とうとするものといえよう。

8.2.3 EUにおける共同規制の導入

EUにおいては、メディアを含む情報通信分野の規制は常に重要な問題であった。共同規制の仕組みは、1992年のマーストリヒト条約の社会関連政策の規定にすでに登場している。その後、メディアに関して、1997年に採択されたアムステルダム条約では、EU運営条約第167条（旧EC条約第151条4項）

---

161) 参照、前掲注154)．山田・「参加と協働」36頁。
162) 同上、36頁。もっとも、自主規制については、後にも言及するが、そもそも、自主的に規制が行われなければ意味がないという問題点が存在している。カール・フリードリッヒ・レンツ「EUデータ保護法の域外効果」石川明（編）『EU法の現状と発展 ゲオルク・レス教授65歳記念論文集』（信山社、2001年）151頁。
163) 毛利透教授は、行政組織と外部との間の「透明な距離」こそが、民主的な「質」を確保するための「距離」でもある、と指摘される。毛利透「行政法学における『距離』についての覚書（下）」ジュリスト1213号（2001）124頁以下。(毛利透『統治構造の憲法論』（岩波書店、2014年））

第8章　ドイツ情報通信法制の特色

に、EU は、「特にその文化の多様性の尊重と促進のために、本条約の他の規定に基づく活動を行うにあたり、文化的諸側面を考慮する」との一文が挿入された[164]。

欧州委員会によって2001年に公表された欧州ガバナンス白書で共同規制はさらにその他の分野[165]にも推奨されることとなった[166]。同時に、放送の規制については、さらに、加盟国間で制度が大幅に異なり、その制度の構築にも文化的・政治的背景を伴うことから、共通化が難しいと考えられたが、EC条約第95条を前提とする2002年フレームワーク指令前文（5）[167]は文化的・言語的多様性およびメディアの多元性の重要性を強調した。

そして、2003年の12月に締結された欧州議会と理事会、委員会間の機関間協定「ベター・ローメイキング（Better Law-making）」において、共同規制実施についてのEUにおける一般的枠組みが規定された[168]。また、EUの視聴覚メディアサービス指令においては、共同規制の内容を各加盟国国内法に取り入れ

---

[164]　また、公共放送の意義と必要性については、アムステルダム条約付属の「加盟国の公共放送制度に関する議定書」において明文化された。議定書においては、まず「加盟国の公共放送制度は、直接的に各社会の民主主義および社会的・文化的必要性、またメディアの多元性保護の必要性と関連している」ことが確認されたのである。さらに、「公共放送機関が加盟国によって付与され、定義され、管理される公共サービスの責務を果たす限りにおいて、またその財政支援が共通利益に反さず、また貿易と競争に影響しない限りにおいて」加盟国による補助が認められるとした。

[165]　Tony Prosser, *Self-regulaton, Co-regulation and the Audio-Visual Media Services Directive*, Journal of Consumer Policy, vol. 31, 1(2008), pp. 99-113. 自主規制と政府規制の併用の仕組みは情報通信分野において主に利用が進められている。かかる共同規制とは、上記にみたように、規制プロセスに自主的な規制を組み合わせるものであり（その背景には、情報通信分野における技術革新の速さや、規制そのものの簡素化もあるといわれる）、他の分野にも応用可能である。そのため、規制対象を把握することが困難な場合などに規制を関係者と共同で行うことが行われ、他の分野も含めてEUにおいて、積極的に導入が進められているものである。

[166]　See, The European Commission, *European Governance: A White Paper*, COM (2001) 428 final.

[167]　第1章表1.2を参照。

[168]　European Parliament, Council, and Commission, Interinstitutional Agreement on Better Law-Making, OJ 2003, C321/01.

ることを求めている[169]。

　欧州各機関は、適切な場合に、共同規制メカニズムを活用するというものである。そして、欧州委員会は各加盟国の共同規制がEU法に抵触しないように、とくに透明性の基準に合致させなければならない[170]。

　かかるEUにおける、Co-Regulation（共同規制）[171]は、「立法部門によって定義された目標の実現について、共同体の立法行為が、その分野において関係者と認められる者（事業者・社会的パートナー・NGO・協会・団体等）に委任される仕組み」であると説明されている[172]。

　共同規制においては、はじめにEUが大まかな法的枠組みを設定し、その枠

---

169)　Official Journal of the European Union, Directive 2010/13/EU of the European Parliament and of the Council of 10 March 2010 on the coordination of certain provisions laid down by law, regulation or administrative action in Member States concerning the provision of audiovisual media services (Audiovisual Media Services Directive). Article 4(7) は、はっきりとCo-Regulationに言及している。See, Article 4 (7), Member States shall encourage co-regulation and/or self- regulatory regimes at national level in the fields coordinated by this Directive to the extent permitted by their legal systems. These regimes shall be such that they are broadly accepted by the main stakeholders in the Member States concerned and provide for effective enforcement.

170)　Linda Senden, *Soft Law, Self-regulation, and Co-regulation in European Law: Where Do They Meet?*, Electronic Journal of Comparative Law, vol. 9. (2000) p. 1.

171)　「共同規整」という言葉ではなく、「共同規制」という言葉が用いられる場合、国が自らの組織によって直接に公益の実現を果たすのではなく、公益が私人に実現されるように制御を行うという「保障国家」（保証と保障の言葉の混在については、後掲注216）人見剛教授の論文脚注の引用を参照のこと）の理念を実現する手法ないし制度の一つであるという繋がりが意識されている。参照、前掲注95）、山本・「行政法システムにおける市場経済システムの位置づけに関する諸論」35頁。もっとも、山本隆司教授は、同論文において連邦伝送網庁等の連邦機関についても「規整」機関と整理されている。この点については、本書においては、連邦機関は、規制を行う機関であるとの認識を有し、「規制機関」と分類している。

172)　European Parliament, Council, Commission, Interinstitutional Agreement on better law making (2003/C 321/01), Information, *18:Co-Regulation: Co-regulation means the mechanism whereby a Community legislative act entrusts the attainment of the objectives defined by the legislative authority to parties which are recognised in the field (such as economic operators, the social partners, non-governmental organisations, or associations).*

組みのもとで、関係者が目標を実現するための自主規制を行う、もしくは自主的な協定などを締結していく。そして、かかる協定等が遵守されていくかについては、欧州委員会などの公的機関が監視し、目標の実現を図っていくものとされる。共同規制は、包括的な概念として用いられ、自主規制（self-regulation）との区別が明確になされているわけではない[173]。

かかる共同規制に組み入れられる自主規制とは、国家がその自らの行為の結果に対して全ての責任を負うとするのではなく、民間にも一定の責任を負わせ、社会と国家が役割分担をするという社会システムを考えるときに、そのシステムにかなった規制方式といえる。自主規制は、関係者の知識を有効活用することができ、さらに、国家はその責任を基本的かつ一般的な責務に集中して果たすことができるようになる[174]。

---

[173] なお、本書においては、自主規制をも枠組みに取り入れた規制について、「規制」という言葉を使うこととし、そのなかでもEUの進める公私協調的規制を、共同規制として検討している。「規制」という言葉を使う理由は、整備的意味合いではなく、まさしく規制的意味合いを含める場合、「規制」の訳のほうが適切と考えられたためである。なお、「規整された自己規整」として山本隆司教授は整理されている。山本隆司「日本における公私協働の動向と課題」新世代法政策学研究2号（2009年）277頁以下。また、「規整された自己規整」が、以前から利用されてきた概念であり、「使える」概念であることを示すものとして、Vgl. Voßkuhle, Regulierte Selbstregulierung-Zur Karriere eines Schlüsselbegriffs, Die Verwaltung Beiheft 4, 2001, S. 199f.

[174] 生貝直人『情報社会と共同規制』（勁草書房、2011年）は共同規制について積極的に評価する。もっとも、共同規制について、アーキテクチャによる規制と結びつけることについては、①より国家の主導権や介入度の強い規制が行われる可能性があること、②私人による自主規制を前提とする共同規制枠組みが想定する「自主的」「自主規制」という概念が一様ではない点に注意が必要であること、③共同規制の形成や執行手続として重視されるマルチステークホルダー・プロセスに関しては、ステークホルダーの構成や意思決定手続、透明性等の課題が指摘されていることに注意する必要があること、④共同規制はEUにおいては、青少年保護や消費者保護を履行するための手段として機能している側面があっても、それはEUにおいて、日本やアメリカと比して国家のメディアへの介入の程度が強いからであり、伝統的に中間団体が国家からの自由の担い手としてよりも、国家権力の下請けとしての役割を強く果たしてきたとされる日本において、共同規制が私人の「自主性」の名のもとに人権を脅かすものとなる可能性があること、に留意が必要であるとして、批判的に検討されている。成原慧『表現の自由とアーキテクチャ』（勁草書房、2016年）117頁以下参照。

もっとも、ドイツの多くの論者は、国家は少なくとも組織的枠組みを定めた法規定を策定する義務を負っているし、その枠組みを通して民間に分担される責任が、社会的な要請に確実にかなう方向で遂行されなければならないとする[175]。すなわち、民主主義原則を定める基本法第20条から、国家の権利は全て国民に由来し、選挙によって選ばれた議会のみが立法行為を行うことができる[176]。そして、この原則からすれば制定法によらなければ様々な権利の制約にかかわる自主規制はこの民主主義原則に違反することとなるが、議会が基本的問題について規則を定め、実際に規制を行う者たちに具体的な自主規制などの方法を任せるという手法をとる限り、結局は国家が法律に従い、自主規制を制御し、またその結果について責任を負うこととなり、民主主義原則と矛盾しないこととなる[177]。

なお、もちろん、国家は自主規制の内容を理解して国家の枠組みの1つとして運用しなければならない[178]。そして、そのためには、自主規制の方法やその結果などにつき、議会による制定法の公布と似たような方法が使用されるべきであるとされる。自主規制が透明性を持ち、民主的コントロールの下にあることがそのような制定法公布と類似の手法によって保障されるためである[179], [180]。

---

175) Vgl. *Roßnagel,* Konzepte der Selbstregulierung, in: Roßnagel (Ed.), Handbuch Datenschutzrecht, 2003, ch. 3. 6; *Trute,* Die Verwaltung und das Verwaltungsrecht zwischen gesellschaftlicher Selbstregulierung und staatlicher Steuerung, DVBl 1996, 950ff.; *Schmidt-Preuß,* Verwaltung und Verwaltungsrecht zwischen gesellschaftlicher Selbstregulierung und staatlicher Steuerung, VVDStRL Bd. 56, 1997, S. 173.

176) 周知のとおり、民主主義の概念は一様ではない。Vgl. *Hennis,* Amtsgedanke und Demokratiebegriff, in: Politik als praktische Wissenschaft, 1968, S. 54ff.

177) 行政の「民主化」の非民主性についても注意が必要であるとの指摘につき、毛利透「行政法学における『距離』についての覚書(下)」ジュリスト1213号 (2001) 124頁以下。

178) Vgl. *Schulte,* Schlichtes Verwaltungshandeln, 1995, S. 174 ; *Faber,* Gesellschaftliche Selbstregulierungssysteme im Umweltrecht, 2001, S. 252f. また、参照、前掲注77)、古屋・「ドイツの社会法典における給付主体」69頁。

179) なお、環境法上の協働原則は、環境法にとどまらず、その領域を超え、一般化することのできる制御概念 (Steuerungsprinzip) とする学者 (シュッペルト) と、環境法

8.2.4　ドイツにおける公私協調の例

　以下では、上記をふまえて、ドイツにおける具体的な例をみる。ドイツでは、公私協調的手法が取り入れられ、情報通信技術促進のためのプログラムなどが遂行されている。また、メディア規制への関わりかたとして、EUの推奨する共同規制を採用して青少年保護を、政府による枠組み作りという形で図っている。これら様々な、情報通信分野における官と民の関わり方について、まず、①EUの枠組みを取り入れたと言える共同規制の例をみたあと、その他の具体例もみるために、公私協調の取り組みとして、②電子政府の取り組み、③ドイツにおける最大の官民協働団体として活動しているイニシアティブD21にみられる自主規制の取り組みを検討することとしたい。

(1)　州メディア監督機関とその関連の専門委員会にみられる共同規制

　ドイツにおいては、メディアの統合、携帯性やネットワークといった問題に柔軟に対応するために、放送分野の規制に関係して、後述のように自主規制機関を活用して共同規制を行う仕組みを法律で整備するなど、規制手法と組織の

上の協働原則が、公私協働の概念から除外されるとする学者（ツィーコー）が存在する。参照、岸本大樹「公的任務の共同遂行（公私協働）と行政上の契約——ドイツ連邦行政手続法第四部『公法契約』規定の改正論議における協働契約論（2）」自治研究第81巻6号（2005）132-133頁。環境法関連用語解説によれば、協働の概念は様々な協働の形態を取りこむことができる、広いものとされる。Vgl. *Kimminich/von Lersner/Storm*, Handwörterbuch des Umweltrecht: Stichwort Kooperationsprinzip, 2. Auflage Band I, 1994, S. 1286.

180）　北村喜宣教授によれば、自主規制とは、「ある法主体に対して外部からインパクトを与えることにより、公的利益の実現に適合的な行動がとられるようになること」であり、その実例は経済法・環境法・情報法・都市法・社会法などさまざまな分野に見られるもので、現在議論されている自主規制事例の大半は、理念的には国家からの距離をとる必要性が高いメディア関連の自主規制も含め、「国家による規制手段」として性格づけることができる、という。その論理によれば、自主規制はその言葉通りの「『自主』」なのではなく、それゆえ、一般的な国家規制手法と同じ思考枠組のもとで自主規制の限界付けの法理を考えることができるし、考えるべきである」ということになる。北村喜宣「グローバル・スタンダードと国内法の形成・実施」公法研究64号（2002年）96頁以下参照。

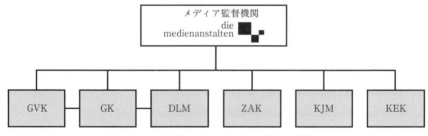

図 8.2　組織図（上記はそれぞれ独立）

組換えが多く行われた。そこで以下、専門性に特化した組織変更等の事例を検討するために、州メディア監督機関とその関連の専門委員会に焦点を当てる。
独立規制機関としての州メディア監督機関とメディア監督機関連盟　さきにみたように、州メディア監督機関は、商業放送の認可と監督を行う独立の規制機関であり、メディア監督機関連盟（Die Medienanstalten）は、州メディア監督機関連盟（Arbeitsgemeinschaft der Landesmedienanstalten: ALM）とその下にある各団体が利用している名称であり[181]、ドイツ民間放送の発展のために、州を超える問題に協力するための機関である。

2013年からは、メディア部門集中審査委員会（KEK）や青少年メディア保護委員会（KJM）も連盟に属している。もっとも、Die Medienanstalten（メディア監督機関連盟）は最終的な報告や調整をまとめている機関であり、KEK、KJMとも独立して業務を行っている。

州メディア監督機関の青少年メディア保護委員会であるKJMと、放送事業者の自主規制機関の共同規制が青少年保護に関して採用されている。この規制は、民間放送において広く社会問題となった青少年に有害な表現の規制について、番組に対する規制強化の声の広がりを受けて、民間放送事業者が設立したテレビ自主規制機関を有効活用するものである[182]。

---

181)　die medienanstalten, http://www.die-medienanstalten.de/ueber-uns/organisation.html.
182)　*Altenhain*, Kommentierung des Gesetzes über die Verbreitung jugendgefährdender Schriften und Medieninhalte und des §8 Mediendienste-Staatsvertrag. In: Roßnagel, Recht der Multimedia-Dienste, Kommentar zum Informations- und Kommunikationsdienste-

第8章　ドイツ情報通信法制の特色　　　　　　　　　　　　　195

　1993 年に民間放送事業者によって設立されたテレビ自主規制機関（Freiwillige Selbstkontrolle Fernsehen: FSF）は映画に対する青少年保護のための自主規制機関である FSK（Freiwillige Selbstkontorolle der Filmwirtschaft）を参考にしたものであった。もっとも、テレビ番組の事前審査、内容によって何時に放送すべきかなどのランク付けを自主的に行うものとされていたが、青少年の保護の問題に関して監督権限を本質的に有する州メディア監督機関と FSF の決定をそれぞれどのように取り扱うのかについての線引きが存在していなかった。

　また、FSF が審査において問題がないと判断した事例のうちの多くも、州メディア監督機関によって問題があり青少年保護違反の番組であると判断されることが増加するなど、FSF によるランク付けの重要性が低下していた。それに加えて映画に関する FSK による判断もあるなど、複数の基準が同時に存在した結果、FSF の重要性はさらに認められなくなっていた。その結果、自主規制が機能不全におちいっていた[183]。

共同規制の導入　　これらの背景事情のなか、EU においては、共同規制が推奨されるようになった（前述参照）。そして、EU の欧州委員会によって 2001 年に公表された欧州ガバナンス白書、さらにフレームワーク指令前文 (5) の強調するメディア規制における多元性確保の指示を考慮に入れ、ドイツにおいては、自主規制システムの強化をシステムとして取り入れることが 1 つの目標とされた。そして、2003 年の 4 月から施行された改正青少年保護州際協定の下において、共同規制が取り入れられた[184]。

　この 2003 年の改革の際に、自主規制団体の認定と判断権の授権が州際協定に導入された。州際協定は、共同規制のコンセプトに従い、有害表現規制の実

Gesetz und zum Mediendienste-Staatsvertrag, 1999; *Hoffmann-Riem*, Innovationen durch Recht und im Recht, in: Schulte. (Hrsg.), Technische Innovation und Recht – Antrieb oder Hemmnis?, 1996, S. 3.

183) *Gottberg*, Vergangenheit trifft Zukunft, Konvergente Medien, getrennte Jugendschutzgesetze, in: Kleist/Roßnagel/Scheuer (Hrsg.), Europäisches und nationales Medienrecht im Dialog, Festschrift zum 20jährigen Bestehen des Instituts für Europäisches Medienrecht, 2010, S. 287-296.

184) *Gottberg*, a.a.O., S. 289.

効性確保を事業者による自主規制に広範に委ねるとともに、自主規制機関の認定と監督を、各州の州メディア委員会の権限とした[185]。そして、この権限行使のあり方を連邦レベルにおいて統一的に行うために、青少年メディア保護委員会（KJM）が新設されたのである。

共同規制の枠組み――青少年メディア保護委員会（KJM）にみられる共同規制
2003年の4月から施行された改正青少年保護州際協定（JMStV）によって、KJMと、放送事業者の自主規制機関の共同規制が青少年保護に関して採用されており、KJMが、一定の条件を満たす自主規制機関を承認し、承認した自主規制機関の活動に法的・手続き的な問題がないかどうかについて監視を行っている[186]。KJMは、自主規制機関がその判断の中で裁量権を逸脱したとみなされる場合に介入を行う。

EUも強く意識するメディアにおける多元性の重要性に配慮した結果、KJMの組織は以下のとおりである。各州メディア委員会の事務局長である代表者から6名（この中の1名が委員長となる）と、青少年保護の権限をもつ最上級の行政機関からの6名（州から4名、連邦から2名）、合計12名の委員によって構成される（青少年保護州際協定第14条3項）[187]。そして、その決定は各州メディア監督機関を拘束する。また、KJMには審査員の独立性や専門性が確保され、実効的な審査計画の策定などの要件を満たす自主規制団体を認定する（同上第19条[188]）また、自主規制団体が番組内容について青少年保護との適合性を判断した場合においては、青少年保護は、自主規制団体の判断がその判断の範囲を超えた場合にのみ介入を行うことができる（同上第20条3項[189]）[190]

---

185) 「規制された自主規制」（regulierte Selbstregulierung）とも考えられている。
186) Vgl. Hopf, Eingeschränkte gerichtliche Überprüfbarkeit des Beurteilungsspielraums der Kommission für Jugendmedienschutz (KJM), MMR 2009, S. 153
187) 青少年保護州際協定 (Staatsvertrag über den Schutz der Menschenwürde und den Jugendschutz in Rundfunk und Telemedien(JMStV))JMStV § 14 (3). (Kommission für Jugendmedienschutz)
188) JMStV § 19.
189) JMStV § 20 (3).
190) このように、判断の範囲を超えた場合の介入というシステムは新しいものであった。また、番組の内容の監督は国家の行政権限としてはふさわしくないとして、国家権

第8章　ドイツ情報通信法制の特色　　　　197

　具体的な共同規制の仕組みは以下の通りである。まず、KJM が一定の条件を満たす自主規制機関を承認する。その自主規制機関の承認の条件とは青少年保護州際協定第 19 条 3 項に定められており[191]、①自主規制機関の評議会メンバーの独立性と専門性が保障されていること、②事業者が拠出する適切な財源が保障されていること、③審査の範囲、番組の審査提出ガイドライン、制裁などについて定めた手続規定が設けられていること等とされる[192]。

　そして、承認された自主規制機関は青少年保護の遵守の監督を自主的に行う。そして、KJM が、その自主的に行われた自主規制機関の活動に法的・手続き的な問題がないかどうかについて監視する。すなわち、各放送事業者が事前に自主規制機関の審査を受け、その決定に従う限りでは、直接に KJM による制裁を受けることはない。KJM の直接審査が行われるのは、事前審査が行われなかった場合や、自主規制機関の判断に裁量の逸脱がみられると判断される場合である。

　この改正とともに KJM によって FSF は自主規制機関として 2003 年に承認され、青少年保護に関する一般的業務は FSF が行うという形態が定着するよ

限の授権という方式は採用されていない。Rossen, Helge: Selbststeuerung im Rundfunk, ZUM 1994, 224ff.
191)　JMStV §19 (3).
192)　第19条3項
　　放送とテレメディアにおける人間の尊厳と青少年保護に関する州際協定
　19)　§19 自主規制に関する協会（Einrichtungen der Freiwilligen Selbstkontrolle）
　3)　本州際協定において自主規制機関として認識される機関は、以下の要件を満たすものとする。
　1　評議員の独立と専門性が保証され、青少年保護に関する団体の構成員が含まれていること。
　2　さまざまなプロバイダーに対応することのできる設備が存在すること。
　3　青少年保護に関する決定に対する基準が存在すること。
　4　検査の量、可能な制裁が記され、青少年の福利施設からの要求があれば再検証を義務付ける手続規則が存在すること。
　5　決定によって影響を受けるプロバイダーが決定の前に聴聞の機会を与えられ、決定の理由は書面に記され、そして
　6　不服を受ける場所が設けられていることについて説明を受けられること。

うになった。

　このようドイツの放送分野に見られる独立した監督機関の存在や、青少年保護に関する共同規制の仕組みからは、規制を行う際に競争分野などをそれぞれの観点から見るための専門的な組織を作る意義や、共同規制の可能性を確認することができる。

(2) 電子政府における取り組み

　電子署名法をはじめとして、ドイツにおいてはインターネット社会に法律を適合させる法制度改革が進んでいる[193]。

　たとえば、電子署名を支える PKI（Public Key Infrastructure）は、民間中心で構築されている。つまり、行政側の PKI を政府が直接構築するのではなく、民間との協働により構築する方式を取っている点に特徴がある。この民間認証局は、国が法規制を整備し、民間がビジネスとしてサービス提供を行うという形態をとっていることから、政府が民間に対して大きなビジネスチャンスを与える意味も有するものである[194]。

　特に、最近の連邦政府の電子政府プロジェクトとして、ドイツ版電子私書箱構想が法制化されたことが注目に値する[195]。かかる法律はディーメール（De-

---

193) *Hoffman-Riem*, Verwaltungsrecht in der Informationsgesellschaft-Einleitende Problemskizze, In: Hoffman-Riem/Schmidt-Aßmann (Hrsg.), Verwaltungsrecht in der Informationsgesellschaft, (2000) s. 20. なお、その他の取り組みとして、以下のようなプロジェクトも存在した。

　すなわち、1999 年から 2003 年にかけて行われた、「メディア・コム」プロジェクトも官民連携で行われた。同プロジェクトは、都市間の電子政府政策コンクールに基づいて、最終的に 3 つの電子政府プロジェクトを選定し、公私のサービスを提供するワンストップ・ショップや、引越・入学・結婚等の市民生活の場面に合わせたオンラインサービスを展開するなど、136 の都市および地方団体が参加して電子自治体の実現を目指すプロジェクトであった。ここでは、連邦政府が補助しながら、州や地方公共団体レベルで、電子政府に向けたアイディアや試みを評価し、そこで得られた最善の結果を他の団体にも展開するという狙いを有していた。

194) Johann Bizer, Rechtliche Bedeutung der Kryptographie, DuD 1997, S. 203 f

195) Gesetz zur Regelung von De-Mail Diensten und zur Änderung weiterer Vorschriften v. 28. Apr. 2011, BGBl. Teil 1 Nr. 19, S. 666. 旧名は Bürgerportale（市民ポータル）であっ

Mail) サービス法 (以下電子私書箱法という) といい、安全で信頼性のある通信基盤を整備することを目的として、ディーメールと名づけられたメール関連サービスに関する枠組みを定めている[196]。ディーメールは民間のサービスプロバイダーによって提供されることを基本とし、それぞれのドメイン名の後にさらに de-mail を間に入れたメールアドレスとなる[197]。

当該電子私書箱法は、事業者を認定し[198]、当該認定事業者 (民間のサービスプロバイダー等) は、電子メールを、各種訴訟法の規定ならびに行政送達関連法に従って送達する義務を負う。この義務のため、認定事業者は指定送達機関として扱われ、法的に正式な送達についても、電子的にディーメールを利用した電子送達を可能としたものである[199]。

ディーメールは、民間業者に電子私書箱業務を行わせる形式を採用しており、行政は監督責任を負う[200]。近代的で効率的な行政運営に役立つとされる。すなわち、ディーメールは、送信者が当該メールを送信したことを法的に立証することができるという点が普通のメールと異なるものである。そして受信者は、

た。前政権下で一度 2009 年 4 月に、市民ポータル法案は連邦議会に提出されていた。しかし、政権交代によって当該法案は廃案となり、修正後再提出されたものである。再提出後の法案は、2011 年 2 月 24 日に成立した。Vgl. Entwulf eines Gesetzes zur Regelung von Bürgerportalen und zur Änderung weiterer Vorschriften, BT-Drucksache 16/12589; Entwulf eines Gesetzes zur Regelung von De-Mail-Diensten und zur Änderung weiterer Vorschriften, BR-Drucksache 645/10; 17/363;, v. 8. 11. 2010. 本件電子私書箱法は、電子署名法に代わるものとは位置づけられず、相互補完的に利用される。Vgl. *Roßnagel/ Hornung/Knopp/Wilke*, De-Mail und Bürgerportale - Eine Infrastruktur für Kommunikationssicherheit, DuD 12, 2009, S. 729ff.

196) Vgl. *Dietrich/Keller-Herder*, Sicherheit im Nachrichtenverkehr durch De-Mail, DuD 2010, 299.
197) すなわち、Hanako.Tanaka@<de-mail ドメイン名 (民間業者名)>.de-mail.de 等。仮名の使用も可能である。Vgl. *Bundesamt für Sicherheit in der Informationstechnik(BSI)*, Grundlegende Sicherheitsfunktionen von De-Mail, 2010.
198) 電子私書箱法第 17 条 (§17 Akkreditierung von Diensteanbietern)。
199) VwZG §5a, Elektronische Zustellung gegen Abholbestätigung über De-Mail-Dienste.
200) 電子私書箱法第 20 条、BSI (監督庁) は、認定業者 (サービスプロバイダー) を監督する。罰則について、同第 23 条。

そのメール受信箱をチェックして文書を見なければならない。電子署名との比較に関しては、電子署名は、電子署名によってそのメールがその本人から送信されたということを証明することはできるが、実際にその本人からメールが「送信」されたこと自体を証明することはできないものである。その点においては、送信自体も証明できるディーメールサービスそのものの提供が意味を有するという[201]。

電子私書箱法には、普通のメールサービスがあるために不要である等の批判もあり[202]、今後の活用のされ方は未知な部分があるが、官民ともに利用可能なサービスとして電子政府の促進のためにも制定されたものであり、情報通信基盤の1つの選択肢となるものである[203]。

(3) イニシアティブ D21

情報化推進団体であるイニシアティブ D21 登記社団（以下イニシアティブ D21）は、連邦政府と経済界が共同しておこなっている点に特徴がある。イニシアティブ D21 は、情報化社会の迅速化を目的としたドイツで最大の官民協

---

[201] 電子私書箱法第1条2項。ディーメールサービスは、認定業者によって、インターネット上のメッセージとデータの安全な伝送を提供するとする。伝送サービスの詳細について、同法第5条6項。サービス開始前の 2011 年 12 月には、2012 年春をめどに開始されるとするメールサービスの予約が各業者によって始まっていたが、具体的な送信コスト（メールの送信には約 15 セントほどかかると想定されていた）も発表はされていなかった。

[202] *Dietrich/Keller-Herder*, a.a.O., S. 299ff.

[203] 選択肢の1つという意味は、ディーメールのシステム開発が、政府間コミュニケーションや、公共セクター、政府と契約を結ぶ企業などを想定して進められたものであるという点にある（もちろん、完全な民間団体間や私人間であっても利用できる）。つまり、電子的媒体によって公的なコミュニケーションをより確実かつ安全に行うことができるようになることが利益となる機関相互等を予定していた。このことは、双方がディーメールの利用者でなければ送信できないようなサービス形態を実際に利用するであろう「一部」の利用者だけを想定すればいいのであって、全員が利用することを想定したものではない、とも言うことができる。Vgl. a.a.O. (Fn. 195), Roßnagel/Hornung/Knopp/Wilke, S. 729ff.

働の非営利団体であり、200社以上に及ぶ関係者を有している[204]。

なお、政府機関を含む関係団体は、年間5000ユーロを支払う。その他、賛同企業として、従業員が250人以上の企業は2500ユーロ、従業員が250人までの企業は1000ユーロ、従業員が50人以下の会社は500ユーロという選択肢があり、さまざまな活動を行っている[205]。

イニシアティブD21は、独立の協会として加盟団体のほかに協賛団体、また官庁がともに共同し、議長の下にある全体の理事会を構成し、その下で様々なプロジェクトを決定している。そして、特に官庁は様々な意見を諮問委員として様々なプロジェクトの構成等につき述べている。

全体の理事会の下で決定されるプロジェクトには種々様々なものが存在し、インターネットの状態の調査として、民間調査会社と共同で毎年「オンライン人口・アトラス」（ドイツにおけるオンライン人口を調べる調査）などを行っている[206]。また、一般的なインターネットの促進に関するもの、たとえば、大学や学校におけるインターネット活用の促進などもあれば、電子健康カードなど健康に関するプロジェクトも存在する。また、教育に関して言えば、設備の充実を図ると同時に、インターネットを活用した企業へのインターンシップの促進といった情報通信関係分野における雇用に関する関心を高めるプロジェクトも

---

[204] 協会加盟団体の一例としては、AOK Bundesverband、Deutsche Telekom AG（ドイツ・テレコム）、Fujitsu Technology Solutions GmbH（富士通テクノロジー）、Deutsche Rentenversicherung Bund（ドイツ年金機構）、eBay GmbH（eBay）、Hewlett-Packard GmbH（ヒューレットパッカード）、InterComponentWare AG（インテル）、Kabel Deutschland GmbH（カーベルドイチュランド）Telefónica O2 Germany GmbH & Co. OHG（O2 ドイツ）Microsoft Deutschland GmbH（マイクロソフトドイツ）、Nokia Siemens Networks GmbH & Co. KG（ノキア）、ORACLE Deutschland B.V. & Co.KG.（オラクル）等、情報通信系の大企業や政府系団体も含まれるとともに（主として情報通信関係の）中小企業も多数含まれる構成となっている。

[205] インターネットの信頼性とセキュリティ、情報技術の受容の促進、学校におけるITの配備やeラーニングなどに取り組むと同時に、インターネットサービスの品質の証明などの自主規制を行うことなど。

[206] Vgl. Onliner Atlas 2010 „72 Prozent der Deutschen sind online". 2010年時点において、72パーセントのドイツ人がインターネットを利用しているとの統計などをおこなっていた。

行っている。

　また、電子政府プロジェクトにも関係している。電子政府にも関連するプロジェクトとして、PPPの推進、多機能市民カードなどのプロジェクト等、官民連携による様々なプロジェクトが、新たなIT産業での雇用の確保、競争力の維持など、産業政策的な狙いを基礎に進められている。さらに、消費者保護の分野においては、インターネット上における消費者保護のための認証マークの監督などもおこなっている。

よき認証マーク委員会の活動、特徴　その中でも特に、良き認証マーク委員会[207]の取り組みが、イニシアティブD21の様々なプロジェクトのなかでも、特に情報通信セキュリティと情報的規制のあり方にかかわるプロジェクトとして突出しているため、以下紹介する。

　インターネットにおける電子商取引の際にしばしば問題となるネット詐欺などを防止するために、インターネットのサイトが信頼に足るものであることを示す認証マークの認証を、良き認証マーク委員会が行っている。かかる委員会はイニシアティブD21が主体的に参加して行っているものである。なお、日本においては、消費者保護の観点で、インターネットに特有のものでは、日本商工会議所による「オンラインマーク」が主として存在する。また、電子商取引に限られないものの、日本通信販売協会の正会員であることを示す「JADMAマーク」や、日本データ通信協会の「個人情報保護マーク」、日本情報処理開発協会の「プライバシーマーク」も目安とすることができるとされている[208]。

　ドイツにおいても様々なマークが存在するが、インターネットのサイトに関連するマークで問題となったものも多く、申請してきたものにほぼ審査なしで最上級の認証を与える機関が出現して問題となるなどのケースが存在した。なお、間違ったマークをみて誤解をした消費者は保護される。たとえば、眼鏡屋に対する認証マーク（"1 A Augenoptiker"）が、約10ユーロの登録料と申請によってほぼ無条件で与えられたケースにおいて、裁判所は、かかるマークは公

---

207)　D21, Empfohlende Online-Gütesiegel, D21 Gütesiegel Monitoring Board; D21-Qualitätskriterien für Internet-Angebote.

208)　日本の認証マークの状況は、ロスナーゲル教授によって2001年にドイツに紹介されている。*Roßnagel*, Datenschutzaudit in Japan, DuD 25, 2001, S. 154ff.

第 8 章　ドイツ情報通信法制の特色　　　203

衆を惑わし競争を阻害するものであるとした[209]。また、弁護士の良さを示す認証マーク（DEKLA という会社によるもの[210]）が 350 ユーロの登録料によって与えられた場合についても、専門弁護士（Fachanwalte）[211] との区別がつきにくく、競争を阻害するとした[212]。また、ネット通販などが主の通信販売薬局のクオリティに関する認証マーク "BVDVA-Gütesiegels" も同様に、競争を阻害するものと認められた[213]。

　イニシアティブ D21 の認証マーク委員会は、認証マークの配布をインターネット上で行っている会社が、実際に配布先の内容をよく吟味して配布しているかについてガイドラインを発表しているとともに、ガイドラインに適した適

---

209)　OLG Düsseldorf, Az.: I-20 U 14/06, Urteil vom 21.11.2006.
　　　本件においては、ほとんど眼鏡販売店に関係のない、16 項目の「よい眼鏡屋」を示すとされる一般的な質問のうち、12 を達成すれば、約 10 ユーロの手数料で 1A の眼鏡屋という証明がもらえる仕組みとなっていた。質問のなかで眼鏡に関係するものは、眼鏡の保証サービスがあるというもののみであり、それ以外①イベントを開催している、②コーヒーなどを提供している、③ギフト券などが存在する、④座る場所がある、⑤店の内装および外装を定期的に変更している、⑥ローンなどの可能性を有する、⑦公平な価格、そして特別価格を有する、⑧両替サービスを行っている、⑨定期的に顧客に情報を提供している、もしくは新聞広告を出している、⑩現金以外の取り扱いがある、⑪傘を貸し出すサービスがある、⑫プレゼント用包装のサービスがある等の項目であった。
210)　DEKLA はドイツにおいて車検を担当し、人びとによく認識されかつ信頼されている会社である。もっとも、問題は、車検（TÜV）を行うに際しては公的に認証されているものの、よき弁護士を認証することに関しては公的な認証はなかった。かかるテストは、弁護士連合会（DAZ）と共同で開発されたが、それらは 200 ページに及ぶテストと、最近 3 年間について 40 問の質問に答える必要があった。
211)　ドイツにおける弁護士間の競争は厳しく、多くのものが博士号を余分に取得したり、専門分野を身につける努力をしている。また、強制力はないが、連邦弁護士規則第 43a 条第 6 項は、弁護士に研修ないし勉学の継続を義務付けている。専門弁護士（Fachanwalte）になるためには、3 年間で 100 件以上の専門訴訟の経験と、1700 ユーロの講習参加費用、複雑なテストに合格しなければならない。また、専門弁護士としての称号を用いる者は、年間に 10 時間以上の講習に参加しなければならない（専門弁護士規則〔Fachanwaltsordnung〕第 15 条）。それを証明できない者は、専門弁護士資格が取り消される（同規則第 25 条）。
212)　LG Köln, Az.: 33 O 353/08. Vgl. *Dahns*, Rückblick – Wichtige Entscheidungen des Jahres 2010, NJW-Spezial 2011, 62.
213)　Urteil vom 24.11.2008, Az.: 22 O 100/08.

切な会社の推奨（現在4つのマーク）を行っている214)。それらはすべて法的なものではなく、自主的な取り組みとして行われているものである。

8.2.5 小括——情報通信分野に必要な「距離」
(1) ドイツ情報通信行政における公私協調の特徴

公私協調は様々な形態において発現する。そのなかでも、ドイツ情報通信分野における公私協調の特徴は、これまでみてきたように、共同規制が取り入れられた点、また、電子政府の事案のように自主規制機関を活用した法的枠組みが、しばしば構築されている点にみられる215)。具体的には、情報通信分野の規制に関する自主規制枠組みの活用と、それにともなう政府の枠組み作りという形での公私協調が行われている216)。

すなわち、本章において具体例をみてきたように、①イニシアティブD21は、官民協調の非営利団体として自主的に情報通信分野におけるサイバーセキュリティの向上や情報通信分野における基準の認定（よき認証マーク委員会の事例）を行うなど、やはり、自主的な取り組みを全面的に活用している。また、②KJMにみられる共同規制は、自主規制機関をKJMが承認して、何か問題があった場合にのみ直接の審査が行われるように自主規制機関の監督・監視を行うシステムである。さらに、電子政府の電子的取り組みも、民間による運用を政府が法律による枠組みによってバックアップするという形を採用している（なお、EU指令によって電子政府化を進めるべきであるという点について国内法整備が求められており、国内法化の要請もあった）。

これらはすべて、自主規制のみではない、プラスアルファとして政府の関与が存在する取り組みである。その背景としては、以下のことが検討できよう。

---

214) 推奨されるマークはホームページで確認できる。

215) 国家の保障責任の果たし方の1つの手法ともいえる。参照、山田洋「保証国家論」法律時報81巻6号（2005年）104頁以下。

216) 人見剛教授が「公私協働の最前線の課題—20回の連載を振り返って」法律時報82巻2号（2010年）110頁脚注（7）で言及されるように、Gewährleistungには「保証」と「保障」の訳語が混在している。本書においては、一応、すべて「保障」の訳語で統一している。Vgl. *Trute*, a.a.O. (Fn.159), S. 950f.

第8章　ドイツ情報通信法制の特色

　すなわち、様々な技術開発・研究促進機関、協会、委員会等の緩衝材となりうる機関の分節化が進むドイツであるが（本章第1節参照）、自主規制機関の内在的限界も多く指摘されていた[217]。しかし、自主規制を否定し、自主規制機関の有意義な側面——国家が疲弊している複雑な現代社会における国家機能の分担——を見逃すのではなくマイナス面をカバーするように国家が機能すべきであるとされた[218]。

　そこで、自主規制機関の不十分性や限界を克服し、実効性を確保するために、国家による枠組み策定が重要であるとされた。自主規制を野放しにするのではなく、法律的な枠組みの中に組み込むことによって、手続きを明確化し、問題が生じた際には法律上、監督責任等を国や公的機関が果たすことができるような枠組みとなった[219]。これら情報通信分野における公私協調の事例は、「規制された自主規制」も「共同規制」の手法の1つと考えると、広い意味において共同規制の具体例であるということができよう。

　そして、かかる共同規制は、前述したとおり、透明性につながる法的な手続きを定めることで、特に情報通信分野において問題となりうる利益の調整を、規制側と被規制側の適切な距離を保つことによって行おうとするものである[220]。

---

[217]　ホフマン・リーム教授は、組織力のない市民の利益や、メディア経済と対立する利益は自主規制によっては守られない恐れが高いと批判する。*Hoffman-Riem*, Regulierung der dualen Rundfunkordnung, 2000, S. 262ff.

[218]　*Trute*, a.a.O. (Fn.159), 960. 同時に、国家はあまりにも拡大した行政機能の全てに責任を持つことはもはや不可能であって、自主規制機関の活用は不可欠であることも指摘されていた。

[219]　*Trute*, a.a.O. (Fn.159), 959ff. また、西土彰一郎「メディアの自由における機能分化の位相（1）」名古屋学院大学論集41巻3号（2005年）58頁。

[220]　前掲注308）、エバーハルト・シュミット＝アスマン　太田匡彦・山本隆司・大橋洋一訳『行政法理論の基礎と課題—秩序づけ理念としての行政法総論』（東京大学出版会、2006年）260-261頁。Vgl. *Schmidt-Aßmann*, Das allgemeine Verwaltungsrecht als Ordnungsidee, 2. Aufl., 2004, 5/37f.

(2) 共同規制の活用

　情報通信分野における公私協調には、表現の自由にかかわる分野もあり、自主規制が効率的に利用される部分があることも、また指摘されていることである[221]。

　しかし、国家の役割を分担し、国家が本来果たすべき目的の一部を民間企業もしくは民間団体もしくは市民そのものが達成する、そういった様々な取り組みもしくは役割の分担がさまざまな分野において模索されていることは事実であり、それ――市民もしくは団体が国家の担うべき役割の一部を協力して担うこと――は、情報通信の分野も他の分野も同様に活用されている。

　もちろん、他の分野とまったく同様というわけではなく、国が情報通信政策発展に資する枠組みを法律によって模索したうえで、D21のように登記社団を作り、さまざまな社会システム基盤の整備を派生的なプロジェクトによって達成しようとする試みなどのプロジェクトは社会善を目指すものであるとともに、社会の情報システム構築、社会における経済システムの円滑化、そして活性化を目標とするものである。本章においてみてきたように、ドイツにおいて情報通信産業が重視されているために活発な活動がみられるともいうことができるが、制度として、様々な形態の組織が存在することも、民間も含めたインタラクティブな活動を政府機関にも行わせることのできる原因となっているのである[222]。

　確かに、どの分野にも共通する公私協調であるが、情報通信分野においては、その特質も考慮に入れたうえで、個別、具体的にその許容性を判断するとともに、公私協調の利点を最大限発揮させることのできるような仕組みづくりが必要とされているものである[223]。

---

221) *Groß*, a.a.O., Selbstregulierung, S. 1396f.
222) もっとも、経済的要因―国家任務の拡大とともに、民間部門と協力せざるを得ないことが連携の一因であることは指摘されている。*Bonk*, Fortentwicklung des öffentlich-rechtlichen Vertrags unter besonderer Berücksichtigung der Public Private Partnership, DVBl, 2004, S. 145f.
223) もっとも、同時に、協働については、さまざまな懸念も表明されている。特に経済的主体と行政との協働は、実態法上の規準の不遵守や現状の追認にすぎず、当事者が

そして、現代の発展してゆく社会における公私協調に関して、指標となるのは、関係する法の制定状況とその枠組み、ならびにそれらの法律の運用と解釈であるとの指摘がある[224]。

すなわち、公私協調においては、自主的手法を法律の枠組みの中で活用する共同規制的手法が今後、活用されていくことになる可能性が高い。そして、その際には、法的枠組みによって適切な距離を取るように思慮する形態が取られることが多くなるであろうし、そのような枠組みが策定されることで共同規制としての枠組みということができる[225]。

(3) 距離の測り方

十数年以上前から指摘があるように、ドイツにおける行政法はますます「EU行政法」というべきものへと変化している[226]。情報通信法分野においても、よ

通謀して法の網をくぐりぬけるという事態が生じかねないとの評価がある。また、協働する諸勢力が自己の影響力を最大限に行使しようとするため、力の格差により、手続的機会の平等や協働に直接参加しない第三者の利益が害されるおそれがあるとの指摘も重要である。さらに、迅速な手続の実施が困難になるとか、民主的、司法的統制手段が欠如しているなどの主張もある。Vgl. *Ziekow/Windoffer*, a.a.O., Public Private Partnership, 2008.

224) *Roßnagel*, Globale Datennetze: Ohnmacht des Staates - Selbstschutz der Bürger. Thesen zur Änderung der Staatsaufgaben in einer „civil information society", ZRP 1997b, S. 26.

225) *Roßnagel,* Das Neue regeln, bevor es Wirklichkeit geworden ist: Rechtliche Regelungen als Voraussetzung technischer Innovation, in: Roßnagel/Haux/Herzog (Hrsg.), Mobile und sichere Kommunikation im Gesundheitswesen, Braunschweig 1999.

226) *Hoffmann-Riem*, Strukturen des Europäischen Verwaltungsrechts - Perspektiven der Systembildung. In: Hoffmann-Riem/Schmidt-Aßmann (Hrsg.), Strukturen des Europäischen Verwaltungsrechts, 1999, S. 317-383.; *Hoffmann-Riem*, Telekommunikationsrecht als europäisiertes Verwaltungsrecht. In: Hoffmann-Riem/Schmidt-Aßmann (Hrsg.), Strukturen des Europäischen Verwaltungsrechts, 1999, S. 191-217. ドイツにおいては、国法学者大会のテーマがヨーロッパ法との関係になるなど、EUの東方拡大とともに、ヨーロッパ法とドイツ法の関係の考察が多くなされた。Vgl. Bundesstaat und Europäische Union zwischen Konflikt und Kooperation, VVDStRL Bd. 66 (2007).

り協調の進められる過程がEU枠組み指令のドイツ国内法化によることから、かかる変化が裏付けられる。もっとも、たとえば、共同規制を導入するにあたっても、いかなる枠組みで利用するのか等、枠組み構築に柔軟性は認められ、国家の独自の規制構築も保証される。規制のハーモナイゼーションは重要であるが、その統一の過程は見通しよくあるべきで、かつ、柔軟な協調が必要とされる。また、規制を導入するにあたっては、規制を行う団体と協調する経済主体、もしくはメディア関係の特殊利益に関して、適切な距離の取り方に常に配慮する必要がある[227]。

　情報通信社会は今後も進展していくばかりである。国民全員がインターネットに接続し、さらには、モノとモノとが、それぞれインターネットに繋がって様々な活動を行っていく社会が到来している[228]。技術の発達は経済発展の基礎となり、特に情報通信分野の発展は今後の私たちの社会の基盤を形作り、また、発展の礎となる重要な鍵を握っている。このような高度情報化社会と情報通信社会において生じうる様々な問題に対応するための法的枠組み構築も、様々な観点から検討されはじめている[229]。

　さまざまな経済活動はますますインターネットを介して行われることとなるとの予測が容易にできるほど、高速インターネットの普及も進み始めている。EUの最近の政策は、すべての人が高速インターネットに接続できるようにする社会の構築であり[230]、ドイツもそれに従い、また、自発的にもさまざまな施策をおこなっている。しかし、それら施策に取り入れるべき手法が、民間との

---

227) Schmidt-Aßmann, Eberhard: Das allgemeine Verwaltungsrecht als Ordnungsidee, 2. Aufl., 2004., S. 374-376.（エバーハルト・シュミット＝アスマン　太田匡彦・山本隆司・大橋洋一訳『行政法理論の基礎と課題―秩序づけ理念としての行政法総論』266頁（東京大学出版会、2006年））。

228) IoTについて、参照、寺田麻佑・板倉陽一郎「IoT（Internet of Things：モノのインターネット）と情報保護の在り方――EUにおける取り組みを参考に」EIP, No.71-1,（2016年）1-6頁。

229) たとえば、データ・ポータビリティについての欧州における検討状況につき、参照、寺田麻佑 板倉陽一郎「データ・ポータビリティの権利に関する法的諸問題―欧州における議論を踏まえて」信学技報, 116 (71)（2016年）103-109頁。

230) 参照、欧州デジタルアジェンダに関して、前掲第Ⅰ部注109）。

連携であったり、自主規制の活用であったりする場合、いかに適切な規制が整えられるのかは、規制すべき対象との距離の測り方による[231]。結局、様々な情報通信施策に公私協調をどのように取り入れていくべきかは、その距離の取り方も含めて吟味され続けていく必要がある。

---

231) 前掲注154)、山田・「参加と協働」35頁。

第Ⅲ部　日本法への示唆——EUとドイツを踏まえて

第9章　日本における法制度

9.1　序

　情報通信市場は 20 年前から国際化してきたといわれ、情報通信に関する規制の歴史は、EU においても、ドイツにおいても、日本においても、国際化への対応の歴史と重なる[1]。市場の国際化にともなってもっとも問題となるのは、技術標準の一般化である。それは、EU においては ETSI の設立、さらには前提として EU 域内市場の調和的発展のための様々な指令の効果もあり、20 年前から改革が進められ、特に努力がなされてきた分野である。

　EU は、1980 年代の半ばに日本企業やアメリカ企業の発展的展開に脅威を覚え、急速の展開と課題である電気通信改革が必要だと自覚し、さまざまな改革を開始したという経緯を有する。そこで、EU が当時参考としていた日本における民営化などの状況の変化を、情報通信の分野においてますます求められるハーモナイゼーションを念頭におきながら検討する。

---

1)　*Id.* (Chapter 1, note 2), Larouche, 5-40.; Justus Haucap, *The regulatory Framework for European Telecommunications Markets between Subsidiarity and Centralization*, In: B. Priessl, J. Haucap & P. Curwen (Ed.), *Telecommunications Market, Driver and Impediments*, (Springer, 2009) p. 464. また、参照、前掲第Ⅰ部注 203)、須田・『通信グローバル化の政治学』13 頁以下（第 2 章「グローバリゼーションと規制政策」）。インターネットの発展にともなう国際的電子商取引の市場規模拡大について、参照、前掲第Ⅱ部注 49)、斎藤・『独英情報通信産業比較にみる政治と経済』168-171 頁。

ここにおいて、ハーモナイゼーションには、第1章にもみたように、協調的なハーモナイゼーションと強制的な契機によるハーモナイゼーションが存在し、各国の政策や規制を同質化もしくは均質化して同調を進めることをいう。そして、電気通信のサービス分野においては、規制政策の協調的ハーモナイゼーションが図られることが多い[2]。要するに、ハーモナイゼーションとは、標準化も含めて必要な政策を協調していくことである。

そして、これまでにみてきたように、情報通信分野におけるEUそしてドイツのこの20年の経験は、適切なハーモナイゼーションの模索の歴史であったということもできる。すなわち、EUそしてその加盟国ドイツにおいては、情報通信分野におけるハーモナイゼーションが常に推進されてきたということができる。

これに比して、日本においてはその動きはどうだったのであろうか。以下、

---

[2] WTOによる基本電気通信交渉は協調的ハーモナイゼーションの具体例であるといわれる。世界貿易機関（WTO）は21世紀に向けた新たな世界貿易体制の確立のために、ウルグアイ・ラウンド交渉の妥結を受けて世界貿易機関を設立するマラケシュ協定（WTO協定）に基づいて1995年1月に設立された国際機関（Organization）であって、従来のGATT（協定Agreement）の機能・権限をより強化したものである。WTO協定に附属書1Bとして含まれた協定の1つである「サービスの貿易に関する一般協定（GATS）」は、サービスの貿易を国際的に規律する初の協定となった。そして、通信分野については特に、公衆電気通信へのアクセス及び利用に関する規則を規定する電気通信に関する付属書が作成された。音声電話サービス等の「基本電気通信分野」については、基本的かつ重要なインフラであり、ウルグアイ・ラウンド交渉期限内に自由化約束を行うことが困難であるという認識を各国が有していた。このため、基本電気通信分野における自由化に向けた交渉である「基本電気通信交渉」は、1994年から交渉が開始され、ウルグアイ・ラウンド交渉終了後も、交渉が続けられた。その結果、電気通信サービスにおいては、長距離通信などの基本的な電気通信サービスの自由化を、各国が約束し、1998年からこれらの義務が発生した（協調的ハーモナイゼーション）。なお、約束した国の数は、項目によって20カ国程度から60カ国以上と異なっている。「電気通信に関する付属書」に記載された自由化の内容は、他国のサービス提供者に対し、合理的かつ差別的でない条件の下で公共送信網の使用やサービス提供を可能にすること、そして関連する情報を公表しておくことなどであった。また、「参照文書」においては、サービス供給者の反競争的な業務を防止する措置をとる等の競争を促進するための規定も含まれた。前掲第Ⅰ部注204）高澤・「WTOドーハ・ラウンドにおけるサービス貿易自由化交渉」9頁。

EUやドイツとの比較を行う前提として、日本の情報通信法制度のこれまでの変化を簡単に、事実経過を客観的に追う形で振り返ることとしたい。時期的には、大きく分けてNTT民営化以前と民営化後の情報通信法制についてみていくこととする[3]。

9.2　1985年以前——情報通信法制度の変遷

9.2.1　はじめに

　我が国の情報通信法制は、のちのインターネットの発展などによる情報通信の展開の基礎となる、通信の自由化を制度的基盤としている[4]。すなわち、1985（昭和60）年になされた通信自由化によって新規事業者が参入可能となり、通信料金が低下し、VANやパソコン通信などのサービスが提供されるようになった[5]。もちろん、コンピューターの発展（特にウィンドウズ95の出現）など、

---

[3]　NTT民営化と外圧の関係、その後の状況については、石黒一憲『IT戦略の法と技術』（信山社、2003年）。また、前掲書・須田・『通信グローバル化の政治学「外圧」と日本の電気通信政策』57-61頁に詳しい。

[4]　通信の自由化とは、①既存の通信事業の民営化、②通信事業への新規参入の自由化、③通信回線利用の自由化、④通信端末機器の開放である。浅井澄子『情報通信の政策評価—米国通信法の解説』（日本評論社、2001年）236頁以下、前掲第Ⅰ部注180）、藤原・矢島監修『市場自由化と公益事業』16頁以下、舟田正之『情報通信と法制度』（有斐閣、1995年）90頁以下、林紘一郎『電気情報通信産業—データからトレンドを探る—Information and Communications Industry』（社団法人電気情報通信学会、2002年）34頁、武田晴人『日本の情報通信産業史—2つの世界から1つの世界へ』（有斐閣、2011年）110頁以下等参照。

[5]　VAN（付加価値通信網：Value Added Network）は1970年代にアメリカで登場し、初期は電話回線を利用したデータ通信を中心に、その他電子メールなどの通信処理機能が提供された。我が国ではそれまで電気通信事業は電電公社の独占とされ、一般の電話回線をデータ通信に使うことは禁じられていたが、1971（昭和46）年・1982（昭和57）年の公衆電気通信法の改正を経て通信回線の開放が順次進められ、届出業者によるVANサービスが行われるようになった（日本電信電話公社（当時）及びKDD（当時）が従来の電話サービスに加えてVANサービスを開始）。そして、1985（昭和60）年以降は電電公社の民営化に伴って公衆電気通信法が廃止され、多くのVAN事業者が現れるようになった。付加価値通信網サービスの我が国における発展状況も含めた分析につき、

低価格パーソナルコンピューターの出現もインターネットの発展に寄与しているが、情報通信関連法制度の上で大きな転換点ということができるのは、1985 (昭和60) 年である[6]。

そこで、情報通信法制度につき、以下、通信と放送に分かれている現状も含めて1985年までの流れをみることとしたい。

9.2.2　明治時代からの連続性

電気通信法制は、1900年の電信法（明治33年3月14日法律第59号）、1915年の無線電信法（大正4年6月21日法律第26号）に遡ることができる。これらは基本的法典として、日本の電気通信の構造を規定していた。その後明治憲法から日本国憲法へと変遷がある中でも、電気通信法制の改正はすぐにはなされず、1950年に電波法（昭和25年5月2日法律第13号）・電波管理委員会設置法（昭和25年5月2日法律第133号）・放送法（昭和25年5月2日法律第132号）が制定され、1953（昭和28）年に電信法が廃止され、有線電気通信法（昭和28年7月31日法律第96号）・公衆電気通信法（昭和28年7月31日法律第97号）が制定された[7]。

電気通信法制は、当初からの法制度と現在のそれとが連続性を有し、特に、電波法制における周波数の割り当てに所轄大臣が広い裁量を有する点などに特徴がみられる[8]。

参照、同上、舟田・『情報通信と法制度』第7章。

6)　櫛田健児「通信政策の政治経済学—日・米・韓比較分析」依田高典・根岸哲・林敏彦（編著）『情報通信の政策分析』（NTT出版、2009年）339頁は、1985年が我が国の情報通信分野において歴史的な「レジームシフト」の年であると分析する。

7)　塩野宏『放送法制の課題』（有斐閣、1989年）318頁。また、明治時代から続く電気通信関係法の枠組みについては、参照、三辺夏雄「日本における電気事業の地域独占の形成過程—その法制度史的検討—（1）（2）（3）（4）（5・完）」自治研究64巻（1988年）8号119-126頁、同10号82-96頁、同11号69-84頁、同12号95-108頁、65巻1号（1989年）99-107頁。

8)　同上、塩野・319頁。

9.2.3 通信法制の現状

　電気通信事業法（昭和59年2月25日法律第86号）はその2条1号によって、「電気通信」を「有線、無線その他の電磁的方式により、符号、音響又は影像を送り、伝え、又は受けることをいう」と定義している。「通信」は通信されている内容・その意図を問わないものであり、「放送」より広範囲な概念である。また、通信は片方向通信のみならず、双方向通信を当然に含むものであるから、単なる情報の伝達にとどまらず、相対での取引や営業行為が通信を用いて行なわれることになる。もっとも、通信の過程で営業行為のために通信される情報に処理を施す場合には、「通信」であるとともに「情報処理」という特質もあわせ持つことになる[9]。

　もともと、「通信」は、手紙というコミュニケーションの手段、つまり「私信」の代用的な役割を果たすものとしてみなされてきたもので、「信書」に近い概念であった。しかし、現在通信は、私信のみならず多くの手段に使われており、閉鎖網内部でのコミュニケーションであって公衆に向けた放送ではない限りにおいて「放送」ではなく、「通信」とされる。閉鎖網の中での通信という考え方は、本来の閉鎖組織内での通信に限らず、現在の法制度の下においては、緩やかな機能的関係における相互コミュニケーションにおいても使われる。共通項を有するネットワーク内におけるメールを使ったアナウンスや、会員制の情報サービスなど、加入条件が緩やかで開かれた組織内の一斉情報伝達も通信である。これらの「通信」は、その多くが1対多数に同一情報を送る「同報通信」である。そして、それらの閉鎖網通信と、特定の領域に特化したサービスを提供する有料放送（BS等）との区別は極めて曖昧なものとなっている[10]。

9.2.4 放送法の定義

　現在、放送法は、「放送」を「公衆によって直接受信されることを目的とする電気通信（電気通信事業法第2条第1号に規定する電気通信をいう。）の送信（他

---

9)　多賀谷一照『行政とマルチメディアの法理論』（弘文堂、1995年）212頁。
10)　三友仁志「分離は融合のはじまり」オペレーションズ・リサーチ47巻11号（2002年）726頁。

人の電気通信設備（同条第2号に規定する電気通信設備をいう。以下同じ。）を用いて行われるものを含む。）をいう」[11]と定義している。

公衆に対して提供されるものとして放送をとらえ、一般性や公衆への影響力の大きさから「放送」を公共的なものとして取り扱うのは、各国共通のことである。通信の形態は放送サービスを提供する1人の者から多数者としての公衆に、同時かつ片方向的に流れるものである[12]。

9.2.5 通信の自由化

電気通信制度は、1985年4月に大きな転換点を迎えた。日本においても、EUにおける大半の各加盟国やドイツと同様に、それまでの電話を中心とした電気通信事業は、明治時代の国営を経て、1953（昭和28）年に設立された日本電信電話公社（以下「電電公社」という）による法定独占の下で営まれてきた。この公共事業体による独占体制は、日本においても、戦後の電話網の早期復旧と公共的サービスの全国かつ同等の条件による提供確保の要件を満たす形態であるということのほか、事業運営に必要な資金と技術力を有する主体が、当時の民間部門には存在していなかったという、いわば消去法によって選択された政策決定でもあった。日本のように国営とこれに続く公共事業体という運営形態は、はじめから民間企業で運営されていたアメリカを除き、多くの国々で採用されてきたものである[13]。

もっとも、我が国において、国営から民営への変化はEU諸国に比べれば早い段階で起こった。我が国においては、独占的な事業体が対処しきれない問題

---

11) 2010（平成22）年に成立して2011（平成23）年6月に施行される前の放送法は、その第2条1号において「公衆によって直接受信されることを目的とする無線通信の送信」と定義していた。

12) なお、元来、ビデオなど記憶媒体に蓄積されて非同時的映像伝送を行なったり、相対での取引・営業行為を可能としたり、加工・編集が途中でなされることを可能とするような双方向通信は想定されていなかった。また、荒井透雅「公共放送の在り方とNHK改革—NHK改革論議の視点」立法と調査255号（2006年）42頁以下。

13) ただし、アメリカにおいては競争や合併の結果、1970年代までの電気通信市場はAT&Tによる事実上の独占状態が維持されていた。前掲第I部注180）、藤原・矢島監修『市場自由化と公益事業』237頁。

の台頭を前に、民営化の検討が行われ始めた[14]。

たとえば、全国的電話網の構築を 1970 年代後半に完了した電電公社は 1979 (昭和 49) 年の最盛期において約 33 万人の従業員を抱えて、非効率性の問題がたびたび指摘されるようになった。また、銀行のオンライン・システムのような企業向けの通信市場においては、コンピューターと通信回線を接続して提供する情報処理サービスの必要性が生じていたが、多様な付加価値サービスの提供に、独占的な事業体は対応しきれていないという問題も指摘されていた。さらに、1980 年代初頭はレーガン政権、サッチャー政権が小さな政府に向けた政策を導入していたこともあり、日本においても公的部門の見直しを図るため、第二次臨時行政調査会が 1981 (昭和 56) 年に設置された。ここにおいては、電電公社をはじめ、旧国鉄や専売事業の経営形態に関して議論がなされ、1982 (昭和 57) 年に取りまとめられた調査会の基本答申においては、電電公社の民営化と電気通信分野への競争導入が盛り込まれた。

上記基本答申を受けて、当時の郵政省（現・総務省）は法律改正の作業に着手し、1985 (昭和 60) 年 4 月に施行された電気通信事業法で電気通信分野への新規参入と利用者が電話機を電電公社からのレンタルではなく、市場から購入して設置することを可能とする、端末の自由化を行なった。これとともに、日本電信電話株式会社法（NTT 法）[15] の施行によって、電電公社の民営化が実施に移された。電気通信事業法は新規参入を認めるに当たり、当初、自ら電気通信設備を設置してサービスを提供する事業者を第一種電気通信事業者、他社によって設置された設備を借りてサービスを提供する事業者を第二種電気通信事業者と区分した。そのうえで、インフラストラクチャーとしてのネットワーク構築を担う第一種電気通信事業者には参入や料金に関して厳密な規制を課し、独占力が発生しにくい後者には緩やかな規制を行なうという枠組みを採用していた。この二分法は、2004 (平成 16) 年 4 月に大幅な規制緩和がなされるまで

---

14) 組織の私化（Organisationsprivatisierung）の具体例として日本電信電話公社（電電公社）の民営化による日本電信電話株式会社（NTT）設立を説明するものとして、板垣勝彦「保障行政の法理論 (2)」法学協会雑誌 128 巻 2 号 419 頁。

15) 日本電信電話株式会社等に関する法律（昭和 59 年 12 月 25 日法律第 85 号）。

維持された[16]。

　1985（昭和60）年4月の制度改革は、1982（昭和57）年の調査会答申の実現を目指したものの、その中には合意が得られずに先送りされた問題があった。それは、民営化後の日本電信電話（株）（以下、「NTT」という。）の経営形態問題である。この問題の先送りは、NTTと新規参入事業者との公正な競争条件の整備を巡り、10年以上にもわたる議論を引き起こすこととなった。

9.3　1985年以後——事前規制から事後規制へ

　電気通信事業には、ネットワーク産業の経済的特質が当てはまるとされ（規模の経済性[17]や範囲の経済性）、第一種電気通信事業への参入は、一定の資金力や技術力を有する企業に限定されると考えられてきた。実際に競争導入当初の電気通信事業への参入者は、電柱や管路を所有する電力会社、鉄道会社もしくは大手商社を主たる出資者とするものに限定されていた。その一方で、従来の第一種・第二種電気通信事業者は、利用者に対しては同様のサービスを提供していたため、第一種電気通信事業者に厳格な参入規制が課されていた。このようななか、全国規模で多数の加入者を持つ第二種電気通信事業者も出現し、市場への影響力という点から、設備所有を基準とする規制の形態は、IP化の進展によって意味なきものとなってきた。さらに、競争の進展によって、費用に基づく料金規制や退出に関しての事前許可の必要性も低下していった。

　そこで、状況変化に対応すべく、2003（平成15）年に電気通信事業法が一部改正（2004（平成16）年4月施行）され、回線設備の設置の有無で分けられて

16）　参照、福田雅樹『情報通信と独占禁止法―電気通信設備の接続をめぐる解釈論』（信山社、2008年）14-34頁。
17）　電気通信ネットワークにおける「規模の経済性」とは、ユーザーの数が増え、ネットワークの規模が大きくなるにつれて、ネットワークのコストが逓減することをいい、費用逓減性を指す。ネットワークのコストのほとんどはネットワーク構築費用であるから、利用者が多いほどネットワークのコストは低くなる。そのため、理論的には、電気通信サービスは、単一の事業者によって提供されるのがもっとも効率がよいということになる。前掲第Ⅰ部注203）、須田・『通信グローバル化の政治学』51頁。

いた第一種・第二種電気通信事業の事業区分は廃止されることとなった[18]。事業区分の廃止に伴い、参入規制はこれまで第一種電気通信事業者は許可、第二種電気通信事業者は登録または届出であったのに対して、改正後は、大規模な回線設備を設置する事業は登録、それ以外は届出と改められた。退出規制についても、従来第一種電気通信事業は許可制であったところを、現在は移行可能な業者が存在するとの認識の下で、改正後はすべての事業者に利用者への周知を条件として届出制に改められた。このような規制緩和によって、技術・市場の変化に応じた事業展開を行なう基盤が形成された。

この2003年の電気通信事業法の改正は、1985年以降の競争の進展とインターネットによる市場の変化を踏まえて実施されたもので、その根本には、事前ルールから事後ルールへの転換を図るという考え方があった[19]。

9.4　2016年までの状況と問題

通信と放送の融合が、インターネットの高速化が進む中、急速に進展した。そして、長くわが国の情報通信法制度は、通信と放送に二分されていたところ、それらの境界線がブロードバンドによる映像配信サービスやワンセグの普及によって、ますます不明確となった。そこで、このような放送と通信の融合化の現状を踏まえ、①現状の放送・通信に関する法制度の問題点と改正点に対する認識の統合、②新しい法制度に向けた枠組みの法政策枠組みの模索が、有識者による審議会、その他専門誌における討論会などによって進められた[20]。

---

18)　この間、電気通信紛争処理委員会が2001（平成13）年に設置された。
19)　かかる変更は、事後ルールへの転換を図るという一部分において、EUと類似している。EUにおいても、2002年の電子通信規制パッケージにおいて、事業者の届出制が定められた。また、それをうけて、ドイツにおいても事業者の届出制が電気通信法において定められたことは第2章ドイツの法制において概観したとおりである。消費者保護の問題は残る。前掲第Ⅰ部注180)、藤原・矢島監修『市場自由化と公益事業』249頁。
20)　長谷部恭男・大沢秀介・川岸令和・宍戸常寿・鈴木秀美・山本博史「〔座談会〕通信・放送法制」ジュリスト1373号（2009年）95-116頁。また、通信・放送の総合的な法体系に関する研究会「通信・放送の総合的な法体系に関する研究会　報告書」総務省報道発表資料、を参照。

表 3.1　放送法改正以前の法体系

通　信	放　送
①日本電信電話株式会社等に関する法律（NTT法） ②有線放送電話法 その他　違法・有害情報対策関連法令（不正アクセス禁止法、迷惑メール法、プロバイダ責任制限法）	⑥電気通信役務利用放送法 ⑦有線テレビジョン放送法 ⑧有線ラジオ放送法 ⑨放送法
③電気通信事業法 ④有線電気通信法 ⑤電波法（無線）	

　そして、これまで縦割りで分かれていた法体系の全体を見直して、関係する9本の法律を「情報通信法」へと一本化しようとする作業も進められたが、検討の結果、関係法律を「伝送設備」「伝送サービス」「コンテンツ」の3分野に分け、4法に集約することとなった（総務省国会提出法案概要参照）（表3.1は、総務省報道発表資料、総務省国会提出法案概要等を参考にしたものである）。

　上記の法改正案に至る経緯においては、これまでの縦割り規制ではなく横割りの分野別規制とすることが最も適切か、独立規制委員会の設立が必要か、事業者の事業継続可能性を重視すべきか等、多くの論点とそれらへの疑問点が提示された。しかし、それらの議論は関係事業者等もしくは審議会関係者によってなされたものがほとんどであり、客観的な視点を欠くものであった。また、通信・放送の融合を含む情報通信技術の進展した現実にいかなる規制枠組みが適しているのかにつき、当初の議論が参考とし、現実の法律案にも採用されることとなった「コンテンツ」「伝送サービス」「伝送設備」といった分野ごとの規制に関する比較法的分析も不十分であった。

　そして、現在も、情報通信に関係する放送・通信の融合・連携状況は刻々と進展するなど、情報通信を巡る状況は変化している。2010（平成22）年7月24日には地上アナログテレビ放送がすべて終了し、完全にデジタルテレビ放送へと移行した。また、2015（平成27）年を目途に全世帯ブロードバンド化も目指されていた。さらに、高度な家庭内ネットワークを駆使した住宅"スマート・ホーム"も多くの世帯において導入されていくことも予想されている[21]。

21）　総務省におけるグローバル時代におけるICT政策に関するタスクフォース「政策

表 3.2　放送法改正による新たな法体系

通信・放送		
伝送設備	伝送サービス	コンテンツ
有線電気通信法の改正（有線）／電波法の改正（無線）	電気通信事業法に集約（有線放送電話法を廃止）	放送法に集約（電気通信役務利用放送法、有線テレビジョン放送法、有線ラジオ放送法は廃止）

かかる高度な技術発展は我々の生活に様々な変化と同時に情報の流出の可能性、インターネットを利用した詐欺、有害もしくは違法な情報の流通可能性など、多くの危険性ももたらすものであり、様々な対応策も講じられてきた。しかし、現実問題として、インターネットはすでに各国を繋げており、一国の規制では間に合わない、もしくは規制不可能な場合がある。そこで、情報通信の発展に伴って利用者保護をいかに図るべきか、情報通信法制度における規制手法が問題となる。

9.4.1　日本における規制組換えの実例――光ファイバー網の整備

電気通信市場においては、競争の進展にともなって全体として規制緩和が着実に行われてきたことは上記の通りである。

その一方において、規制が撤廃されると同時に、それに代わる新たな規制の導入が不可欠になることは我が国においても認められており、その一例が、この時点において導入された、NTTが独占してきた指定電気通信設備部分を他の業者にも利用可能とさせるための規制である。

すなわち、東西NTTが保有する加入者回線――指定電気通信設備――に関しては、東西NTTが接続約款を作成し、総務大臣の認可を受けることが義務

決定プラットフォーム」平成22年4月1日会議資料等参照。

付けられ、規制システムが整備されてきた。そして、現時点においては、加入者宅を結ぶ加入者系光ファイバー回線の構築とその貸借が問題となっている。

加入者回線は工事に費用がかさみ、管路や電柱の利用問題が生じるため、容易には構築が進まない。そこで基本的には、NTTからの他の事業者への貸与が義務付けられるという形がとられている。光ファイバー網は電力会社の子会社、一部のCATV[22]なども構築を進めているが、光ファイバー設備への接続に関しては、市場において支配的な地位を有するNTTのみが規制されているという形になっている。

そして、ここにおいて特に問題となっているのは、①もともと存在した銅線の固定電話網がすでにNTT（電電公社）によって構築されていたものの、加入者系光ファイバーという現在構築中の設備までNTTのみがそれを構築し、他社がそれを貸借するという仕組みが取られていること、そして、②支配的業者であるNTTによって、光ファイバーという情報インフラの整備が進んだ時点においても、なお、NTTに対する貸与の義務づけという規制形態を維持しなければならないのか、という点である。特に、後者の点については、以下のような観点から問題があるものと考える。

すなわち、急速な技術の進歩は、確立されているもしくはすでに確立した市場における独占的地位を短期間に覆す可能性を有する。市場の競争環境は技術の進歩と新たな設備の構築にともない、随時変化する。そのため、随時、適切な規制の構築が望まれ、また、それに向けた適切な情報通信市場の分析も必要となる。さらに、技術標準など様々なハーモナイゼーションも必要となる。現在の日本の情報通信市場も変化の途中であり、技術や技術革新によって新たに生じたアクター（モバイル産業など）が市場を変化させつつある[23]。そのため、

---

[22] Cable Television, ケーブルテレビ。

[23] モバイル産業の発展については、参照、川濱昇・大橋弘・玉田康成（編）『モバイル産業論―その発展と競争政策』（東京大学出版会、2010年）230頁。また、我が国のインターネット戦略に関しては、2004年3月に総務省において、「ユビキタスネット社会の実現に向けた政策懇談会」が設置されており、同年12月にまとめられた報告書「u-Japan政策――2010年ユビキタスネット社会の実現に向けて」において、情報通信インフラの高度化が課題とされていた。

この技術の変化にともなう環境の変化に即応した、適切な法構築が望まれている。

我が国における光ファイバー網の構築について、現在採られている手法は、このような観点からは、柔軟な規制の組換えといった点において、問題を含むものといえよう。

9.4.2 情報通信改革案とその後の状況

周知のとおり、情報通信法（仮称）の改正案[24]は、様々な面で画期的な内容を含んでいたが、情報通信に関する最終報告書が出たのち、2009（平成21）年にさらに情報通信法制定に向けて検討が進められていたものの、政権交代の影響により、情報通信法案の提出は見送られた[25]。日本版FCCの設置の検討や、国際競争力、市場動向の分野で議論をより進めてからの再度の改正が進められることとなったためである[26]。

その後、新政権のもとで、上記に検討された情報通信法案とは異なり、放送法関連整備法案として2010（平成22）年の第174回国会（常会）に「放送法等

---

[24] 通信と放送の総合的な法体系に関する研究会による最終報告書は、情報通信業界全体の構造変化を見据えて情報通信法（仮称）を提唱した。その背景事情として記載されたなかでも、特に、通信と放送の融合の急速な進展が大きな事情とされた。加えて、前述の下記の状況――すなわち、我が国の情報通信法制度が、通信と放送に二分されており、通信は電気通信事業法、放送は電波法・放送法の規律を受けてきているところ、それらの境界線がブロードバンドによる映像配信サービスやワンセグの普及によってますます不明確となっていたことにも言及がなされた。

[25] 総務省による「通信・放送の総合的な法体系に関する研究会」最終報告書。報告書は、伝送路ごとに区別された縦割り型の法体系から、「コンテンツ」「プラットフォーム」「伝送インフラ」の3分類による横割り型へと法体系を転換し、そのための「情報通信法（仮称）」を作るように提言したものである。参照、西土彰一郎「EUの「レイヤー型」通信・放送法体系」新聞研究682号（2008年）43頁。

[26] 海外の独立機関を参考にした日本における独立した通信・放送分野の委員会（独立規制委員会）として、「通信・放送委員会（日本版FCC）」が提案された。総務省の通信・放送行政のうち、通信・放送の規制監督部門を切り離し、新たな機関として設置することが想定されていた。参照、「日本版FCC「通信・放送委員会」11年に法案提出へ」朝日新聞2009年9月22日付け記事。

の一部を改正する法律案」（閣法第39号）として提出された法案は、衆議院は5月27日に通過したものの、会期切れになり、参議院で審査未了・廃案となった。

その後、夏の短期臨時国会（第175回国会）では8日間の国会期間ということもあって法案提出はされず、2010年10月1日に召集された第176回国会において再度法案提出がなされた。そして、60年ぶりとなる大幅な放送法改正法案として、2010年11月26日に参議院本会議で可決され、成立した。

9.4.3 改正放送法の内容

新しく成立した改正放送法は、それまでの情報通信法案の際にも議論されていた、インターネットの普及によって融合の進んだ放送や有線放送、電気通信などを1つの法体系の下に統合するという目的は変更されていない。そのため、電気通信役務利用放送法[27]、有線テレビジョン放送法[28]、有線ラジオ放送法[29] が廃止され、放送法に統合された。主要な変更点としては、放送事業者について、放送設備を持つ事業者と、番組制作だけの事業者とに分離可能となったことがある。また、地方テレビ局への経営支援をしやすくするための出資制限緩和なども定められた。

もっとも、法案提出後の修正が多く、電波監理審議会（総務省の諮問機関）の提言機能の強化規定が盛り込まれていたが、野党側の反対で削除され、さらにNHK経営委員会にNHK会長を加える条文も削除された。NHK経営委員に就任する際の資格の緩和措置も見送られた。同一資本が新聞やテレビ局を支配する「クロスメディア所有」の規制強化を検討する付則（マスメディア集中排除原則の見直し条項）も削除された[30]。

---

27) 電気通信役務利用放送法（平成13年6月29日法律第85号）
28) 有線テレビジョン放送法（昭和47年7月1日法律第144号）
29) 有線ラジオ放送業務の運用の規正に関する法律（昭和26年4月5日法律第135号）
30) 法案内容に、野党側は「NHK会長の権限強化につながる」と反対していた。成立した法律からは、民主党が政策集『インデックス2009』で掲げ、原口一博前総務相の下で進められてきたクロスメディアの見直しが自民党の反対によって削除された。なお、原口氏は総務相当時、既得権益を打破するためには、新聞の全国紙とテレビ局が系列化

結局、クロスメディア所有の見直しや日本版 FCC の創設など、民主党がその目標として設定していた主たる政策は法律からほとんど消えることとなった。
　改正放送法は、放送の定義を旧法の「公衆によって直接受信されることを目的とする無線通信」から、「公衆によって直接受信されることを目的とする電気通信」に変更した。この文言をどのように解釈するかについては、インターネットを規制対象に含まないとする解釈が総務大臣よりなされている[31]。もっとも、これまで「無線」に限られていた放送の範囲が「電気通信」となったことで、不特定多数の顧客にサービスを提供するインターネット放送局やウェブサイトなども、この法律の規制対象になる可能性が、少なくとも条文上は否定できなくなったとする意見もあり[32]、この法律がどのように運用されていくのかは未知数である[33]。
　一方で、総務省は、ブロードバンドの整備や NTT のアクセス網のあり方の方向性を検討する「光の道」構想を進めていた。実際に、2011（平成 23）年以降、総務省はブロードバンドの普及に取り組む地方自治体を支援するための助成事業として、情報通信利用環境整備推進交付金を創設している（2011 年度の

　　したクロスメディアは禁止もしくは制限されるべきとの考えを強く表明していた。また、民主党が同様に政策集に掲げていた日本版 FCC の設置などの定めはそもそも、法案段階で提案されていなかった。2010 年 11 月 19 日付け毎日新聞。技術の進歩と規制の変遷は国境を越えても問題となるが、日本が導入を視野に入れて検討していた米国 FCC 類似の組織について、米国 FCC の検討を通して問題点を指摘した文献として、稲葉一将「アメリカにおける放送行政の変容と公正原則に基づく規制撤廃の法構造（1）」名古屋大学法政論集第 188 号 1-33 頁（2001）参照。
31)　2010 年 11 月 26 日総務大臣記者会見質疑応答集より。「放送の定義が無線通信による送信というのから電気通信に変わったことで、インターネットも規制の対象になるのではないか」との質問に対し、片山善博総務大臣（当時）の回答としては、「インターネットなどが規制の対象になるということはない」であった。
32)　「公衆によって……」という条文の中の「公衆」を「不特定多数」と解釈することで、通常のウェブサイトは対象外と解釈することが可能である。しかし、Youtube といった誰でも視聴可能な無料動画を配信するウェブサイトは放送の定義内に入る可能性がある。また、広く人口に膾炙されているブログや、インターネット放送局なども公衆に向けた放送と解釈される可能性があるとして、様々な懸念の声が上がっている。
33)　この法律は、法律案の段階からインターネットも規制の対象に含む可能性のある条文を含んでいる点に、多くの批判があった。

当初予算案においては約 30 億円程度であった) [34]。

9.4.4 小 括

　以上、我が国における情報通信法制の整備の過程と現状について、EU およびドイツとの比較を行う前提として、最小限度必要な事実関係を、特に重要な点に限って、客観的に確認してきた。そこで、以下において、ハーモナイゼーションの進行の中における柔軟な規制の組換えという視点から、日本の制度と EU およびドイツの制度とを比較してみることとしたい。

---

[34] 総務省　グローバル時代における ICT 政策に関するタスクフォース「過去の競争政策のレビュー部会」「電気通信市場の環境変化への対応検討部会」第 13 回会合資料「『光の道』戦略大綱（案）」「基盤整備の促進、周波数再編の実施、公正競争の一層の活性化のための環境整備、公正競争の一層の活性化のための環境整備、ユニバーサル・サービス制度の見直し、ICT の利活用を妨げる各種制度・規制の見直し」。

第 10 章　EU とドイツの法制を踏まえて

10.1　フレキシブルな規制

10.1.1　はじめに

　結論を先に言えば、我が国において求められる規制は、「フレキシブル」な規制である。本書において、「フレキシブル」な規制とは、特に、柔軟かつ実効性のある規制を意味している。そして、現時点において、我が国においては、EU およびドイツとは異なり、情報通信分野において「柔軟かつ実効性のある規制」が行われてきたとは言いがたい。そこには、すなわち、規制を行う主体と産業を振興する主体、中間的団体そのものについても、規制を行う主体と同調して、情報通信分野における規制が行われてきたという傾向の強い、我が国特有の事情が存在している。規制と産業振興が同じ機関によって行なわれることについては様々な批判があるが[35]、本書においては、そのことが必ずしも柔軟で時代に即応した規制や保護政策等を行う上での障害になっているとは考えていない。

　しかし、常に、「変化に対応しうる」アップデートを、規制を行う主体となる行政組織も、またその規制を実行する制度も、行わなければならないのだと考えている。

---

35)　金山勉・魚住真司（編著）『「知る権利」と「伝える権利」のためのテレビ　日本版 FCC とパブリックアクセスの時代』（花伝社、2011 年）63 頁。

たとえば、第一に、すでに述べたように、我が国において、一度は構想された情報通信法の制定は、技術と時代の変化に対応して、実効的な規制体制を構築する上で、不可欠な規制の組換えを行うとするものであり、同様の組換えを行ったEUに続こうとするものであった[36]。しかしながら、後に述べるような経緯により、我が国においては、実効的な規制を行う上での法的な枠組みを構築しようとした、この構想は挫折することになった。

　第二に、我が国においても、ドイツと同様に、放送分野において、自主規制機関が存在し、自主規制の手法も利用されている。もっとも、それらは、ドイツのように法律によって定められた機関ではなく、全くの自主的規制である点に大きな違いがある。

　さらに、第三に、規制を担うのは、民間の自主規制組織・行政組織を含めた、広い意味での組織である。技術と時代の変化に伴った「柔軟かつ実効性のある規制」を構築しようとする場合には、当然のことながら、規制を担う組織のあり方についても、柔軟な見直しと再構築が必要となる。

　この点、EUについてはBERECの創設につき紹介をし、ドイツについて多元的な規制のネットワークが実際に構築されていることを紹介してきた。これに比して、我が国の場合に、このような柔軟な組織の見直しがされてきたのかが問題となる。この点を、第三の視点として検討することにしたい。

　そこで、以下においては、第一に、我が国における情報通信法構想の挫折の経緯について、第二に、我が国における自主規制の現状とその改善方策について、そして、第三に、我が国における組織改革の現状を批判的に分析する作業を行い、これらを通じて、我が国において柔軟かつ実効性のある規制のあり方を考察する一助としたい。

10.1.2　情報通信法構想の失敗

　第9章に述べてきたように、我が国においては、2006（平成18）年より、通

---

[36]　レイヤー型規制の目的は、規制する必要性の少ないレイヤーを仕分けして規制緩和を行い、その結果事業活動等の活性化を図る点にあった。参照、小向太郎『情報法入門』（NTT出版、2008年）75頁。

信と放送に関する法体系を見直して「情報通信法」(仮称)として一本化する検討が、総務省の「通信・放送の総合的な法体系に関する研究会」によって開始され、2007 (平成19) 年12月に最終報告書が出されて「情報通信法」の提出が目指されていた[37]。

情報通信法構想においては、これまでの縦割り規制ではなく横割りのEU的レイヤー型規制[38]に変更すべきであるとの議論が活発になされており[39]、特にデジタル・IPによる技術革新の結果、伝送路の融合が進展し、基本的に各メディアの物理的特性によって市場や利用形態が限定される縦割り規制からの変化が求められるとされた。また、同時に各種メディアの規制を緩和・集約し、当該規律対象に必要最低限の規制を課すにとどめることが事業者の自由な事業展開に繋がるとされた。

しかし、2009 (平成21) 年には政権交代があり、旧政権下における情報通信法構想は提出されなくなったことと同時に、日本版FCCの創出が謳われるなど、構想の内容に変化も出てきた。

結局、これまで約60年間続いてきた通信・放送、有線・無線といった区分による規律分野別規制を抜本的に改正する「情報通信法 (仮称)」への一本化は見送られ[40]、日本版FCCの設置は様々な反対にあうなどして[41]、「情報通信

---

37) 総務省 通信・放送の総合的な法体系に関する研究会『通信・放送の総合的な法体系に関する研究会 報告書』(平成19年12月6日)。

38) 実際にレイヤー型規制がどういう概念であったのかについては、日本において決まった使われ方はされなかった。参照、前掲注25)、西土・「EUの「レイヤー型」通信・放送法体系」43-46頁、市川芳治「欧州における通信・放送融合時代への取り組み：コンテンツ領域：「国境なきテレビ指令」から「視聴覚メディアサービス指令」へ」慶應法学10号 (2008年) 273-297頁。

39) 本書においては、EUの規制改革において横割り型規制が利用された (レイヤー型規制と日本において、様々な文献において紹介されていた) 点については、BERECに焦点をあてるために省略している。

40) 情報通信法関係ではプロバイダ責任制限法 (特定電気通信役務提供者の損害賠償責任の制限及び発信者情報の開示に関する法律 (平成13年11月30日法律第137号)、青少年インターネット環境整備法 (「青少年が安全に安心してインターネットを利用できる環境の整備等に関する法律」(平成20年6月18日法律第79号)) の制定、放送関係では電気通信役務利用放送法 (平成13年6月29日法律第85号、改正放送法施行の

法」構想は放送法の改正に落ち着くことになった。そして、その内容は、現行法の整理と技術の発展に対応するための、最低限の制度整備にとどまっている。

たとえば、今回の放送法改正の目玉となったのは、ハードとソフトの分離とされたが、その点についても、特に基幹放送についてこれまで採用されてきた無線局の設置・運用（ハード）と放送の業務（ソフト）の一致原則の分離にあたっては反対も多く、現行の一致方式も残すこととされた（総務省国会提出法案概要参照）。

もちろん、政権交代のあったことが、情報通信分野における法整備や情報通信分野における政策の重要性に変化を与えたわけではない。事実として、経済社会の発展のための情報通信分野の重要性が進展しており、それらは情報通信白書等で確認されてきた[42]。確かに、抜本的な改正などが行われる際には様々な利害の調整が難しい問題がある。しかしながら、EUが先行して導入した経緯に鑑みれば明らかであるように、技術と時代の変化に対応した規制の枠組みの組換えは我が国においても必須のものであり、我が国においても、柔軟な規制を行うために、通信・放送の融合法制やハード・ソフトの分離の検討が必要

2011年6月30日に廃止）の制定などが制度的対応を行ってきたが、それらをも踏まえた、総合的法制度を目指す予定であった。

41) たとえば、第174回国会衆議院総務委員会平成22年4月8日会議録第11号、自民党坂本哲志議員の原口一博総務大臣（当時）に対する質問。坂本議員は、クロスメディア所有の規制に関する疑問とともに、すでに民主党が米国FCCを念頭に置いた改正を行おうとしているのではないかという点につき、日本版FCCに疑問を呈する意味の発言を行っている。

42) 平成22（2010）年情報通信白書第3章　図表3-1-3-1　ICTと経済成長図表：都道府県別の実質県内総生産成長率平均値（2001年～2005年）の要因分解によれば、情報通信産業の成長率が1番であった。また、同白書図表1-1-1-1　ICT競争力指数と経済成長においても、ICT競争力と経済成長の連携がみられた。さらに、平成21（2009）年情報通信白書には、ICT競争力指数と経済成長の密接な関係表が示され、情報通信に関する競争力の向上が経済成長に繋がることは自明とされた。すなわち、都道府県のユビキタス化の進展度を示す「ユビキタス指数」と、各都道府県における都道府県内経済成長率の比較が試みられ、ユビキタス要因の寄与率が5割を超える都道府県も35にのぼり、全体としてユビキタス効果がマイナスに影響する県はなかったとの統計が出された。

となる。

そのため、今後、政府が政治的なイニシアティブを発揮して、技術と時代の変化に即応した規制枠組みを、我が国においても構築することが望まれている。

10.1.3 実効性ある規制の例
(1) 第三者機関の例——BPO

我が国における情報通信分野における第三者機関として、放送倫理・番組向上機構（以下BPOという）の存在をあげることができる。BPOは、1965（昭和40）年に日本放送協会（NHK）、社団法人日本民間放送連盟（民放連）、社団法人日本放送連合会（放送連合）の三者によって、放送連合内に設置された「放送番組向上委員会」にさかのぼることができる[43]。その後、NHKおよび民放連により、放送と人権等権利に関する委員会機構（以下、BROという）が任意団体として設置され、BROによって「放送と人権等権利に関する委員会」が設置され、2000（平成12）年に「放送と青少年に関する委員会」が設置された。そして、2003（平成15）年にNHKおよび民放連が、放送番組向上協議会とBROを統合し、BPO（Broadcasting Ethics and Program Improvement Organization）が設置された[44]。

第三者機関としてのBPO（2003年以前はBRO）は、その具体的な放送内容に即してその是非を判断することが可能な組織であるという特徴を持ち、政治的にも、政府による法規制からテレビ放送の表現の自由を守るという役割を果たしているとする評価もある一方、有害放送のあり方をめぐって、放送内容に及ぶ番組の検討が放送事業者と旧郵政省の密接な関係において行われ、受信者が必ずしも十分な関与をなしえなかったとの批判もあった[45]。

---

[43] その後1969（昭和44）年の社団法人日本放送連合会解散に伴い、「放送番組向上委員会」（第一次）が解消し、日本放送協会および民放連により、放送番組向上協議会が任意団体として設置され、放送番組向上協議会に「放送番組向上委員会」（第二次）が設置された。

[44] 「放送番組委員会」「放送と人権等権利に関する委員会」「放送と青少年に関する委員会」の3委員会をBPOが継承した。

[45] 服部孝章「目前の『多チャンネル時代』と放送行政・放送業界」世界661号

BPO は、苦情申立人と放送局との間で話し合いが相容れない状態となっている苦情を審理し、「見解」または「勧告」として公表する機能を有するものである。BPO は、たとえば前身の BRO の時代から丁度 10 年の節目となる 2007 年度末までに 26 事件計 35 件の決定を下していた[46]。

最近は BPO の決定が報道されることも多く、BPO の組織構成は改善の余地が大きい。BPO の最高意思決定機関である理事会は理事長と理事 9 名の計 10 名で構成され、理事長は、放送事業者の役職員およびその経験者以外から理事会で選任されるが、設立母体である日本放送協会（NHK）と民放連がそれぞれ 3 名を選任しており[47]、10 名中 6 人が放送関係者であるため、業界関係者のた

（1999）120 頁以下。

46) その他、青少年保護の観点からの自主規制については、放送業界においても、その他新聞・電気通信分野においても、自主規制団体が数多く存在する。
　　たとえば業界規制団体として映画業界においては映画倫理規定、映画倫理規定審査基準、宣伝広告審査基準を定める映倫管理委員会、午後 11 時以降の 18 歳未満者の立入禁止等深夜興行等に関する申し合せや映倫の区分指定（PG12、R-15、R-18）による入場の遵守などの自主規制厳守事項について定める全国興行生活衛生同業組合連合会（1956（昭和 31）年 12 月より活動を開始）をはじめ、2008（平成 20）年 4 月の段階における、42 の団体が業界自主規制団体一覧として内閣府のホームページに掲示されていた。
　　業界自主規制団体の一覧をみると、以下の特徴がみられる。まず、①規制内容が各団体によってばらばらとしており、同一分野に類似の規制団体が多くあるなど、統一がみられない。②業界の自主規制といっても、業界自体統一していないことがある。③審査基準や倫理綱領の定めのない機関も多数存在する。また、最新の青少年保護等に関する自主規制団体の状況については、『内閣府平成 28 年版　子供・若者白書（旧青少年白書）（全体版）』第四章第 3 節　子供・若者を取り巻く有害環境等への対応　第 4-22 表「関係業界などによる有害情報対策や青少年保護の自主的取組」等も参照。

47) 2016 年 10 月現在の BPO の理事選任状況も変化していない。BPO の理事会に関する説明頁によると以下の通りである。「理事長は、放送事業者の役職員およびその経験者以外から理事会で選任されます。理事は、放送事業者の役職員以外から理事長が 3 名を選任し、日本放送協会（NHK）および日本民間放送連盟（民放連）が各 3 名を選任します。監事は NHK と民放連からそれぞれ 1 名が選任され、BPO の役員として BPO の会計や理事長、専務理事、事務局長の職務の執行状況を監査します」BPO ホームページ（http://www.bpo.gr.jp/）参照。BPO の役割については、BPO がそもそも「放送に携わる者の職責」が適切に果たされるための仕組みであるので、そのための、一層明確な位置づけが意識されるべきであり、「公共の福祉の適合性に配慮した放送事業者の自律的判断」としての視聴者への説明責任を果たす場として BPO が機能しなければならない、

めの組織であるとの批判も受けている[48]。また、第三者機関として、審理した委員会決定を公表し、勧告を行うが、それらの公表・勧告に拘束力は生じない。

　BPOが第三者機関として情報通信関連分野における効果的な規制枠組みの一端を担うということができるためには、BPOの委員選出にかかる透明性、決定の拘束力の有無などの点で足りない点を何らかの方法で補う必要があると考えられる。たとえば、BPOをより実効性を有した第三者機関とするためには、委員を選出する評議員を選ぶ理事会の役員構成の放送関係者割合を過半数以下とする、もしくは、イギリスのBBCのように、委員を全員公募の形でより透明性を持った形で選出する、といったことも選択肢の1つとして考えても良いであろう[49]。

(2) 自主規制の例——総務省のフィルタリング規制

　また、我が国において自主規制が利用された例として、以下の例がある。すなわち青少年の違法・有害情報対策としてフィルタリングの普及が重要であるとの共通認識が広がるなかで、総務省主導によって事業者の自主的取り組みの強化が図られた例としては、携帯電話のフィルタリング規制があげられる[50]。

　携帯電話のフィルタリング規制は総務省の主導による自主規制という形で行われた。その第1回要請は、2006（平成18）年11月20日に総務大臣によって、携帯電話事業者に対して、特に未成年者が契約者である場合に対して、親権者

と指摘されている。宍戸常寿「法制度から考える放送の現在」月刊民放44巻5号（2014年）21頁。

48) BPOの運営に責任をもっている理事会が、まず評議員を選ぶ。評議員は、放送局の役職員以外の人から選び、評議員7名以内でつくられる評議員会が、委員会の委員を選ぶ。委員も同じく、放送局の役職員以外から選ばれる。委員は、このような手続きで、弁護士、学者、評論家、映画監督、小説家など、放送界から独立した、幅広い分野から選ばれている。

49) イギリスBBC経営委員会の公募制度につき、蓑葉信弘『BBCイギリス放送協会パブリックサービス放送の伝統』（東信堂、2003年）172頁以下参照。

50) 曽我部真裕「共同規制―携帯電話におけるフィルタリングの事例―」ドイツ憲法判例研究会編（鈴木秀美編集代表）『憲法の規範力とメディア法』（信山社、2015年）87-105頁。

の意思確認を確実に実施することとするなどの具体的指針を示して、事業者の自主的取り組みの強化を行うように指導する形でなされた。もっとも、その後の調査において、携帯電話のフィルタリングの認識度がまだまだ低いことが確認され、さらなる携帯電話フィルタリングの促進が政府全体の課題として位置付けられた。そこで、2007（平成19）年の12月10日に、総務大臣によってさらなる要請が行われ、18歳未満の青少年に対しては携帯電話フィルタリングの利用が原則としたうえで、フィルタリングの解除について親権者の意思確認を求めることも求められた。この要請を受けて各事業者は2008（平成20）年の1月中に取り組みの強化策を発表し、未成年者の携帯電話の新規契約については、親権者の同意書について、フィルタリングの利用を原則とした様式が同月から導入されはじめた[51]。

　フィルタリング規制は、「自主」規制として効を奏した、我が国においても貴重な事例である。もっとも、かかる自主規制の例は、総務省の強い行政指導の下、自主規制が行われなければ法整備がなされるという状況下でなされたものであって、「自主」規制となっているが、各社一様に総務省による指導基準に従っているなど、自主規制本来の役割分担が意識されていない結果となっている。

　フィルタリング規制にみられる自主規制においては、一応「自主規制」の形を採用しているものの、本来求められる事業者からの積極的な関与がみられず、「自主規制」としては本来あるべき自主規制ではない。

　以上述べたように、フィルタリング規制において明らかになったことは、国の指導ではなく、事業者において自主的に制御するべき内容に関する社会的な責務が明確に認識されていなかったということである。だからこそ、総務省が積極的にイニシアティブを取らなければ実効的規制が行われない結果となったのである。この意味において、たしかに自主規制は成功しているものの、「協調」的規制ではなかったということができる。

---

[51]　総務省IT安心会議「インターネット上の違法・有害情報に関する集中対策」「インターネット上の違法・有害情報への対応に関する検討会　最終取りまとめ〜「安心ネットづくり」促進プログラム〜」（平成21年1月）（http://www.soumu.go.jp/menu_news/s-news/2009/pdf/090116_1_bs1-1.pdf）参照。

10.1.4 組織改革の例

(1) NHK改革

2004年、NHK放送総局所属のチーフ・プロデューサーによる「芸能番組制作費不正支出問題」が明らかとなり、同時にNHKの内部調査が進められて様々な過去の不祥事が明るみになった。この結果、NHKは批判にさらされることとなり、受信料の不払いが急増する結果となった[52]。同時に、NHKの存在意義、組織体制の変革などが求められるようになった。その結果が放送法2007年改正であったが、NNKに対して、捏造番組を監視するために経営委員会の監督を強めようとした与党原案に対して、民主党が反対して削除された結果、経営委員会の監督は強化されなかった。もっとも、経営委員会の個々の編集への介入を禁止するなどの改善はみられたものの、NHK全体の組織改革にはならなかった。

(2) 公益法人制度改革

全ての分野にかかわるものではあったが、情報通信法制度そのものにはあまり関連がなかった改革として、公益法人制度改革があげられる[53]。

すなわち、公益法人制度改革は、①現行の公益法人の設立に係る許可主義を改め、法人格の取得と公益性の判断を分離することによって、公益性の有無にかかわらず、準則主義（登記）によって簡便に設立できる一般的な非営利法人制度を創設する、②各官庁が裁量によって公益法人の設立許可等を行う主務官

---

52) NHKプレスリリース「「芸能番組制作費不正支出問題」等に関する調査と適正化の取り組みについて」1頁以下。それによれば、NHKチーフ・プロデューサーがイベント企画会社社長などに不正な支払いを行い、その一部を返金させて飲食代などに使っていた。同チーフ・プロデューサーは不正が明らかになった直後の2004年7月23日に懲戒免職となり、その後、内部調査が進められた。その結果、その他、①ソウル支局長のずさんな経費精算問題、②宇宙新時代プロジェクト「カラ出張」問題、③岡山放送局不正経理問題、④甲府放送局美品盗難問題等の問題も含めて多くが明らかになった。不祥事を受けて当時の海老沢勝二会長は記者会見を行い、自らを3カ月の減給処分とした等発表し、その後2005年1月に会長職を辞任することとなった。

53) 2004年の12月になされた閣議決定「今後の行政改革の方針」において、「公益法人制度改革の基本的枠組み」が具体化され、新たな基本的仕組みが定められた。

庁制を抜本的に見直し、民間有識者からなる委員会の意見に基づいて、一般的な非営利法人について目的、事業等の公益性を判断する仕組みを創設する、という2つの柱から成り立っていた[54]。

その結果、情報通信系各種財団法人が公益財団法人等の改革後の形態へと移行もしくは移行途中であるが[55]、かかる組織の移行によってEUのBERECのように情報通信規制に組み込まれた調整組織の創設が、我が国において実現された訳ではない。また、それぞれの組織の業務内容等の大きな変化も求められなかった。そのため、情報通信規制に影響を及ぼす組織変更ではなく[56]、情報通信法体系の革新という点においては、直接には資することない一般的な組織移行であった、ということもできよう。

---

[54] 公益法人制度改革の基本的枠組みに基づき、2006年に新たに制定された法律群が、「一般社団法人および一般財団法人に関する法律」（平成18年法律第48号）、「公益社団法人及び公益財団法人の認定等に関する法律」（平成18年法律第49号）および「一般社団法人及び一般財団法人に関する法律及び公益社団法人及び公益財団法人の認定等に関する法律の施行に伴う関係法律の整備等に関する法律」（平成18年法律第50号）である。

まず、「一般社団法人及び一般財団法人に関する法律」によって、民法に定められる公益法人に関する制度が改まり、剰余金の分配を目的としない社団もしくは財団につき、その行う事業の公益性の有無にかかわらず、準則主義によって法人格を取得することができる制度が創設されて、あらたな公益法人の設立、機関等に関する準則が定められた。また、「公益社団法人及び公益財団法人の認定等に関する法律」によって、公益法人の設立の認可及びこれに対する監督を主務官庁が行うとしていた民法の制度が改められ、内閣総理大臣または都道府県知事が民間有識者による委員会の意見に基づいて、一般社団法人または一般財団法人の公益性を認定するとともに、認定を受けた法人の監督を行う制度が創設された。そして、中間法人法（平成13年法律第49号）は廃止された。

[55] たとえば、財団法人情報通信学会が公益財団法人情報通信学会へ、社団法人全日本電気通信サービス取引協会が特例民法法人へ、社団法人電信電話技術委員会（TTC：The Telecommunication Technology Committee）が一般社団法人情報通信技術委員会へと変化した。

[56] 組織が行う事業内容、助成金等のあり方に名称変化以後における大きな変化はみられない。

第10章　EUとドイツの法制を踏まえて　　239

10.1.5　近年の組織の新設――行政委員会制度の活用の検討

　以下においては、近年の組織の新設の例として、個人情報保護委員会について検討をおこなう。情報通信分野に限る機関の問題ではないが、情報通信分野にも関連する機関として、近年、スクラップアンドビルドなしに組織が作られることとなったものとしては、個人情報保護委員会が存在する[57]。そこで以下においては、個人情報保護委員会の前身の特定個人情報保護委員会の設置の経緯を含めて詳しくみていくこととする。

(1) 行政委員会制度とは

　行政委員会については、「合議体であって、行政機関の地位を有し、独自に国家意思を外部に表示するものである」との定義がなされることがある[58]。また、行政委員会は、準立法的機能ならびに準司法的機能をその特徴として有する場合がある[59]。以上を合わせて、一般に行政委員会の特徴をあげるとすると、

---

[57] 個人情報・プライバシー保護をめぐっては、データの取扱いに関する様々な制度（プライバシー・バイ・デザイン等）の提案や、国際的協調（ハーモナイゼーション）の問題、ビッグデータにおける問題など、様々な検討すべき課題が存在し、情報通信分野においても、規制と制度全体に関わる重要度の高い問題ということができる。検討すべき諸問題については、論究ジュリストにおける「特集 個人情報・プライバシー保護の理論と課題」の論文等が参考となる。宇賀克也「個人情報・プライバシー保護の理論と課題：特集に当たって」論究ジュリスト18号4-7頁、石井夏生利「プライバシー権」論究ジュリスト18号8-15頁、新保史生「プライバシー・バイ・デザイン」論究ジュリスト18号16-23頁、宇賀克也「『忘れられる権利』について：検索サービス事業者の削除義務に焦点を当てて 」論究ジュリスト18号24-33頁、山本龍彦「ビッグデータ社会とプロファイリング」論究ジュリスト18号34-44頁、鈴木正朝「番号法制定と個人情報保護法改正：個人情報保護法体系のゆらぎとその課題」論究ジュリスト18号45-53頁、宍戸常寿「安全・安心とプライバシー」論究ジュリスト18号54-63頁、藤原静雄「個人情報保護に関する国際的ハーモナイゼーション：あなた方が気に入ろうと気に入るまいと、EUがEU以外の世界のためにプライバシー保護の標準を設定中である」論究ジュリスト18号（2016年）64-70頁。

[58] 駒村圭吾「内閣の行政権と行政委員会」大石眞・石川健治編『憲法の争点』（有斐閣、2008年）228頁。

[59] 関道雄「行政委員会の制度」公務員4巻12号（1949年）42頁。行政委員会について、国家行政組織法の観点から、「行政委員会は、府又は省の外局として置かれる合

以下のようにまとめることができる[60]。

①職権行使について独立した存在であること
②内閣または各大臣、地方公共団体の長等の所轄の下にあっても、その職権行使については指揮監督を受けないこと
③委員に身分保障があること[61]
④行政的機能のほかに、準司法的機能および準立法的機能を有すること。

　行政委員会制度は、我が国において、戦後憲法の下において掲げられた民主化のための制度改革の一環として、行政機構の民主的改革に資するとして多く導入された。もともと、19世紀末から20世紀にかけて、アメリカの連邦、州、市の自治体等において発展した独立規制委員会（Independent Regulatory Commissions）を基本としたものであり、アメリカにおいては、政治的中立性と迅速な争訟判断が期待された制度であった[62]。アメリカにおける行政委員会の制度は、また、高度な専門知識と経験を必要とする、特殊な分野において、専門的な人材から構成され、公正性・中立性を有するものとされ、裁判に類似した手続きによって事実を審理し、何らかの処分を行う制度を内包しているものである。そして、特にこのような高度に専門的な事実認定については、行政機関が公正かつ中立な手続に従って、合理的な推論を下したということが裁判所においても認められ、裁判所においては、行政委員会のおこなった事実認定

議体の行政機関であって、自ら国家意思を決定し外部に表示するものを指す」と定義されることもある。塩野宏「行政委員会制度について―日本における定着度―」日本学士院紀要59巻1号（2004年）2頁。
60) 参照、日本法律家協会編『準司法的行政機関の研究』（有斐閣、1975年）37頁。
61) 行政委員会の独立性を確保するために、委員の身分保障が必要とされ、委員の資格要件や任免方法、任期等について、通常の国家公務員とは異なる取り扱いがなされている。
62) 日本で多くの行政委員会が設置された1948年頃のアメリカにおける行政委員会としては、合衆国人事委員会、州際通商委員会、連邦準備制度管理委員会、連邦取引委員会、証券及び取引委員会、原子力委員会、連邦通信委員会等が存在していた。和田英夫『行政委員会と行政争訟制度』（弘文堂、1985年）、7頁。

が合理的な証拠に基づいてなされたかについてのみ判断し、合理的な関連が認められるときには、その認定が裁判所を拘束する実質的証拠法則を有することにおいても知られている[63]。

しかし、日本において行政委員会制度は、行政機関としての独立性に関する問題とは別に常に行政運営の合理化の諸問題の1つとしても論じられ、改廃の歴史を経た。たとえば、1948（昭和23）年の臨時行政機構改革審議会の報告（勧告）においては、「諮問的・調査的及び審議的な権限のみでなく、一定の行政上の権限を行使する……いわゆる行政委員会……は、その独立性が強くなり、且つ、その所掌事務が政策的になる場合には責任内閣制の原則に反する虞れ、機動性、迅速性を欠く虞れ、委員の人選に当を得ない場合には、事実上、事務局の専制となる虞れがある」等と指摘されていた[64]。その後さらに1951（昭和26）年8月に出された政令諮問委員会の答申においては、「行政委員会制度は、行政機構民主化の一環として重要な意味をもったことは否定しないが、もともと、アメリカにおけると異り、わが国の社会経済の実際が必ずしもこれを要求するものではなく、組織としては、徒らに厖大化し、能動的に行政目的を追求する事務については責任の明確化を欠き、能率的な事務処理の目的を達し難いから、原則としてこれを廃止すること。但し公正中立的な立場において慎重な判断を必要とする受動的な事務を主とするものについては、これを整理簡素化して存置するものとすること」と詳細に言及がなされ、結局、同答申に基づき、多数存在した行政委員会は第13回国会（1952（昭和27）年）において廃止され、または改組されることとなった[65]。

(2) 行政機関の構造と独立第三者機関

日本の行政機関は、内閣の下に内閣府、および各省ならびにその外局（外局とは、内部部局（内局）に対応する概念であり、内閣府の長としての内閣総理大臣

---

[63] 実質的証拠法則の米国の理論の日本における継受については、参照、寺田麻佑「実質的証拠法則」髙木光・宇賀克也（編）『行政法の争点』（有斐閣、2014年）126-127頁。
[64] 前掲書・和田・『行政委員会と行政争訟制度』14頁。
[65] 前掲注56)、駒村「内閣の行政権と行政委員会」228頁。また、同上、15頁。改廃等の経緯については、塩野宏『行政法概念の諸相』（有斐閣、2011年）452頁の図を参照。

または各省大臣の統括の下にありながら、内部部局とは異なって一定の独立性を有する組織をいう[66]）として、必要に応じて置かれる委員会および庁があり、そのそれぞれに、内部部局（官房、局等）が存在している、という構造をもつ。そして、それらに加え、必要に応じて、附属機関の審議会等が設置される形がとられている。講学上、独立行政委員会とされる機関は、「独立第三者機関」として以下のように様々な形で行政機関の構造の中に配置されている。

「独立第三者機関」とされる機関には、その根拠法、設置のあり方を含めて様々な形態が存在する。具体的には、内閣府外局としての公正取引委員会、国家公安委員会、総務省外局としての公害等調整委員会、法務省外局としての公安審査委員会、国土交通省の外局としての運輸安全委員会、厚生労働省の外局としての中央労働委員会、環境省の外局としての原子力規制委員会等がある（表3.3を参照）。また、その根拠には、国家行政組織法3条と8条がある（内閣府では内閣府設置法49条および37条が対応）。

(3) 行政委員会制度の合憲性

行政委員会制度は、その独立性のゆえに、憲法の定める権力分立原則と矛盾するとの指摘を常に受けてきた[67]。

すなわち、憲法第65条は、「行政権は、内閣に属する」と規定しており、同第72条が、「内閣総理大臣は、内閣を代表して議案を国会に提出し、一般国務及び外交関係について国会に報告し、並びに行政各部を指揮監督する」と規定し、また同第73条が、「内閣は、他の一般行政事務のほか、左の事務を行ふ。一　法律を誠実に執行し、国務を総理すること」と規定していることからすれば、内閣が国会に責任を負い、行政各部の全体を指揮監督する地位にあり、原則として、すべての行政機関は、憲法上の例外を除いて内閣の下に置かれなければならない。しかし、独立行政委員会がその性質として内閣の指揮監督から独立しており、指揮監督の及ばない機関であるということから、このような行

---

66)　宇賀克也『行政法概説Ⅲ』［第3版］（有斐閣、2012年）172頁以下。
67)　前掲注58)駒村「内閣の行政権と行政委員会」229頁、前掲注62)和田・『行政委員会と行政争訟制度』4頁以下、高見勝利「人事院の合憲性」『芦部憲法学を読む』（有斐閣、2004年）201頁以下等。

表 3.3　独立第三者機関の例

名　称	位置づけ	設置根拠
会計検査院	内閣に対して独立の地位	憲法第 90 条 会計検査院法
人事院	内閣の所管	国家公務員法第 3 条
公正取引委員会	内閣府の外局	内閣府設置法第 49 条 独占禁止法
国家公安委員会	内閣府の外局	内閣府設置法第 49 条 警察法
公害等調整委員会	総務省の外局	国家行政組織法第 3 条 2 項 公害等調整委員会設置法
公安審査委員会	法務省の外局	国家行政組織法第 3 条 2 項 公安審査委員会設置法
中央労働委員会	厚生労働省の外局	国家行政組織法第 3 条 2 項 労働組合法
運輸安全委員会	国土交通省の外局	国家行政組織法第 3 条 2 項 運輸安全委員会設置法
原子力規制委員会	環境省の外局	国家行政組織法第 3 条 2 項 原子力規制委員会設置法
（特定個人情報保護委員会） 個人情報保護委員会	内閣府の外局	内閣府設置法第 49 条 番号法
消費者委員会	内閣府の審議会	内閣府設置法第 37 条 消費者庁および消費者委員会設置法

政機関が権力分立原則や民主的責任行政の観点から認められるかどうかが問題となる。

　この点については様々な見解があるが[68]、権力分立原則の憲法上の根拠法とされる憲法第 65 条、第 41 条、第 76 条 1 項の文言をみても、行政に政治的中立性が求められるとしても、国会による統制が最終的に及ぶのであれば合憲であるし、内閣がすべての行政について直接的な指揮監督権をもつことを要求するものではないことや、準司法的作用等はそもそも国会によるコントロールには馴染まないものである等として、独立行政委員会は例外的存在ではあるもの

---

68)　独立行政委員会が違憲であるとする見解として、青木一男『公正取引委員会違憲論その他の法律論集』（第一法規、1976 年）37 頁以下。

の、合憲として認められるとの考え方が一般的となっている[69]。

そして、独立行政委員会設置の例外が認められるか否かについては、憲法第73条1号に定められる、法律の誠実な執行に関して内閣が失敗していると考えられる場合、もしくは構造的に問題があると考えられるような場合に独立行政委員会の設置が認められるとする有力な見解もあるが、一般的には、設置に関する制度的合理性があるかによって判断されるべきと説明されている[70]。

10.1.6　特定個人情報保護委員会の設置と個人情報保護委員会への改組
(1) 特定個人情報保護委員会設立の経緯

2013（平成25）年3月に国会に提出され、同5月24日に成立した番号法（行政手続における特定の個人を識別するための番号の利用等に関する法律、以下番号法という）が、その第6章において求めている通り、特定個人情報保護委員会という第三者機関が内閣府の外局の委員会として設置されることとなった。

特定個人情報保護委員会の設置に関する検討の推進は、EUにおける個人データ処理に係る個人の保護及び当該データの自由な移動に関する1995年10月24日の欧州議会及び理事会の95/46/EC指令（以下「EUデータ保護指令」という）[71]第25条1項[72]ならびに第28条1項[73]において、第三者機関の設置を含めた

---

[69] 宍戸常寿「パーソナルデータに関する「独立第三者機関について」」ジュリスト1464号（2014年3月）19-20頁。

[70] 前掲注56)駒村「内閣の行政権と行政委員会」229頁以下、野中俊彦ほか『憲法II[第5版]』（有斐閣、2012年）203頁、芦部信喜（高橋和之補訂）『憲法[第5版]』（岩波書店、2011年）314頁。また、制度自体の合理性について、相当の政治的合理性が一定の場合に認められる場合も考えられるとするものとして、長谷部恭男『憲法[第5版]』（新世社、2011年）366頁以下。

[71] See, Official Journal L 281, 23/11/1995 P. 0031 – 0050, Directive 95/46/EC of the European Parliament and of the Council of 24 October 1995 on the protection of individuals with regard to the processing of personal data and on the free movement of such data.

[72] 「加盟国は、処理されている又は移転後に処理が予定されている個人データの第三国への移転は、本指令の他の規定に従って立法された国内法の規定の順守を損なわず、かつ、当該第三国が適切な水準の保護措置を確保している場合に限って行うことができることを定めなければならない」なお、邦訳は宇賀克也「特定個人情報保護委員会について」情報公開・個人情報保護49号（2013年）67頁に依る。

適切な水準の保護措置が求められていることに対応したものである[74]。

(2) 設置根拠による違い——3条委員会と8条委員会

特定個人情報保護委員会は、番号法に基づき、内閣府外局の第三者機関として機能する合議制の行政委員会であり、内閣府設置法第49条（国家行政組織法第3条に相当）に基づく機関である。

表3.3にあるように、いわゆる独立第三者機関には、国家行政組織法第3条に基づく委員会と国家行政組織法第8条に基づく委員会が存在している。このうち、国家行政組織法第3条に基づく委員会は、それ自体として国家意思を決定し、外部に表示することを行う行政機関であり、準司法的権限や準立法的権限ということもできる権限、すなわち、紛争にかかる裁定やあっせん、民間の団体に対する規制等を行う権限等を付与される機関である（内閣府設置法に基づいて設置された委員会も同様の権限を有する）。他方、国家行政組織法第8条に基づいて設置される委員会は、「調査審議、不服審査、その他学識経験を有する者等の合議により処理することが適当な事務をつかさどらせるための合議制の機関」（国家行政組織法第8条）であり、政府の諮問に応じて答申をするいわゆる審議会である。なお、行政委員会について、厳密に「府又は省の外局として置かれる合議体の行政機関であって、自ら国家意思を決定し外部に表示するもの」と定義するのであれば、かかる8条委員会（審議会）は、行政委員会ではないこととなる[75]。なお、会計検査院と人事院については、上記定義によると行政委員会ということができるが、実務一般には、行政委員会と異なる独立

---

73) 邦訳につき、同上同頁参照。監督機関
「各加盟国は、一又は二以上の公的機関が、本指令に従って加盟国が制定した規定の範囲内で、その適用を監視する責任を負うことを定めなければならない。この機関は、委ねられた職権を行使する上で、完全に独立して行動しなければならない」

74) もっとも、特定個人情報保護委員会は執行対象が特定個人情報に限られているため、これのみで適切な水準の保護措置として認められることはない。寺田麻佑・板倉陽一郎「特定個人情報保護委員会の機能と役割—各国における同種機関との比較を中心に—」，EIP, No.69-14（2015年）, 1頁。

75) 定義につき、前掲注57）、塩野・「行政委員会制度について—日本における定着度—」2頁。

行政機関としての取り扱いがなされている[76]。

(3) スクラップ・アンドビルドの原則と特定個人情報保護委員会

 我が国においては、行政組織の新設にあたっては、既存の組織の再編と合理化により、組織が膨張しないようにするスクラップ・アンド・ビルドの原則が適用されている[77]。そのなかで、特定個人情報保護委員会は、内閣府設置法第49条に根拠を有する、独立性の高い行政委員会として、他の組織をスクラップすることなく設置された。この点は非常に珍しいことであり、独立した第三者機関を設置することが重要であるということが強く政府に認識されて、その必要性が認められていたということが言える[78]。先にみた、独立行政委員会の合憲性に関する議論からすれば、例外的に認められる独立行政委員会のなかでもその制度的な必要性の高いものであると考えられているものと言うことができよう。

(4) 特定個人情報保護委員会の任務・役割

 特定個人情報保護委員会の任務は、国民生活にとっての個人番号その他の特定個人情報の有用性に配慮しつつ、その適正な取扱いを確保するために必要な

---

76) 同上、2頁。
77) 『公務員 制度改革大綱』2001（平成13）年12月25日内閣官房行政改革推進事務局公務員制度等改革推進室（平成13年12月1日閣議決定）(http://www.gyoukaku.go.jp/jimukyoku/koumuin/taikou/)
　また、『組織・定員管理に関する基準』2001（平成13）年11月22日総務省行政管理局 (http://www.kokko-net.org/kokkororen/011122b.pdf)
78) 宇賀克也教授は、「わが国の行政組織に係る合理的再編成（スクラップ・アンド・ビルド）原則の下で、スクラップなしに行政委員会が新設されたこと自体、稀有なことであり、共通番号制度の導入に伴う個人情報保護対策として、独立した第三者機関を設ける必要性が政府により強く認識されたことを示している」と指摘している。前掲注72) 宇賀・「特定個人情報保護委員会について」69頁。また、宍戸常寿教授も、「官民双方にまたがる強力な権限が認められた特定個人情報保護委員会がスクラップ・ビルドによらずに新設されたことは、その設置の必要性が政府に強く意識されていたことを窺わせる」と指摘する。前掲注67) 宍戸・「パーソナルデータに関する『独立第三者機関』について」21頁。

個人番号利用事務等実施者に対する指導および助言その他の措置を講ずること（番号法第 37 条）である。

また、特定個人情報保護委員会に期待される役割は、その組織理念に掲げられる通り、マイナンバー法制の推進にあたり、その適切な取り扱いを監視・監督する点にある[79]。

---

79) 特定個人情報保護委員会の組織理念～マイナンバーの適正な取扱いのために～
平成 26 年 6 月 5 日
特定個人情報保護委員会
特定個人情報保護委員会は、行政手続における特定の個人を識別するための番号の利用等に関する法律（平成 25 年法律第 27 号）に基づき設置された合議制の機関です。その使命は、独立した専門的見地から、特定個人情報（マイナンバーをその内容に含む個人情報）の有用性に配慮しつつ、その適正な取扱いを確保するために必要な活動を行うことです。私たちは、これを十分認識し職務を遂行すべく、ここに組織理念を掲げます。
1 国民の信頼を得るための特定個人情報保護評価
　マイナンバーを利用する行政機関等が、総合的なリスク対策を自ら評価し公表する制度（特定個人情報保護評価）を推進します。これにより、個人のプライバシー等の権利利益の侵害を未然に防止し、マイナンバー制度に対する国民の信頼の確保を目指します。
2 特定個人情報の適正な取扱いを確保するための監視・監督
　行政機関等や民間企業がマイナンバーの取扱いを適正に行うよう監視・監督活動を行います。マイナンバーの有用性に配慮しつつ、指導・助言、検査を行うなど適切な執行を目指します。
3 多様な観点からの検討と分かりやすい情報発信
　施策や規則の策定に当たっては、各方面の意見を聴きながら、多様な観点から検討を行います。また、分かりやすい情報を広くタイムリーに提供し、特定個人情報保護についての広報・啓発に取り組みます。
4 国際的な動向を視野に入れた取組
　経済・社会活動のグローバル化に対応するため、国際協力関係の構築を視野に海外の個人情報保護機関との情報共有に努めます。また、諸外国の制度・執行に関する調査・研究に取り組みます。
5 高い専門性を維持するための多様な人材の活用と育成
　職務の遂行に当たって、職員の多様な専門性や知見を活用するとともに、法制度・執行・国際連携等各分野の専門性を高めるための人材の育成に取り組みます。
（http://www.ppc.go.jp/files/pdf/soshikirinen.pdf）

(5) 特定個人情報保護委員会の組織・事務局

　特定個人情報保護委員会は、委員長および委員6人によって組織され、委員のうちの3人は非常勤とするとされている（番号法第40条1項、同2項）。また、第40条3項に「委員長及び委員は、人格が高潔で識見の高い者のうちから、両議院の同意を得て、内閣総理大臣が任命する」と規定されており、国会の同意が必要な人事となっている。

　委員長および委員の任期は5年（番号法第41条1項本文）であり、再任可能とされている（番号法第41条2項）。また、委員長および委員の職権行使に係る独立性の保障のために、以下の場合のいずれかに該当する場合を除いては、在任中、その意に反して罷免されることがないと定められている（番号法第42条）（なお、2015年中は5名であり、2016年1月からは7名で構成されている）。

　また、番号法は、特定個人情報保護委員会の事務を処理させるために、同委員会に独自の事務局を置くこととした（番号法第46条1項）。

(6) 特定個人情報保護委員会から個人情報保護委員会への改組

　番号法附則第6条2項においては、番号法の施行の状況、個人情報の保護に関する国際的動向等を勘案し、特定個人情報以外の個人情報の取扱いに関する監視または監督に関する事務を同委員会の所掌事務とすることについて検討を加え、その結果に基づいて所要の措置を講ずるものとされていた。

10.1.7　個人情報保護委員会について

　個人情報保護委員会は、上記の通り、個人情報保護法および関係法令に基づき、特定個人情報保護委員会を改組して、2016年1月1日に設置された機関である。

　下記において個人情報保護委員会の機能について再確認を行うが、その任務については、端的に「個人情報の保護に関する法律（平成15年法律第57号）に基づき、個人情報の適正かつ効果的な活用が新たな産業の創出並びに活力ある経済社会及び豊かな国民生活の実現に資するものであることその他の個人情報の有用性に配慮しつつ、個人の権利利益を保護するため、個人情報の適正な取扱いの確保を図ること」と説明されており、その組織は、委員長1名、委員

8名の合議制であり、委員長、委員が独立して職権を行使するものと説明されている[80]。

(1) 個人情報保護委員会の機能と役割

個人情報取扱事業者の監督を行う主体が、主務大臣から個人情報保護委員会に改められたことが、個人情報保護委員会の新設に伴う最大の変化である。

また、基本方針の案の作成権限等を消費者委員会から移管している。(新第7条)。主務大臣が有する権限と、立入検査の権限を個人情報保護委員会に付与し、さらに、委員会の認定を受けた「認定個人情報保護団体」によるガイドライン（個人情報保護指針）の作成に一定の関与を行うことが予定されている。

(2) 個人情報保護委員会の機能

改正法案では、個人情報の取扱いの監視・監督のため、番号利用法に基づく特定個人情報保護委員会が組織替えされる形で、個人情報保護委員会が新設される。個人情報保護委員会は、特定個人情報保護委員会と同様、内閣府の外局として設置される（内閣府設置法（平成11年法律第89号）第49条第3項の規定に基づく）独立性の高い、いわゆる3条委員会である[81]。

(3) 組織構造・所掌事務・事務局の充実

個人情報保護委員会は個人情報一般に関する監視・監督を行う機関として新設されるため、特定個人情報保護委員会よりも委員の人数が増やされている。委員長を除く委員の人数は6名から8名に増員された（新第64条）。また、委員の選任に係る規定には、特定個人情報保護委員会の際と同様に、両議院の同

---

80) 参照、個人情報保護委員会「個人情報保護委員会の組織理念〜個人情報の利活用と保護のために」平成28年2月15日。
81) 谷澤光「個人情報の保護と有用性の確保に関する制度改正―個人情報保護法及び番号利用法の一部を改正する法律案―」立法と調査（2015.4）363号8-9頁。特定個人情報保護委員会は、内閣府の外局として置かれる委員会であり、かかる場合内閣府は各省と対等の関係にある。参照、宇賀克也『行政法概説〈第三版〉』（有斐閣、2012年）75頁以下。

意を得て、内閣総理大臣が任命するものとする、との規定がおかれた。さらに、委員の選任に関しては、「消費者の保護に関して十分な知識と経験を有する者」等が加わっていることが新たに求められることとなった。

加えて、委員会には、専門の事項を調査させるために、専門委員を置くことができるものとされた（新第69条）。

個人情報保護委員会の所掌事務は、特定個人情報保護委員会が扱っていた特定個人情報に関する所掌事務から個人情報に関するものへと拡大し、以下のものを包含している。

①基本方針の策定・推進
②個人情報および匿名加工情報の取扱いに関する監督ならびに苦情の申出についての必要なあっせんおよびその処理を行う事業者への協力
③認定個人情報保護団体関係
④特定個人情報の取扱いに関する監視または監督ならびに苦情の申出についての必要なあっせんおよびその処理を行う事業者への協力
⑤特定個人情報保護評価関係
⑥個人情報の保護および適正かつ効果的な活用についての広報と啓発
⑦①―⑥までの事務を行うために必要な調査および研究
⑧所掌事務に係る国際協力
⑨その他法律に基づいて委員会に属させられた事務

すなわち、④⑤を除き、新たに取り扱うこととなった所掌事務であるということができる。

10.1.8　個人情報保護委員会の組織としての特徴——委員会としての独立性

個人情報保護委員会は、前述の通り、2016（平成28）年1月1日に特定個人情報保護委員会から改組された組織であり、前身である特定個人情報保護委員会の設置の構想の段階から、「個人情報の取扱いが適切に行われているか、情報連携基盤等のシステムが適切に稼働しているかなどの点について、行政機関等から独立した第三者的立場で監督する機関」が考えられていた[82]。

そして、個人情報保護委員会の独立性に関する関連条文は、以下の通りであり、独立性が認められることが個人情報保護法の条文上からも明らかとなっている。また、個人情報保護委員会の独立性を担保するために、委員長および委員の身分保障も定められている[83]。

改正個人情報保護法の関連規定
（設置）
第59条　内閣府設置法第49条第3項の規定に基づいて、個人情報保護委員会（以下「委員会」という。）を置く。
2　委員会は、内閣総理大臣の所轄に属する。

（職権行使の独立性）
第62条　委員会の委員長及び委員は、独立してその職権を行う。

（身分保障）
第65条　委員長及び委員は、次の各号のいずれかに該当する場合を除いては、在任中、その意に反して罷免されることがない。
一　破産手続開始の決定を受けたとき。
二　この法律又は番号利用法の規定に違反して刑に処せられたとき。
三　禁錮以上の刑に処せられたとき。
四　委員会により、心身の故障のため職務を執行することができないと認められたとき、又は職務上の義務違反その他委員長若しくは委員たるに適しない非行があると認められたとき。

---

82)　「社会保障・税に関わる番号制度に関する実務検討会及びIT戦略本部企画委員会個人情報保護ワーキンググループ」報告書（2011年6月）。参照、宍戸・前掲「パーソナルデータに関する『独立第三者機関』について」21頁。
83)　特定個人情報保護委員会と同様である。このような任期、罷免事由の限定等の身分保障は、いわゆる3条機関としての標準的な規定であるため、このような規定が入っていることは当然のこととも言える。参照、宍戸・前掲「パーソナルデータに関する『独立第三者機関』について」21頁。

(罷免)
第66条　内閣総理大臣は、委員長又は委員が前条各号のいずれかに該当するときは、その委員長又は委員を罷免しなければならない。

　個人情報保護委員会は、以上のように、条文上からも、また委員会の設立の経緯からも、独立性の担保された、独立行政委員会として考えることができる[84]。

(1) 委員会組織理念の違い[85]
　個人情報保護委員会は、以下のように、組織理念を示している。この組織理念は、特定個人情報保護委員会においても出されていたものであるが、個人情報保護委員会として改組され、委員会として取り扱う事柄の範囲が増大したこと等を受け、具体的な組織理念の中身が相当程度、異なっている（以下、下線は筆者による）。

個人情報保護委員会の組織理念
～個人情報の利活用と保護のために～

平成28年2月15日
　個人情報保護委員会 個人情報保護委員会は、個人情報の保護に関する法律（平成15年法律第57号）に基づき設置された合議制の機関です。その使命は、独立した専門的見地から、個人情報の適正かつ効果的な活用が新たな産業の創出並びに活力ある経済社会及び豊かな国民生活の実現に資するものであることその他の個人情報の有用性に配慮しつつ、個人の権利利益を保護するため、個人情報（特定個人情報を含む。）の適正な取扱いの確保を図ることです。私たちは、これを十分認識し職務を遂行すべく、ここに組織理念を掲げます。
　1　個人情報の利活用と保護のバランスを考慮したルールの策定
　民間企業、消費者及び有識者等から広く意見を聴取し、民間企業や個人の経済・

---

[84]　宍戸・前掲「パーソナルデータに関する『独立第三者機関』について」19頁。
[85]　個人情報保護委員会「委員会組織理念　比較表」
www.ppc.go.jp/files/pdf/280215_siryou1-2.pdf（2016年10月21日閲覧）

第10章　EUとドイツの法制を踏まえて　　　253

社会活動の実態を踏まえ、個人情報の利活用と保護のバランスを考慮したルールの策定に取り組みます。また、取り扱う個人データ数の少ない事業者が新たに法の対象となることから、小規模の事業者の事業活動が円滑に行われるよう配慮します。
　2　特定個人情報の適正な取扱いを確保するための監視・監督
　我が国の行政の重要な社会基盤（インフラ）であるマイナンバーが行政機関等や民間企業において適正に取り扱われるよう、指導・助言、検査を適時適切に行うなど、効率的かつ効果的に監視・監督活動を行います。
　また、専門的・技術的知見を有する体制を整備し、関係機関と緊密に連携してマイナンバーのセキュリティの確保に取り組みます。
　さらに、マイナンバーを利用する行政機関等が総合的なリスク対策を自ら評価し公表する制度（特定個人情報保護評価）の適切な運営に取り組みます。
　3　多様な観点からの検討と分かりやすい情報発信を通じた広報・啓発
　様々な情報源から得られる情報を総合的に活用して、多様な観点から検討を行い、分かりやすい情報を広くタイムリーに発信するなど、個人情報の利活用と保護についての広報・啓発に取り組みます。
　4　国際協力関係の構築を視野に入れた取組
　経済・社会活動のグローバル化に対応するため、国際協力関係の構築を視野に海外の個人情報保護機関との情報共有に努めます。また、諸外国の制度・執行に関する調査・研究に取り組みます。
　5　幅広い専門性を確保するための多様な人材の活用と育成
　職務の遂行に当たって、職員の多様な専門性や知見を活用するとともに、法制度・執行、情報セキュリティ、国際連携等幅広い専門性を確保するための人材の育成に取り組みます。

　具体的な相違点のうち大きなものは、特に、個人情報の利活用と保護のバランスを考慮したルールの策定に関する理念が追加されたこと、マイナンバーから個人情報全般に所掌事務の範囲が拡大したことを受けた全般的な変更、海外の個人情報保護機関等との国際協力関係の構築についての理念が追加されたこと、が挙げられる。
　改正個人情報保護法の全面施行前の現時点においては、まだ予測の段階でしかないものの、従前の主務大臣制の下における個人情報保護法の執行体制に存在していた問題点、すなわち、個人情報保護法の監督措置も十分ではなく、また、その運用においても権限行使が積極的に活用されているわけではなかったという問題が、監視・監督機関として独立し、権限を一元化された第三者機関

として、大幅に改善されるのではないかと考えられる。

　実際に、法律上も、行政的監督として、立入検査等の権限が付与され、委員会の権限が従前よりも強化されている点も踏まえて、ICDPPC（International Conference of Data Protection & Privacy Commissioners）国際データ保護・プライバシー・コミッショナー会議における、来年度以降の正式なメンバーシップが認められる可能性が高くなったものと分析することができよう。国際データ保護・プライバシー・コミッショナー会議については、2016年10月20日、日本のオブザーバー参加を認めるという決議の付帯決議として（正式なメンバーとなる決議は、モロッコとニュージーランドは賛成したが、カナダ、フランス、オランダが反対したため賛成2、反対3で否決された[86]）、「2017年には日本を正式なメンバーとして認めることが可能」であるとの見通しが示された[87]。

　個人情報保護委員会は、独立した監視・監督機関として、その機能と権限の活用が期待されている機関である。これまでにも多くの指摘があるが、専門性が高く、パーソナルデータの利活用に不可欠な委員会として、専門委員の補充等、委員会の拡充につき、今後検討していく必要があろう[88]。

10.1.9　小　括

　組織改革にはさまざまな取り組みが考えられる。しかしながら、我が国の情報通信法制分野においては、上記の個人情報保護委員会の設置の例はあるものの、この組織は、個人情報保護制度に深くかかわる重要な組織の設置ではあるが情報通信分野全体の組織改革として見た場合、「柔軟な実効性ある改革」に資するものではない。以上の点からは、組織形態に関する取り組みとして、我が国における情報通信分野における改革は柔軟な方向性を模索する具体例がまだ乏しいと考えられる。

86）　ICDPPC Newsletter Volume 2, Issue 7, page 2（ICDPPC-Newsletter-Volume-2-Edition-7-October-2016.pdf）.

87）　See, https://icdppc.org/wp-content/uploads/2015/02/Accreditation-resolution-2016-revised-20.10.2016-1.pdf.

88）　前掲、宍戸・「パーソナルデータに関する『独立第三者機関』について」24頁。

10.2　協働——協調の明確化

10.2.1　協調のルールの明確化

　協働を通じた規制が「柔軟かつ実効性ある規制」と評されるためには、規制のための協働におけるルールが明確になされていることも必要である[89]。

　これまで、EUについての第Ⅰ部、また、ドイツについて第Ⅱ部でみたように、協調を進めるにあたって、法令などを上手く組み合わせるなど、ルール化が重視されてきた。

　すなわち、EUにおいては、まず、国際的協調をいかに進めるべきかという点を、域内経済の発展という目的に合わせて基本目標としてまとめ[90]、総合的な政策をEUとしてルール化して情報通信分野における改革を進めてきた。情報通信分野において規制の内容と具体的な規制範囲は、EU加盟各国の意見も交換しながら、グリーン・ペーパーとそれを受けたEU指令群という形で枠組みが明確にされたことがまず1つの進歩であった。そして、日本やアメリカそしてEU内で唯一民営化を早い段階で達成していたイギリスを意識する形で、自由化の段階を詳細にアクション・プランに示したEUは、1998年にEU全体の民営化への動きと通信自由化を期限内にほぼ完成させる結果となった[91]。そして、通信自由化を達成したEUは、その直後から情報通信規制の抜本的な見直しに取り組み[92]、EUは技術の融合に対応するための指令群を2002年のフレームワークとして整えた[93]。そのうえで、さらなるEU指令による規制協調

---

89)　もちろん、規制の柔軟性とルールの明確性には緊張関係がある側面も存在しうる。たとえば、ルールの明確性が高く、行政の裁量が限定されている場合の方が、規制の柔軟性・フレキシブルさは限定されるのではないのか、といった指摘も考えられる。伝統的な法の支配・法治国家原則とフレキシブルな規制の両立可能性については、稿を改めて深く論じてみたいと考えている。

90)　第1章第2節参照。1987年のグリーン・ペーパーが情報通信分野における域内市場の協調化（ハーモナイゼーション）の契機であった。

91)　Id. (above note 67 at Chapter 1), COM (1998) 80 final.

92)　Id. (above note 72 at Chapter 1), COM (1999) 539 final.

93)　EUの2002年電子通信フレームワークについては、第1章第3節参照。

化が欧州における情報通信分野における調整機関の設立も含めた2009年の改革によって行われたことは第1章第5節にみたとおりである。これらの取り組みの結果はすべて検討経過も含めて明らかにされており、EU加盟各国政府間のハーモナイゼーションがルール化を通して透明性を持って図られたと評価できる。

さらにEUが各国に導入を推奨している情報通信分野におけるCo-Regulation（共同規制）の取り組みも、自主規制を法的枠組みのなかで活用するものであり、透明性を重視する取り組みの1つである[94]。この点において、ドイツにおいては、EU指令の国内法化と同時にCo-Regulationの導入が図られている[95]。すなわち、情報通信分野の青少年保護規制において、ドイツ州メディア監督機関の中央委員会であるKJMと、放送事業者の自主規制機関の共同規制が2003年の青少年保護州際協定の改正によって採用された[96]。

その他、情報通信分野においてドイツはイニシアティブD21という官民共同出資の団体による様々なプロジェクトや、電子政府を整備するための取り組みのなかで、公私協調を透明性を持って図るために、適宜ルール化を利用してきたことが明らかとなった。特に、最近整備されたディーメールは民間業者を利用しながら電子私書箱の利用を推進するものであった。

そして、このように法令化が進められてきたことは、EUとドイツの法制度の協調の過程において透明性が必要であるとの指摘があったように、我が国においても必要とされる透明化にも繋がる変革であったといえよう。

10.2.2　組織間の役割分担の明確化

協働を通じた規制が「柔軟かつ実効性ある規制」と評されるためには、調整のルールの明確化とも一部重複する内容をもつが、各組織間における役割と責

---

94) *Id.*, OJ 2003, C321/01. 第8章第2節参照。EUの定義によれば、EUにおいてCo-Regulationは、立法部門によって定義された目標の実現のための立法で、関係者に委任される仕組みである。

95) Vgl. a.a.O., Potthast, S. 698; Hesse, S. 718ff.

96) *Hans-Bredow-Institut*, Endbericht Studie über Co-Regulierungsmaßnamen im Medienbereich, 2006, S. 51ff.

任の分担が明確なものとなっている必要もある。

　この点につき、EUにおいては、第Ⅰ部で検討したように、柔軟な組織改革が行われたのみならず、これを通じて、情報通信分野における調整的機構の整備が行われた[97]。すなわち、第Ⅰ部において検討したとおり、技術の進展の著しい情報通信分野において、基準の統一だけではない、総合的な意味におけるEU加盟国内におけるハーモナイゼーションが必要となってきたため、BERECがこれを促進する役割を担う組織として創設された。

　このBERECは、総合的政策を推進するための助言を行うという、目的の明確な機構であった。このように客観的に規則によって設立された組織の存在は、様々な公開討議と、客観的に合理的な調整を行うことを通して、意義を有するものと評価できよう。もっとも、すでに第Ⅰ部において指摘したように、BERECの組織としての位置づけ、活用のされ方については、数年を経なければ未知な部分もある。しかしながら、討議、提案、助言等が継続的に行われることを通じ、協議や調整が透明性をもって行われることは、ハーモナイゼーションに確実に役立つ。このような観点からも、BERECは、規制を調整する要の組織としての位置づけを与えられているといえよう。

　また、ドイツにおいても、第Ⅱ部にみたように、多くの機関が情報通信行政にかかわっている。特に情報通信分野においては、州際協定の改正に基づいてメディア部門集中審査委員会が作られ、また、共同規制を行うために青少年保護の問題に関して州メディア監督機関を拘束する決定を下すことのできる青少年メディア保護委員会が新設されるなど、新たな機関創設の動きが見られる。ドイツにおいても、必要に応じて、新たな機関を設置するなど、組織とその役割分担という観点からも、柔軟な対応がなされている[98]。

---

97)　制度改革においては活動の効率性が企図されていることはいうまでもないことである。高橋滋「行政の経済化に関する一考察（上）（下）法学と経済学との対話・ドイツ公法学の議論を素材として」自治研究84巻1号（2008年）46頁、同3号（2008年）28頁。
98)　それは、BERECの場合にもそうであったように、メディアの質の変容によって対処する内容も変わり、ひいては対応する組織そのものも新たに「整備」しなければならなくなる場合があるためである。

また、同じく、第Ⅱ部において指摘したように、ドイツにおいては、電気通信などの特定の社会インフラにつき、連邦レベルにおいて独立して権限と責任をもつ官庁が設けられている[99]ほか、すでに多くの指摘にあるように、連邦と州との間のみならず、様々なレベルでの組織の分節化が進行しており、職能団体や宗教団体の規制への組入れも進んでいる。その結果として、幅広い分野において多元的な意思決定機関のネットワークが構築されているといえよう[100]。加えて、多種多様な官民連携プロジェクトが進行中であり、これらのプロジェクトを通じて、連邦のイニシアティブの下、社会の様々な団体——公的機関、私的機関、官民共同出資の社団など——を糾合しつつ、情報通信社会基盤の構築が進められている。

　なお、このようにドイツにおいて、民間の組織を含めて幅広い協働が構築されている背景には、大陸に伝統的なコーポラティズムが根付いていることの反映であると評価することもできる[101]。この点、自律的集団を形成する際に多元主義が比較的容易に形成できるドイツ社会と我が国との間には、異なる部分も多い点には注意が必要であろう[102]。また、組織の多元的構成について、特殊利益との不当な癒着にもなりうることであるとして批判的な見解にも注意が必要である[103]。

---

99) *Hoffman-Riem*, Verwaltungsrecht in der Informationsgesellschaft, Einleitende Problemskizze. In: Hoffmann-Riem/Schmidt-Aßmann (Hrsg.), Verwaltungsrecht in der Informationsgesellschaft, 2000, S. 9-59.

100) 第8章参照。

101) コーポラティズムとは、職能団体や身分などの利害集団を、国家のもとに統合する協調的な社会制度やそういった社会制度を推進する思想・運動のことである。参照、大山耕輔（編著）『比較ガバナンス』（おうふう、2011年）159頁。

102) 我が国においても、多元的利益代表の例は、日本放送協会（NHK）経営委員会、そして日本銀行の政策委員会などにみられる。もっとも、宍戸常寿教授は、ドイツ的「内部的多元性の原理」の実現が、我が国においては「コーポラティズム的社会編成の前提を欠く」として難しいことを指摘する。宍戸常寿「公共放送の「役割」と「制度」」ダニエル・フット／長谷部恭男（編）『融ける境越える法4　メディアと制度』（東京大学出版会、2005）141頁以下（特に153頁以下）。

103) Schmidt-Aßmann, Eberhard: Das allgemeine Verwaltungsrecht als Ordnungsidee, 2. Aufl., 2004., S. 374-376.（エバーハルト・シュミット＝アスマン　太田匡彦・山本隆司・

10.2.3 結 論

　組織の形態に関わらず、まず、情報通信分野の規制と法政策一般に関して、本書で検討してきた、以下の点を参考とすることができると考えられる。

　イノベーションが進む現在、様々なサービスの枠組み作りが官民連携でなされ、共同化の形でなされようとしている[104]。EUにおいて規制枠組みが定期的に抜本的に見直されてきたように、情報通信分野において、扱う情報の量と質が大きく、また深くなるにつれて、技術革新に柔軟に実効的に対応することが必要とされる。規制すべき部分は規制し、規制緩和すべき部分は緩和する、そのような柔軟な法政策が必要とされる情報通信分野にあって、調整を行う重要性は国境を超えて共通する。そのための共同規制手法の取り入れ方には役割が明確化され、ルール化された協調の意義を見出すことができる。様々な規制手法の調和的使用――ポリシーミックス――が指摘されて久しいなか、共同規制手法は、柔軟に事態に対処でき、実行的な手法であるといえよう[105]。

　また、EUとドイツにおける柔軟な組織のあり方からは、組織の多元的構成の意義、利益と利益の衝突を生じさせないための、組織間の距離の測り方を参考とすることができる。このような組織構成を実現することを通じて、議院内閣制の下において政党・議員等を通じた特殊利益の浸透を排除することが可能となり[106]、規制組織と規制団体・被規制者との間における適切な距離が保たれることとなろう。

　これまで、メディアが関係する分野において独立性の高い組織が必要である、

大橋洋一訳『行政法理論の基礎と課題―秩序づけ理念としての行政法総論』266頁（東京大学出版会、2006年））

104）　本文においては、「共同規制（Co-Regulation）」の取り組みなどを想定しているため、「共同」の用語を用いている。

105）　高橋滋「法と政策の枠組み――行政法の立場から」『現代の法4（政策と法）』（岩波書店、1998年）22頁以下参照。

106）　特殊利益につき、a.a.O., Schmidt-Aßmann, Das allgemeine Verwaltungsrecht als Ordnungsidee, 2. Aufl., S. 374-376,. （エバーハルト・シュミット＝アスマン　太田匡彦・山本隆司・大橋洋一訳『行政法理論の基礎と課題―秩序づけ理念としての行政法総論』（東京大学出版会、2006年）266頁）

ということは、2つのことからいわれてきていた[107]。それらはすなわち、情報通信分野においては、技術の発展が早くて専門性が高いために行政がそれらにおいついていくためにはより専門性の高い独立した組織が必要という議論や、特に放送の分野では表現の自由との関係で政治的中立性が必要であるので独立性の高い組織が必要だとの指摘である。

これらに加えて、技術の変化が激しい情報通信分野において、機能する可能性のある組織について、常に変化に対応しなければならない行政、ということを考えた時には、現実の社会の変化も考えると、特に政策形成や政策調整といったこともともに組織が解決すべき要素として存在している。そして、そのためには、柔軟な行政組織形態の変更も考えられるのではないか[108]。

そのために、技術の発展に対応するための法とその法を執行する機関、そして、情報通信状況を監督する機関として、どのような行政組織形態が適しているのか、情報通信分野においては今一度考えてみる必要があるのではないのかと考えられる。

わが国が現在情報通信の発展のなかにあって、技術発展に即応した対応を行っていくためには、フレキシブルに規制を組換えるための、透明性と、独立性を有した行政組織のあり方を今後も模索していく必要があろう。

---

107) たとえば、日本におけるメディア自主規制機関であるBPOは、法的枠組みのなかに取り入れることも考えられるのではないかとの考えも議論されている。放送法の仕組みの中に「自覚的な規制方針の選択」として取り入れることも検討するものとして、参照、曽我部真裕「放送番組規律の『日本モデル』の形成と展開」曽我部真裕・赤坂浩一（編）『憲法改革の理念と展開（下巻）――大石眞先生還暦記念――』（2012年、信山社）398-399頁。

108) 組織形態の変更に絞って検討した論考として、寺田麻佑「情報通信分野における規制手法と行政組織」、公法研究78号（2016年）258-267頁。

欧州電子通信規制者団体(BEREC)と事務局を設立する規則

Regulation (EC) No 1211/2009 of the European Parliament and of the Council of 25 November 2009 establishing the Body of European Regulators for Electronic Communications (BEREC) and the Office.

第1章 設立
　第1条 設立
1. ここに、BERECは本規則に規定される責任とともに設立される。
2. BERECはEU指令2002/21/EC（枠組み指令）とEU指令2002/19/EC、2002/20/EC、2002/22/ECと2002/58/EC（特定の指令）、そして規則（EC）No 717/2007の範囲内において活動する。
3. BERECは、独自に、公平にそして透明性を持ってその業務を遂行する。すべての業務において、BERECは、EU指令2002/21/EC（枠組み指令）の第8条に定められている、加盟国規制機関（NRAs）と同じ目的を追求する。特に、BERECは、電子通信のためのEU枠組み指令の一貫した業務適応の確実性を目指すことによって、開発と電子証券取引ネットワークとサービスの市場内部におけるより良い機能性に貢献する。
4. BERECは、NRAの専門的技術を利用し、NRAと委員会との協力によって、その業務を遂行するものとする。BERECは、NRA間での協力と、NRAと委員会の間での協力を促進するものとする。さらに、BERECは、欧州議会や理事会の要求をうけ、委員会に対して助言を行うものとする。

第2章 BERECの組織
　第2条 BERECの役割
　（a） BERECは、EU枠組み規定の履行に関する一般的な取り組みや方法、または指針といったNRAの規制の最適な実施の中で開発し普及するものとする。
　（b） BERECは、要求に応じて、規制に関する問題においてNRAに対する支援を提供するものとする。
　（c） BERECは、この規則、枠組み規定、そして特定規定において言及した、委員会の決定案、勧告、指針に関する意見を述べるものとする。

(d) BERECは、その権限内のどのような電子通信に関する件においても、委員会の熟慮された要求又は自身の発意をうけて、報告書を発行し助言を行い、熟慮された要求又は自身の発意をうけて、欧州議会と理事会に対し意見を述べるものとする。
(e) BERECは、要求に応じ、欧州議会、理事会、委員会、NRAを、第三者との交渉、議論及び交換に関し補助し、第三者への規制の最適な実施の普及に関して、理事会と委員会を補助するものとする。

第3条 BERECの業務
(a) EU指令2002/21/EC（枠組み指令）第7条ならびに第7a条のもと、市場の定義、重要な市場力を持つ事業者の指名、及び救済の賦課にかかるNRAの方策案に関して意見を述べるものとする。そして、EU指令2002/21/EC（枠組み指令）第7条ならびに第7a条に基づき、NRAと共に協力し、目的を遂行していくものとする。
(b) EU指令2002/21/EC（枠組み指令）第7b条のもと、勧告案ならびに/もしくは届出に必要な形式、内容そして詳細における指針に関して意見を述べるものとする。
(c) EU指令2002/21/EC（枠組み指令）第15条のもと、当該製品とサービス市場に関する勧告案において協議されるものとする。
(d) EU指令2002/21/EC（枠組み指令）第15条のもと、多国籍市場の識別に関する決議案に関して意見を述べるものとする。
(e) EU指令2002/21/EC（枠組み指令）第16条のもと、当該市場の分析においてNRAに対し補助を行うものとする。
(f) EU指令2002/21/EC（枠組み指令）第19条のもと、調整に関する決定案と勧告案に対して意見を述べるものとする
(g) EU指令2002/21/EC（枠組み指令）第21条のもと、国境を超える紛争に対し協議を行い意見を述べるものとする。
(h) EU指令2002/19/EC（アクセス指令）第8条のもと、権限に関する決定案、もしくはNRAが特別策を採ること防ぐ決定案に関して意見を述べるものとする。
(i) EU指令2002/22/EC（ユニバーサル・サービス指令）第26条のもと、緊急112番通報の効率的利用法に関する方策案において協議するものとする。
(j) EU指令2002/22/EC（ユニバーサル・サービス指令）第27a条のもと、116番号の範囲、特に子供の失踪のホットライン番号116000の効率的履行に関する方策案に関する協議を行うものとする。
(k) EU指令2002/19/EC（アクセス指令）第9条のもと、その指令のAnnex II部分の更新に関して委員会を補助するものとする。
(l) 要求に応じ、特に国境を越えたサービスのための、社会における番号情報の悪用や詐欺問題に関し、NRAに対して補助を行うものとする。
(m) 国境を越えたサービスの提供者のための一般規則と要件の発展の確実性を目指し意見を述べるものとする。
(n) 電子通信部門の監視と報告を行い、その部門の発展に対する年間報告書を発行す

るものとする。
2. 委員会の熟慮された要求又は自身の発意をうけて、BERECは、第1 (2) 条に定義された範囲内での役割を果たすために必要な特定された任務を、満場一致の決定に基づいて遂行することができる。
3. NRAと委員会は、BERECによるいかなる意見、勧告、指針、助言または最適な規制の実施に対しても最大限の注意を払うものとする。BERECは、必要に応じて、意見を委員会に発表する前に、関係する国の競争当局と相談するものとする。

第4条　BERECの組成と組織
1. BERECは規制委員会で構成される。
2. 規制委員会は、各加盟国から1名の、代表もしくは指名された、各加盟国において日常の電気通信ネットワークとサービス市場動向を監督する主たる責任を負ったNRAの高位の代表によって構成される。その規制を実行に移す場合には、BERECは独立して活動する。規制委員会の構成員は、政府、委員会、もしくはその他公的または私的な団体からのいかなる指示も模索せず、受容しないものとする。NRAは1加盟国あたり1人、交互メンバーを指名するものとする。委員会は、観察者としてBERECのミーティングに出席し、適正水準で代表されるものとする。
3. 欧州経済地域の国と欧州連合加入候補の国のNRAは、観察者としての位置を保持し適正水準で代表されるものとする。BERECはその会合へ他の専門家と観察者を招くこともある。
4. 規制委員会は、BERECの手続規則に従い、その構成員から議長と副議長を任命するものとする。副議長は議長が決められた義務を果たせない立場となったとき、自動的に議長の義務を引き受けるものとする。議長と副議長の在職期間は1年とする。
5. 規制委員会の役割に影響を与えることなく、議長の業務に関して議長は、いかなる政府、委員会または他のいかなる公的または私的機関からのいかなる指示も、模索せず、また受容しないものとする。
6. 規制委員会による総会は、議長により召集されるものとし、1年に最低4回は開催されるものとする。また、臨時会議は、議長の主導のもと、委員会の依頼、もしくは少なくとも3分の1の委員たちの要求により召集されるものとする。会議の議題は、議長によって設定され、公表されるものとする。
7. BERECの業務は専門家業務団体として組織されることもあるものとする。
8. 委員会は、規制委員会の総会に招かれるものとする。
9. 規制委員会は本規則の枠組み指令または特定指令に表記されていないかぎり、全体の3分の2以上で実行するものとする。委員、または交互の委員は、それぞれ1票の投票権があるものとする。規制委員会の決定は公表されるものとし、要求に応じてNRAの留保を示すものとする。
10. 規制委員会はBERECの手続規則を採用し公開するものとする。委員の1員が他の委員を代表して実行する可能性、定数を決定する規則、および会合のための締め切り通知

に関する事を含む、手続規則は政府の投票の手配を詳細に表記するものとする。さらに、手続きの規則は、規制委員会の委員達に、彼らが投票前に修正提案を行う機会を与えるため、会合前に必ずすべての議題と試案が提供されることを保証するものとする。手続規則は、とりわけ緊急の投票手続を行うこともあるものとする。
11. 第6条によって参照される事業所はBERECへの管理と専門的な支援活動を提供するものとする。

第5条　規制委員会の業務
1. 規制委員会は第3条で規定されたBERECに関する業務を補完し、その役割の遂行に関するすべての決定を行うものとする。
2. 規制委員会は、以下の事柄によって第11条（1）（b）に従い、財政的貢献が行われる前に、加盟国もしくはNRAからの自発的な財政的貢献を承認するものとする。
   (a)　満場一致により、すべての加盟国、またはNRAが貢献を行うと決めたとき。
   (b)　満場一致で貢献を行うと決めている多くの加盟国もしくはNRAの単純多数が貢献を行うと決めたとき。
3. 第22条に従い、規制委員会はBERECを代表して、BERECが有する文書の利用権に関する特別条項を承認するものとする。
4. 第17条により利害関係者と協議のうえ、規制委員会は、年度末までに業務内容が関係する内容に先立ち、BERECの例年の業務内容を承認するものとする。その承認後ただちに、規制委員会は例年の業務内容を欧州議会、理事会、および委員会に通達するものとする。
5. 規制委員会は、BERECの活動年次報告を採択し、毎年6月15日までに欧州議会、理事会、委員会、欧州の経済・社会委員会、および監査役の法廷に、それぞれ報告するものとする。欧州議会は、BERECの活動に関連する当該問題においても対処するよう規制委員会議長に要求されることもあるとする。

第6条　事務局
1. 経済政策規則第185条の意味の範囲内で、事務局は、ここに団体の本部として法人格をもって設立する。2006年5月17日付IIA 47の指摘は事務局に適用されるものとする。
2. 規制委員会の指揮監督のもと、事務局は、BERECに対し、管理に関する専門的な補助を行うとともに、NRAから情報を集め、第2条aや第3条で表記された役割と業務に関連した情報を交換し伝え、第2条aによりNRAの中で規制の最適な実践の供給をするものとし、さらに規制委員会の業務準備に対し議長を補佐するものとし、そして、確実に団体が順調に機能できるよう補助するものとする。
3. 事務局は以下を包含するものとする。
   (a)　経営管理委員会
   (b)　総務部長
4. それぞれの加盟国においては、事務局が国内法令の下で法人に与えられる中で最大の

権利能力を保持するものとする。事務局は、特に動産や不動産の資産を売買する事もあり、また、訴訟手続に関与する事もあるものとする。
5. 事務局は、総務部長によって管理されるものとし、職員の人数は義務を果たすために必要な人数に厳密に制限するものとする。第11条により、職員の数は経営管理委員会の委員と総務部長によって提案されるものとする。職員の増員においては、経営管理委員会の満場一致の場合においてのみ実施されるものとする。

第7条　経営管理委員会
1. 電子証券取引ネットワークとサービスの市場の日々の動きを監督することを主たる責任とし、経営管理委員会は、各加盟国に設立された独立したNRAを代表する責任者か指名された代表者、委員会を代表する1人の委員により構成されるものとする。各構成員には、1票の投票権があるものとする。第4条に関する条項において、必要な変更を加えて、経営管理委員会に適用されるものとする。
2. 経営管理委員会は総務部長を任命するものとする。任命された総務部長は、任命に関する準備に関わらないものとし、賛否を示さないものとする。
3. 経営管理委員会は総務部長の業務を履行する中で、総務部長に指針を提供するものとする。
4. 経営管理委員会は職員の指名に責任があるものとする。
5. 経営管理委員会は専門家業務団体の業務を補助するものとする。

第8条　総務部長
1. 総務部長は経営管理委員会に責任を持つものとする。当該人の役割の履行において、総務部長は、いかなる政府、委員会、または他の公的または私的機関からの、いかなる指示も模索せず、また受容しないものとする。
2. 総務部長は、公開競争による、電子証券取引ネットワークとサービスに関連する功績、技能、および経験に基づいて、経営管理委員会によって任命されるものとする。指名の前に、経営管理委員会によって選ばれた候補の適合性において、欧州議会の拘束力がない意見を取り入れることもあるとする。このために、候補が欧州議会の担当委員の前で、題材を発表し、質疑に答えるものとする。
3. 総務部長の在職期間は3年間とする。議長による評価報告書がBERECにより認められた場合においてのみ、経営管理委員会は、1度に限り総務部長の在職期間を、3年を限度に、延長することができるとする。管理委員会は、総務部長の在職期間の延長に関するどのような意見も、欧州議会に報告するものとする。在職期間が延長されない場合、総務部長の在職期間は、後継者が決定されるまでとする。

第9条
総務部長の業務
1. 総務部長は事務局の代表者としての責任があるものとする。

2. 総務部長は、規制委員会、経理管理委員会、専門家業務団体の協議事項の準備を補助するものとする。総務部長は、規制委員会と経理管理委員会に投票の権限なしに参加するものとする。
3. 毎年、総務部長は、次年度の事務局の事業計画案の準備において、経理管理委員会を補助するものとする。次年度の事業計画案において、6月30日までに経理管理委員会によって提出されるものとし、欧州議会と理事会により採用された補助金に関する最終決議を優先することなく、9月30日までに経理管理委員会によって採択されるものとする（合わせて予算権限と呼ばれる）。
4. 経理管理委員会は、規制委員会の指針のもと、1年間の事業計画の履行を指揮するものとする。
5. 総務部長は、経理管理委員会の指揮のもと、必要な法案を、特に総務内部の指示や監察事項の公表の適用に関するものを、この規定において事務局が機能することを確実にするため、採択するものとする。
6. 総務部長は、経理管理委員会の指揮のもと、第13条に従い、事務局の予算を執行するものとする。
7. 毎年、総務部長は、第5条（5）によりBERECの活動年次報告案の準備を補助するものとする。

第10条
職員
1. 欧州共同体の職員の職員規則と欧州共同体の他の使用人の雇用状態は、理事会規則（EEC, EURATOM, ECSC）259/68号（OJ L56, 4.3.1968, p. 1）とこれらの職員規則と雇用状態を適用する目的のため、欧州共同機関が共同で採択した規則に示されているように、総務部長を含む事務局の職員へ適用されるものとする。
2. 委員会の合意のもと、欧州共同体の職員の職員規則における第110条のために示された計画に従い、経理管理委員会は、必要な適用する法案を採択するものとする。
3. 欧州共同体職員の職員規則による任命権にかかわる権利権限の付与と欧州共同体の他の使用人の雇用状態による契約の締結にかかわる権利権限の付与に関する権限は、経理管理委員会の副議長によって行使されるものとする。
4. 経理管理委員会は、最大3年間を限度に一時的に事務局に任命される加盟国からの国家専門家を受け入れるために、条項を採択することができる。

第3章 財政条項
第11条 事務局の予算
1. 事務局における収入と財源は、特に以下から構成されるとする。
    (a) 欧州連合（委員会部門）の総予算の適切な項目の下で入る、委員会からの毎年5月17日付IIA指摘47に従った、又、予算の権限により定められた補助金。
    (b) 加盟国、または、NRAによる財政への寄与は、第5条（2）により、自主的実施に

基づくものとする。これらの寄与は、事務局と加盟国または国際規制当局の間で、欧州共同体の総予算（OJ L 357, 31.12.2002, p. 72.）に適した財務規則に関する理事会規則（EC, EURATOM）第185条1605/2002号に基づく内容のための財務規則の枠組みにおいて2002年11月19日付の委員会規則（EC, EURATOM）第19条（1）（b）2343/2002号に従って締結された同意に基づいて定義される運用上の支出の財政特別項目に用いられるものとする。各加盟国は、NRAが事務局の業務に関与するための適切な財源を保持する事を確実にするものとする。欧州連合の総予算草案を制定する前に、事務局はこの規則のもと割り当てられた収入に関する適切で適時に、そして、詳細な報告書を予算の権限に反映させるものとする。
2. 事務局の経費は、職員、管理、設備基盤、そして、履行上必要な経費を含むものとする。
3. 収支の均衡が保たれるものとする。
4. すべての収支が、年間日程表と同時期に起こる各会計年度予測の対象であり、事務局の経費に含まれるものとする。
5. 事務局の構成と財政組織は設立日から5年後に見直されるものとする。

第12条　予算の設定
1. 毎年の2月15日までには、総務部長は、暫定的な職の目録と共に、会計年度の翌年に予想される経費を含む予算草案の準備に関して経理管理委員会を補助するものとする。毎年、草案に基づき、経理管理委員会は、会計年度の翌年の事務局の収支の見積りを行うものとする。設立計画案を含む、当該見積もりは、3月31日までに経理管理委員会によって委員会に報告されるものとする。
2. 見積りは欧州連合の総予算草案と共に予算部門に対し委員会によって報告されるものとする。
3. 見積りに基づき、委員会は、欧州連合の総予算草案に設立案や補助金の金額提案に関して必要と予想されるものを入れるものとする。
4. 予算部門は事務局の設立計画を適用するものとする。
5. 事務局の予算は経理管理委員会によって作成されるものとする。それは欧州連合総予算の最終的な適用後、最終決定となるものとする。必要に応じて、それぞれに適用されるよう、調整されるものとする。
6. 経理管理委員会は、遅滞なく、予算財源において重要な財政的意味を保持するかもしれない、特にビルの賃貸や購入といった資産に関係するいかなる計画に関しても、それを遂行する意思を予算部門に報告するものとする。そしてそれは、委員会にも報告するものとする。もし、どちらかの予算権限部門が意見を出すつもりである場合、予算部門は、実行計画の情報受理後、2週間以内にそのような意見を出すという意思を経理管理委員会に報告するものとする。回答がない場合、経理管理委員会は計画された内容を遂行しても良いものとする。

第13条　予算の執行と管理

1. 総務部長は、許可を行う役員として務め、経理管理委員会の監督のもと、事務局予算を執行するものとする。
2. 経営委員会は事務局のための年に1度の活動報告書を、保証する意見と共に作成するものとする。それらの文書は公表されるものとする。
3.—11. 省略

第14条　内部管理システム
委員会内部の監査役は事務局の監査に責任があるものとする。

第15条　財政的規則
　規則（EC、EURATOM）2343/2002号は事務局に適用されるものとする。事務局に適切なさらなる財政的規則は、委員会との相談後に、経理管理委員会によって作成されるものとする。それらの規則は、事務局の特定の業務遂行上不可欠であり、委員会の事前同意においてのみ、規則（EC、EURATOM）2343/2002号の規制を受けなくても良いものとする。

第16条　詐欺に対応する手段
1. 詐欺、不正と他の不法な行為に対抗するため、欧州議会と1999年5月25日の欧州詐欺対抗事務局（OLAF）（OJ L 136, 31.5.1999, p. 1.）による調査を考慮にいれた理事会規則（EC）1073/1999号は、制限なく適応されるものとする。
2. 事務局は、欧州詐欺対抗事務局（OLAF）（OJ L 136, 31.5.1999, p. 15.）による内部調査を考慮に入れ、欧州議会と欧州連合理事会と欧州共同体委員会の間で1999年5月25日の相互機関の同意書に従うものとする。
3. 資金提供の決定と合意、そしてそれらから生じる法的文書を履行することに関し、必要がある場合には、裁判所の監査役ならびにOLAFが、事務局またはこれら資金の割り当ての責任者のもと配布された資金の受益者に関して現場監査を遂行しても良いことを明確に規定するものとする。

第4章　総合規定
第17条　協議
　適切な場合に、BERECは、意見、最適な規制の実施、又は報告書を採用する前に、利害関係者と協議し、相当期間内に意見を述べる機会を与えるものとする。BERECは、第20条に影響を与えることなく、協議手続きの結果を公にするものとする。

第18条　透明性と責任
　BERECと事務局は高水準の透明性ある活動を遂行するものとする。BERECと事務局は、特に彼らの業務結果と関連し、客観的で、信頼性があり容易に入手可能な情報が、公衆ならびにいかなる利害関係者にも与えられていることを確実にするものとする。

第19条 BERECと事務局への情報提供
　委員会とNRAは、BERECと事務局がそれらの業務を遂行できるようBERECと事務局によって要求された情報を提供するものとする。指令2002/21/EC（枠組み指令）第5条で規定された規則に従い、この情報は管理されるものとする。

第20条 守秘義務
　第22条のもと、BERECも事務局も、それらが処理しもしくは受領するもので、機密扱いが必要とされる情報を第三者に公表もしくは開示しないものとする。規制委員会と経営管理委員会の構成員、総務部長、専門家業務団体の専門家を含む外部専門家ならびに事務局の構成員は、任務が終了したあとであっても、条約287条に基づく守秘義務の要求を課されるものとする。BERECと事務局は第1・2文で言及された守秘義務規定を実施するためのそれぞれの現実的な協定手続内部規則を策定するものとする。

第21条 利害の宣言
　規制委員会と経営管理委員会の構成員、総務部長ならびに事務局の構成員は、自身の独立性に対し不利と考えられうる、いかなる直接または間接の利害をも示した年間の関与の宣言ならびに利害の宣言を作成するものとする。かかる宣言は、文書によってなされるものとする。規制委員会と経営管理委員会の構成員ならびに総務部長によってなされた利害の宣言は公表されるものとする。

第22条 文書の閲覧
1. 欧州議会と2001年5月30日付の欧州議会への一般の閲覧に関する理事会規則（EC）1049/2001号、理事会と委員会の文書（OJ L 145, 31.5.2001, p. 43.）は、BERECと事務局によって保有される文書に対し適用するものとする。
2. 規制委員会と経理管理委員会は、BERECと事務局の有効な作業開始日から6カ月以内にそれぞれ、規則（EC）1049/2001号を適用するための実用的施策を採用するものとする。
3. 規則（EC）1049/2001号第8条に従ってなされた決定は、条約第195条ならびに第230条にそれぞれ定められている条件に基づき、オンブズマンへの苦情申し立てもしくは欧州共同体司法裁判所への訴訟手続の対象となることもあるものとする。

第23条 特権および免除
　欧州共同体の特権および免除における条約議定書は、事務局とその職員に適用されるものとする。

第24条 事務局の責任
1. 非契約責任が生じた場合、加盟国の法律における一般的趣旨に従い、事務局は、事務局または事務局の職員の義務の履行によりもたらされたどのような損害も賠償するも

のとする。欧州裁判所はそのような損害を賠償することに関するいかなる論争についても管轄を有するものとする。
2. 事務局に対する事務局職員の個人的な財政上の、そして道義上の責任は、事務局職員に適用される関連条項に準拠するものとする。

第5章　最終規定
　第25条　評価と審査
　　BERECと事務局の業務の有効な開始から3年以内に、それぞれ、委員会は、BERECと事務局の業務遂行の結果として取得された経験に関する評価報告書を発表するものとする。評価報告書は、本規則ならびにそれぞれの関係する年間業務プログラムに定められた彼らそれぞれの目的、権限ならびに業務に関して、BEREC、事務局ならびに関係する業務方法によって得た結果を含むものとする。評価報告書は地域レベルと国レベルの両方において、利害関係者の視点を考慮に入れるものとし、欧州議会と理事会に報告するものとする。欧州議会は評価報告書に関する意見を公表するものとする。

　第26条　施行期日
　　この規則は欧州連合の官報での公表から20日目に施行されるものとする。

参 考 文 献

[邦語文献]

会津泉「米国・英国・ドイツの情報通信の新しい潮流―通信法改正と競争状況の成立を中心に」国際大学 GLOCOM・ハイパーネットワーク社会研究所 アスペン会議報告（1996年）

青木淳一「EU 電気通信市場への競争導入期におけるユニバーサル・サービスの変遷」公益事業研究 55 巻 1 号（2003 年）93-102 頁

青木淳一「英国電気通信市場におけるユニバーサル・サービス」法学政治学論究 59 号（2003年）429-457 頁

青木淳一「欧州電気通信市場におけるユニバーサル・サービスのための財政的制度設計」法学政治学論究 63 号（2004 年）259-292 頁

青木淳一「ドイツ電気通信法制の変遷とユニバーサルサービス」法学研究 80 巻 12 号（2007 年）173-204 頁

青木淳一「電気通信分野の市場自由化とユニバーサルサービス」法学研究 81 巻 12 号（2008 年）1-27 頁

縣公一郎他編著『行政の新展開』（法律文化社、2002 年）

浅井澄子『情報通信の政策評価―米国通信法の解説』（日本評論社、2001 年）

浅野康子「EU における『公共』サービスの自由化はなぜ起こったか―部門レジームの観点から―」日本 EU 学会年報 28 号（2008 年）256 頁

荒井透雅「公共放送の在り方と NHK 改革―NHK 改革論議の視点」立法と調査 255 号（2006 年）42-51 頁

荒木修「公共調達法制の動向――ドイツにおける変容」法律時報 81 巻 8 号（2009 年）108-111 頁

有冨寛一郎・小菅敏夫「情報通信法制・政策研究会 ユビキタスネット社会の実現に向けて（特集 第 22 回国際コミュニケーション・フォーラム ユビキタス・ネットワークとデジタル放送・通信―アジアの果たす役割と可能性）」情報通信学会誌 79 号（2006 年）

生貝直人「EU 視聴覚メディアサービス指令の英国における共同規制を通じた国内法化」情報ネットワーク・ローレビュー10 巻（2011 年）

生貝直人『情報社会と共同規制』（勁草書房、2011 年）

石井夏生利『個人情報保護法の現在と未来　世界的潮流と日本の将来像』（勁草書房、2014

年)

石井夏生利「プライバシー権」論究ジュリスト18号(2016年)8-15頁
石黒一憲『IT戦略の法と技術』(信山社、2003年)
伊藤正次『日本型行政委員会制度の形成―組織と制度の行政史』(東京大学出版会、2003年)
伊藤洋一「EUにおける法形成――EU立法手続きの制度設計」長谷部恭男(編)『現代法の動態1 法の生成/創設』(岩波書店、2014年)193頁
稲葉馨「伝統的官庁概念の形成(1)(2・完)」自治研究64巻11号(1988年)58頁以下、同12号(1988年)41-53頁
稲葉馨『行政組織の法理論』(弘文堂、1994年)
稲葉馨「ドイツの自治組織権論」新正幸・赤坂正浩・早坂禧子(編)『公法の思想と制度―菅野喜八郎先生古稀記念論文集』(信山社、1999年)
稲葉一将「アメリカにおける放送行政の変容と公正原則に基づく規制撤廃の法構造(2・完)」名古屋大学法政論集185号(2000年)259-301頁
稲葉一将「アメリカにおける放送行政の変容と公正原則に基づく規制撤廃の法構造(1)」名古屋大学法政論集第188号(2001年)1-33頁
稲葉一将『放送行政の法構造と課題』(日本評論社、2004年)
稲葉一将「行政による開かれた自己統制―事後規制型の行政と法の考察―」紙野健二・白藤博行・本多滝夫(編)『行政法の原理と展開 室井力先生追悼論文集』(法律文化社、2012年)20-21頁
磯部力・大石眞・三辺夏雄・高橋滋・森田朗「行政改革の理念・現状・展望『この国のかたち』の再構築 行政改革の理念とこれから(座談会)」ジュリスト1161号(1999年)10-33頁
磯部力・小早川光郎・芝池義一『行政法の新構想Ⅰ・行政法の基礎理論』(有斐閣、2011年)
磯部力・小早川光郎・芝池義一『行政法の新構想Ⅱ・行政作用・行政手続・行政情報法』(有斐閣、2008年)
磯部力・小早川光郎・芝池義一『行政法の新構想Ⅲ・行政救済法』(有斐閣、2009年)
板垣勝彦「保障行政の法理論(1)、(2)、(3)、(4)、(5)、(6)、(7)、(8・完)」法学協会雑誌128巻1号(2011年)83-155頁、128巻2号(2011年)361-452頁、128巻3号(2011年)735-825頁、128巻4号(2011年)910-1001頁、128巻5号(2011年)1178-1258頁、128巻6号(2011年)1438-1532頁128巻7号(2011年)1734-1829頁、128巻8号(2011年)1951-2034頁
板垣勝彦『保障行政の法理論』(弘文堂、2013年)
市川芳治「欧州における通信・放送融合時代への取り組み:コンテンツ領域:『国境なきテレビ指令』から『視聴覚メディアサービス指令』へ」慶應法学10号(2008年)273-297頁
井上淳『域内市場統合におけるEU―加盟国間関係』(恵雅堂出版、2013年)
上田祥二・加納貞彦「コンテンツ産業集積による地域開発」画像電子学会第30回全国大会(2002年)161-162頁

鵜飼信成『行政法の歴史的展開』（有斐閣、1952 年）
宇賀克也『行政法概説Ⅲ』［第 3 版］（有斐閣、2012 年）
宇賀克也「特定個人情報保護委員会について」情報公開・個人情報保護 49 号（2013 年）69 頁
宇賀克也「個人情報・プライバシー保護の理論と課題」論究ジュリスト 18 号（2016 年）4-7 頁
宇賀克也「『忘れられる権利』について：検索サービス事業者の削除義務に焦点を当てて」論究ジュリスト 18 号（2016 年）24-33 頁
宇賀克也・交告尚史（編）『小早川光郎先生古稀記念　現代行政法の構造と展開』（有斐閣、2016 年）
薄井一成「ドイツにおける社会法上の回復請求権（上）（中）（下）」自治研究 73 巻 12 号（1997 年）80 頁、自治研究 74 巻 2 号（1998 年）90 頁、自治研究 74 巻 4 号（1998 年）79 頁
薄井一成「ドイツ商工会議所と自治行政—公共組合の法理論」一橋法学 2 巻 2 号（2003 年）499-513 頁
薄井一成「分権時代の地方自治（1）（2）（3）（4・完）」一橋法学 3 巻 2 号（2004 年）509-550 頁、一橋法学 3 巻 3 号（2004 年）881-921 頁、一橋法学 4 巻 1 号（2005 年）1-35 頁、一橋法学 4 巻 3 号（2005 年）937-973 頁
薄井一成「行政組織法の基礎概念」一橋法学 9 巻 3 号（2010 年）855-888 頁
内海善雄『「国連」という錯覚』（日本経済新聞出版社、2008 年）
遠藤乾（編）『ヨーロッパ統合史』（名古屋大学出版会、2008 年）
遠藤乾（編）『グローバル・ガバナンスの歴史と思想』（有斐閣、2010 年）
大久保規子「営造物理論の展開と課題」一橋論叢 102 巻 1 号（1989 年）103-122 頁
大久保規子「営造物と利益集団の多元的参加—ドイツにおける理論の展開」一橋論叢 108 巻 1 号（1992 年）104-125 頁
大久保規子「ドイツ環境法における協働原則—環境 NGO の政策関与形式—」群馬大学社会情報学部研究論集 3 巻（1997 年）90 頁
大久保規子「環境パートナーシップの展開と法的課題—ドイツにおける事業者と行政の協働関係」群馬大学社会情報学部研究論集 4 巻（1997 年）215-227 頁
大久保規子「NPO と行政の法関係」山本啓・雨宮孝子・新川達郎編著『NPO と法・行政』（ミネルヴァ書房、2002 年）79 頁以下
大久保規子「協働の進展と行政法学の課題」磯部力・小早川光郎・芝池義一（編）『行政法の新構想 I・行政法の基礎理論』（有斐閣、2011 年）
太田匡彦「ドイツ連邦憲法裁判所における民主政的正当化（demokratische Legitimation）思考の展開——BverfGE 93. 37 まで」藤田宙靖・高橋和之（編）樋口陽一先生古稀『憲法論集』（創文社、2004 年）315-368 頁
大橋洋一『現代行政の行為形式論』（弘文堂、1993 年）
大橋洋一『対話型行政法学の創造』（弘文堂、1999 年）

大橋洋一「制度的留保理論の構造分析—行政組織の法定化に関する一考察—」碓井光明・小早川光郎・水野忠恒・中里実（編）『金子宏先生古稀祝賀　公法学の法と政策　下巻』（有斐閣、2000年）239頁以下

大橋洋一「リスクをめぐる環境行政の課題と手法」長谷部恭男（編）『リスク学入門3 法律からみたリスク』（岩波書店，2007年）74-77頁

大橋洋一『行政法Ⅰ』（有斐閣、2009年）

大橋洋一「政策実施と行政組織」大橋洋一（編著）『政策実施』（ミネルヴァ書房、2010年）

大橋洋一「グローバル化と行政法」行政法研究1巻（2012年）90-113頁

大橋洋一『行政法Ⅰ（第2版）』（有斐閣、2013年）

大屋雄裕「透明化と事前統制／事後評価」ジュリスト1394号（2010年）37-42頁

大屋雄裕「費用負担の正義——分配と矯正」法律時報88巻2号（2016年）50-55頁

大山耕輔（編著）『比較ガバナンス』（おうふう、2011年）

岡崎俊一「情報通信をめぐる法制度の特質—情報流通の促進と情報通信法」千葉大学法学論集14巻3号（2000年）77-103頁

岡部明子「EU・国・地域の三角形による欧州ガバナンス——多元的に〈補完性の原理〉を適用することのダイナミズム」公共研究（千葉大学）4巻1号（2007年）111頁

岡本茂　監修『最新パソコン・IT用語辞典』（技術評論社、2011年）

興津征雄「書評：原田大樹著『公共制度設計の基礎理論』」季刊行政管理研究（2014年）147号58頁

興津征雄「グローバル行政法とアカウンタビリティ——国家なき行政法ははたして、またいかにして可能か——」浅野有紀・原田大樹・藤谷武史・横溝大（編）『グローバル化と公法・私法関係の再編』（弘文堂、2015年）49頁

興津征雄「行政過程の正統性と民主主義——参加・責任・利益」宇賀克也＝交告尚史編『小早川光郎先生古稀記念　現代行政法の構造と展開』（有斐閣、2016年）325-345頁

小野秀誠『専門家の責任と権能——登記と公証』（信山社、2003年）

カール・フリードリッヒ・レンツ「EUデータ保護法の域外効果」石川明（編）『EU法の現状と発展　ゲオルク・レス教授65歳記念論文集』（信山社、2001年）151頁

春日教測「第4章　放送産業における規制」日本民間放送連盟・研究所（編）『ネット・モバイル時代の放送—その可能性と将来像—』（学文社、2012年）

春日教測「放送市場の多面性と規制に関する考察—ドイツ規制制度からの示唆」情報通信学会誌29巻1号（2011年）44-55頁

片木淳「地方分権の国ドイツ—11—西ドイツの地方自治」地方自治469号（1986年）86-109頁

金山勉・魚住真司（編著）『「知る権利」と「伝える権利」のためのテレビ　日本版FCCとパブリックアクセスの時代』（花伝社、2011年）

加納貞彦「通信・放送・新聞・出版産業の階層構造分析」オペレーションズ・リサーチ学会誌47巻11号（2002年）696-700頁

加納貞彦「通信と放送の融合—産業構造の階層化」早稲田大学産業経営研究所「産業経営」

30号（2001年）81-88頁
神長勲ほか（著）　室井力先生還暦記念論集『現代行政法の理論』（法律文化社、1991）
紙野健二「協働の観念と定義の公法学的検討」名古屋大学法政論集225号（2008年）1頁
紙野健二「市場のグローバル化と国家の変動」公法研究74号（2012年）1頁
川島武宜「營團の性格について」法律時報13巻9号（1941年）2頁
川濱昇・大橋弘・玉田康成（編）『モバイル産業論—その発展と競争政策』（東京大学出版会、2010年）
神橋一彦「行政法における当事者と権利」公法研究67号（2005年）203頁以下
岸本大樹「公的任務の共同遂行（公私協働）と行政上の契約—ドイツ連邦行政手続法第4部『公法契約』規定の改正論議における協働契約論（1）（2）（3）（4・完）」自治研究81巻3号（2005年）91頁以下、81巻6号（2005年）32頁以下、同12号（2005年）111頁以下、82巻4号（2006年）126頁以下
北島周作「行政法における主体・活動・規範（1）（2）（3）（4）（5）（6・完）」國家學會雑誌122巻1＝2号（2009年）51-93頁、同3＝4号（2009年）435-489頁、同5＝6号（2009年）660-713頁、同7＝8号（2009年）907-962頁、同9＝10号（2009年）1162-1203頁、同11＝12号（2009年）1466-1493頁
北島周作「公的活動の担い手の多元と『公法規範』」法律時報85巻5号（2013年）23-30頁
北村喜宣「グローバル・スタンダードと国内法の形成・実施」公法研究64号（2002年）96頁以下
木戸英晶・茂島専・竹島敏彦・佐々木学・松村宗臣・板橋喜彦「情報通信分野におけるプラットフォーム事業の将来像」慶應義塾大学メディア・コミュニケーション研究所紀要59号（2009年）87-111頁
木藤茂「法概念としての『行政』に関する一考察—ドイツにおける『組織権』をめぐる法理論を手がかりに」一橋法学5巻2号（2006年）78頁以下
木藤茂「行政の活動とその記録としての文書に関する法的考察—行政組織法と行政作用法の『対話』のための一つの視点」自治研究82巻8号（2006年）115頁、同9号（2006年）104頁、同10号（2006年）125頁
木藤茂「政策形成と行政法の交錯に関する一考察—行政過程における『法律』の役割を考えるための一つの試み—」獨協法学77号別刷（2008年）189頁
木村拓磨「行政の民間委託の可能性について—オーリウ学説と租税行政を素材とした覚書き—」千葉大学法学論集22巻1号（2007年）55-150頁
櫛田健児「通信政策の政治経済学—日・米・韓比較分析」依田高典・根岸哲・林敏彦（編著）『情報通信の政策分析』（NTT出版、2009年）
工藤達郎「市場のグローバル化と国家の位置づけ——憲法の視点から」公法研究74号（2012年）1頁
小舟賢「欧州における『よき行政』概念の展開（1）（2）（3・完）—よき「行政活動に関する規範」と「よき行政を求める権利」の検討を中心に—」自治研究81巻3号（2005年）110-129頁、同7号（2005年）130-140頁、同11号（2005年）117-139頁

小舟賢「欧州議会の選挙とその訴訟に関する法制度」一橋法学 5 巻 1 号（2006 年）391 頁
小向太郎『情報法入門 デジタル・ネットワークの法律』（NTT 出版、2008 年）
小向太郎『情報法入門 デジタル・ネットワークの法律（第三版）』（NTT 出版、2015 年）
駒村圭吾『権力分立の諸相　アメリカにおける独立機関問題と抑制・均衡の法理』（南窓社、1999 年）
斎藤敦「ヨーロッパのエレクトロニクス・通信政策と電機産業」同志社大学大学院『商学論集』33 巻 1 号（1998 年）86 頁
斎藤敦『独英情報通信産業比較にみる政治と経済』（晃洋書房、2008 年）
齋藤誠「グローバル化と行政法」磯部力・小早川光郎・芝池義一（編）『行政法の新構想 I』（有斐閣、2011 年）
坂井豊貴『多数決を疑う――社会的選択理論とは何か』（岩波書店、2015 年）
櫻井雅夫（編集代表）『EU 法・ヨーロッパ法の諸問題――石川明教授古稀記念論文集』（信山社、2002 年）
桜井徹『ドイツ統一と公企業の民営化―国鉄改革の日独比較』（同文館出版、1996 年）
佐々木勉「欧州における電気通信政策の新展開と理論動向（1）」InfoCom Review 33 巻（2004 年）37-57 頁
佐々木勉「EU におけるブロードバンド市場の動向と政策」海外電気通信 37 巻 10 号（2005 年）7-9 頁
三友仁志「分離は融合のはじまり」オペレーションズ・リサーチ 47 巻 11 号（2002 年）722-728 頁
塩野宏『放送法制の課題』（有斐閣、1989 年）
塩野宏『公法と私法』（有斐閣、1989 年）
塩野宏『行政組織法の諸問題』（有斐閣、1991 年）
宍戸常寿『憲法裁判権の動態』（弘文堂、2005 年）
宍戸常寿「公共放送の『役割』と『制度』」ダニエル・フット／長谷部恭男（編）『融ける境 越える法 4　メディアと制度』（東京大学出版会、2005 年）141 頁
宍戸常寿・鈴木秀美・山本博史「〔座談会〕通信・放送法制」ジュリスト 1373 号（2009 年）96-116 頁
宍戸常寿「第三章　ライフログとあなたの権利」安岡寛道編／曽根原登・宍戸常寿著『ビッグデータ時代のライフログ』（東洋経済新報社、2012 年）
宍戸常寿「法制度から考える放送の現在」月刊民放 44 巻 5 号（2014 年）18-21 頁
宍戸常寿・曽我部真裕・山本龍彦・松尾陽「憲法学のゆくえ　5-2・3〔座談会〕アーキテクチャーによる規制と立憲主義の課題」法律時報 87 巻 5 号（2015 年）107-115 頁、同 6 号（2015 年）92-100 頁
宍戸常寿・曽我部真裕・山本龍彦（編）『憲法学のゆくえ』（日本評論社、2016 年）
宍戸常寿「安全・安心とプライバシー」論究ジュリスト 18 号（2016 年）54-63 頁
実積寿也「ユニバーサル『通信』サービスの確保：郵便制度への含意」経濟學研究 73 巻 4 号（2007 年）23 頁以下

嶋津格「規制緩和・民営化は何のためか」ジュリスト 1356 号（2009 年）5-11 頁
清水直樹「情報通信法構想と放送規制をめぐる論議」レファレンス 694 号（2008 年）70 頁
庄司克宏「EU における『個人データ保護指令―個人データ保護と域外移転規制―』」横浜国際経済法学 7 巻 2 号（1999 年）143-166 頁
庄司克宏『EU 法　政策編』（岩波書店、2003 年）
庄司克宏『EU 法　基礎篇』（岩波書店、2003 年）
庄司克宏「2004 年欧州憲法条約の概要と評価―『一層緊密化する連合』から『多様性の中の結合』へ―」慶應法学 1 号（2004 年）29-31 頁
庄司克宏「EU 域内市場政策――相互承認と規制権限の配分」田中俊郎・庄司克宏（編）『EU 統合の軌跡とベクトル―トランスナショナルな政治社会秩序形成への模索』120 頁以下（慶應義塾大学出版会、2006 年）
庄司克宏「リスボン条約（EU）の概要と評価―『一層緊密化する連合』への回帰と課題―」慶応法学 10 号（2008 年）195-272 頁
新保史生「プライバシー・バイ・デザイン」論究ジュリスト 18 号（2016 年）16-23 頁
須網隆夫「超国家機関における民主主義――EC における民主主義の赤字をめぐって」法律時報 74 巻 4 号（2002 年）29-36 頁
須網隆夫「グローバル立憲主義とヨーロッパ法秩序の多元性――EU の憲法多元主義からグローバル立憲主義へ――」国際法外交雑誌 113 巻 3 号（2014 年）25-55 頁
菅谷実・清原慶子（編）『通信・放送の融合―その理念と制度変容』（日本評論社、1997 年）
菅谷実・中村清（編著）『映像コンテンツ産業論』（丸善、2002 年）
杉原泰雄『地方自治の憲法論』（勁草書房、2002 年）
鈴木實「情報通信法制・政策研究会 情報の法制的規制における体系に関する一考察」情報通信学会誌 21 巻 2 号（2004 年）71-75 頁
鈴木秀美「オンブズ・カンテレ委員会」鈴木秀美・山田健太（編）『よくわかるメディア法』（ミネルヴァ書房、2011 年）
鈴木秀美「情報法制――現状と展望」ジュリスト 1334 号（2007 年）144-154 頁
鈴木秀美「ドイツ受信料制度と EC 条約―委員会による国家援助審査の動向 鈴木秀美 阪大法学 56 巻 2 号（2006 年）1-34 頁
鈴木秀美「メディアが置かれている法的環境―公権力抑制の機能を発揮し市民の信頼回復を」新聞研究 656 号（2006 年）18-21 頁
鈴木秀美「ドイツ個人情報保護法とプレスの自由」法律時報 74 巻 1 号（2002 年）43-48 頁
鈴木秀美「通信と放送の融合と制度改革―ドイツ放送法制の動向―」放送学研究 50 号（2001 年）31-53 頁
鈴木秀美『放送の自由』（信山社、2000 年）
鈴木秀美・山田健太・砂川浩慶（編著）『放送法を読みとく』（商事法務、2009 年）
鈴木正朝「番号法制定と個人情報保護法改正：個人情報保護法体系のゆらぎとその課題」論究ジュリスト 18 号（2016 年）45-53 頁
須田祐子『通信グローバル化の政治学』（有信堂、2005 年）

清家秀哉「情報通信法制・政策研究会報告 米国の国際衛星通信政策―ORBIT 法の制定を中心に（特集 第 17 回情報通信学会大会）」情報通信学会誌 18 巻 2 号（2000 年）55-59 頁
総務省 通信・放送の総合的な法体系に関する研究会『通信・放送の総合的な法体系に関する研究会 報告書』（平成 19（2007）年 12 月 6 日）
総務省 グローバル時代における ICT 政策に関するタスクフォース「過去の競争政策のレビュー部会」「電気通信市場の環境変化への対応検討部会」第 13 回会合資料「『光の道』戦略大綱（案）」（平成 22（2010）年 8 月 31 日）
総務省 今後の ICT 分野における国民の権利保障等の在り方を考えるフォーラム『「今後の ICT 分野における国民の権利保障等の在り方を考えるフォーラム」報告書』（平成 22（2010）年 12 月 22 日）
曽我部真裕「メディア法における共同規制について―ヨーロッパ法を中心に」大石眞・毛利透・土井真一（編）『初宿正典先生還暦記念論文集 各国憲法の差異と接点』（成文堂、2010 年）658 頁
曽我部真裕「放送番組規律の「日本モデル」の形成と展開」曽我部真裕・赤坂浩一（編）『憲法改革の理念と展開（下巻）――大石眞先生還暦記念』（2012 年、信山社）398-399 頁
曽我部真裕「コラム 2 インターネット、SNS をめぐる世界的動向」安岡寛道編／曽根原登・宍戸常寿著『ビッグデータ時代のライフログ』（東洋経済新報社、2012 年 6 月）
曽我部真裕「検討課題として残された独立規制機関」放送メディア研究（2013 年）10 号 182-183 頁
曽我部真裕「共同規制―携帯電話におけるフィルタリングの事例―」ドイツ憲法判例研究会編（鈴木秀美編集代表）『憲法の規範力とメディア法』（信山社、2015 年）
曽我部真裕・林秀弥・栗田昌裕『情報法概説』（弘文堂、2015 年）
臺宏士「放送の公共性を考える『新聞』を射程に収めた総務省―放送法改正と情報通信法構想にみる思惑」新聞研究 672 号（2007 年）37-40 頁
大和総研「海外情報―欧州経済見通し 強い国は強く、弱い国は弱く」Strategy and Economic Report vol. 201（2010 年）
高木光『技術基準と行政手続』（弘文堂、1995 年）
高木光『行政法』（有斐閣、2015 年）
高澤美有紀「WTO ドーハ・ラウンドにおけるサービス貿易自由化交渉」レファレンス 670 号（2006 年）9 頁
高橋滋『現代型訴訟と行政裁量』（弘文堂、1990 年）
高橋滋「『実体公法の復権』論によせて―公法私法論争史研究への覚書き―」兼子仁・宮崎良夫ほか（編）『行政法学の現状分析――高柳信一先生古稀記念論集』（勁草書房、1991 年）
高橋滋『先端技術の行政法理』（岩波書店、1998 年）
高橋滋「法と政策の枠組み―行政法の立場から」『現代の法 4（政策と法）』（岩波書店、1998 年）
高橋滋「行政法の体系と学び方」法学セミナー608 号（2005 年）11 頁
高橋滋「行政の経済化に関する一考察（上）（下）法学と経済学との対話・ドイツ公法学の

議論を素材として」自治研究 84 巻 1 号（2008 年）46 頁、同 3 号（2008 年）28 頁
高橋滋『行政法』（弘文堂、2015 年）
高橋信行『統合と国家　国家嚮導行為の諸相』（有斐閣、2012 年）
高橋正徳「ドイツにおける協働的環境保護」室井力先生還暦記念論集『現代行政法の理論』
　（法律文化社、1991 年）155 頁
多賀谷一照『行政とマルチメディアの法理論』（弘文堂、1995 年）
多賀谷一照・岡崎俊一『マルチメディアと情報通信法制―通信と放送の融合』（第一法規、
　1998 年）
武田晴人『日本の情報通信産業史―2 つの世界から 1 つの世界へ』（有斐閣、2011 年）
田中俊郎「欧州統合におけるエリートと市民」田中俊郎・庄司克宏（編）『EU と市民』3 頁
　（慶應義塾大学出版会、2005 年）
田中俊郎・庄司克宏（編）『EU と市民』（慶應義塾大学出版会、2005 年）
田中俊郎・庄司克宏・浅見政江（編）『EU のガヴァナンスと政策形成』（慶應義塾大学出版会、
　2009 年）
田中友義「研究ノート　欧州はどこへ行くのか？欧州統合構想と新たな欧州像の模索」季刊
　国際貿易と投資 53 号（2003 年）76 頁以下
谷澤光「個人情報の保護と有用性の確保に関する制度改正―個人情報保護法及び番号利用法
　の一部を改正する法律案―」立法と調査 363 号（2015 年）8-9 頁
茶谷達雄「研究会報告　情報通信法制・政策研究会　住民台帳の歴史的考察からの変化法則と
　将来展望」情報通信学会誌 20 巻 2 号（2003 年）73-75 頁
寺田麻佑「実質的証拠法則」髙木光・宇賀克也（編）『行政法の争点』（有斐閣、2014 年）
　126-127 頁
寺田麻佑・駒村圭吾・小山剛・宍戸常寿「放送・メディア・表現の現在―情報通信規制の現
　在を踏まえて―シンポジウム全文」社会科学ジャーナル 81 号（2016 年）65-122 頁
寺田麻佑「情報通信分野における規制手法と行政組織」公法研究 78 号（2016 年）258-267
　頁
ドイツ憲法判例研究会（編）『ドイツの憲法判例』（信山社、1996 年）
ドイツ憲法判例研究会（編）『ドイツの憲法判例 II（第 2 版）』（信山社、2006 年）
トーマス・グロース　島村健訳「行政法における学問的・技術的知見の摂受」自治研究 82
　巻 6 号（2006 年）15-34 頁
トーマス・ヴュルテンベルガー　松戸浩（訳）「国家の役割に直面した公法学」髙田昌宏・
　野田昌吾・守矢健一（編）『グローバル化と社会国家原則―日独シンポジウム』（信山社、
　2015 年）3-18 頁
土佐和生「電気通信事業に対する EC 競争法の適用可能性――『電気通信セクターに係る
　EEC 競争規則の適用に関するガイドライン（草案）の概要と解説』」香川法学 11 巻 3＝4
　号（1992 年）169 頁以下
東田尚子「電力市場における競争と法（1）（2・完）：ドイツにおける託送料金の規制を手掛
　かりに」一橋法学 8 巻 1 号（2009 年）377-401 頁、同 2 号（2009 年）639-675 頁

戸部真澄「私人による『公権力』の行使——航空管制制限をめぐって」法律時報80巻8号（2008年）101-104頁
戸部真澄「協働による環境リスクの法的制御（上）（下）」自治研究83巻3号（2007年）80頁以下、同4号（2007年）79頁以下
戸部真澄『不確実性の法的制御』（信山社、2009年）
三辺夏雄「日本における電気事業の地域独占の形成過程—その法制度史的検討—（1）（2）（3）（4）（5・完）」自治研究64巻8号（1988年）119-126頁、同10号（1988年）82-96頁、同11号（1988年）69-84頁、同12号（1988年）95-108頁、65巻1号（1989年）99-107頁
三辺夏雄・荻野徹「中央省庁等改革の経緯（（1）（2）（3）（4）（5・完）」自治研究83巻2号（2007年）17頁、83巻3号（2007年）36頁、83巻4号（2007年）21頁、83巻5号（2007年）21頁、83巻6号（2007年）16頁
内藤茂雄「ユビキタスネット社会と情報通信法制」ジュリスト1361号（2008年）12-18頁
中川丈久「行政による新たな法的空間の創出」『岩波講座憲法4』（岩波書店、2007年）195頁以下
中西優美子『EU権限の法構造』（信山社、2013年）
中村伊知哉「スコープ『情報通信法』が引き起こす大激変」テレコミュニケーション24巻11号（2007年）20-23頁
中村清「情報通信と放送の融合とその政策課題」オペレーションズ・リサーチ47巻11号（2002年）707-713頁
中村清「ローカル局経営の課題」AURA154号（2002年）2-5頁
中村民雄・須網隆夫（編著）『EU基本法判例集』（日本評論社、2007年）
中村民雄『EUとは何か——国家ではない未来の形』（信山社、2015年）
成田頼明「非権力行政の法律問題」公法研究28号（1966年）137-165頁
成原慧『表現の自由とアーキテクチャ』（勁草書房、2016年）
南部鶴彦「欧米における電気通信政策の動向と経済的効果」運輸と経済45巻2号（1985年）4-9頁
西尾勝『行政学（新版）』（有斐閣、2001年）
西田慎・近藤正基（編著）『現代ドイツ政治　統一後の20年』（ミネルヴァ書房、2014年）
西土彰一郎「二元的放送秩序における公共性の異同（1）（2・完）」六甲台論集法学政治学編46巻2号（1999年）69-120頁、同3号（2000年）113-158頁
西土彰一郎「多チャンネル化時代における『公共的なるもの』」六甲台論集法学政治学篇49巻1号（2002年）45-75頁
西土彰一郎「メディア法における『自律』と『他律』の機能的結合」ドイツ研究35号（2002年）53-69頁
西土彰一郎「『内部的放送の自由』論の再構成」関西学院大学社会学部紀要94号（2003年）29-39頁
西土彰一郎「放送における公的規律構造の転換」名古屋学院大学研究年報18号（2005年）

141-204 頁
西土彰一郎「メディアの自由における機能分化の位相（1）（2）（3）（4）（5・完）」名古屋学院大学論集 41 巻 3 号（2005 年）203-217 頁、41 巻 4 号（2005 年）175-189 頁、42 巻 2 号（2005 年）69-89 頁、42 巻 4 号（2006 年）125-143 頁、43 巻 1 号（2006 年）113-131 頁
西土彰一郎「EU の『レイヤー型』通信・放送法体系」新聞研究 682 号（2008 年）43-46 頁
西土彰一郎『放送の自由の基層』（信山社、2011 年）
日本総合研究所調査部「ドイツ経済の回復は本物か―進展する構造調整と今後の課題」マクロ経済センター・マクロ経済レポート（2006 年）
日本比較政治学会（編）『EU のなかの国民国家』（早稲田大学出版部、2003 年）
橋本博之「判例実務と行政法学説」小早川光郎・宇賀克也編集　塩野宏先生古稀記念『行政法の発展と変革（上）』（有斐閣、2001 年）361 頁
橋本博之「行政主体論に関する覚え書き―情報公開制度との関連で」立教法学 60 号（2002 年）30-59 頁
橋本博之「『競争の導入に依る公共サービスの改革に関する法律』案について―公私協働・契約手法の導入という観点から」自治研究 82 巻 6 号（2006 年）35 頁
長谷部恭男「国家は撤退したか―序言」ジュリスト 1356 号（2008 年）2-6 頁
服部孝章「目前の『多チャンネル時代』と放送行政・放送業界」世界 661 号（1999 年）120 頁以下
花田達郎（編）『内部的メディアの自由　研究者・石川明の遺産とその継承』（日本評論社、2013 年）
原田大樹『自主規制の公法学的研究』（有斐閣、2007 年）
原田大樹「法秩序・行為形式・法関係―書評・仲野武志著『公権力の行使概念の研究』」法政研究 74 巻 3 号（2007 年）661 頁以下
原田大樹「多元的システムにおける行政法学――日本法の観点から」新世代法政策学研究 6 号（2010 年）115-140 頁
原田大樹「政策実現過程のグローバル化と国民国家の将来」公法研究 74 号（2012 年）87 頁
原田大樹「グローバル化と行政法」髙木光・宇賀克也（編）『行政法の争点』（有斐閣、2014 年）12 頁以下
浜田純一「情報メディア法制」公法研究 60 号（1998 年）25 頁以下
浜田純一『メディアの法理』（日本評論社、2000 年）
浜川清「公法学における公共性分析の意義と課題」法律時報 63 巻 11 号（1991 年）6-11 頁
林紘一郎「インターネットと非規制政策」林紘一郎・池田信夫（編著）『ブロードバンド時代の制度設計』（東洋経済新報社、2002 年）
林紘一郎『電子情報通信産業―データからトレンドを探る―Information and Communications Industry』（社団法人電子情報通信学会、2002 年）
林秀弥・武智健二『オーラルヒストリー電気通信事業法』（勁草書房、2016 年）
林知更『現代憲法学の位相―国家論・デモクラシー・立憲主義』（岩波書店、2016 年）
人見剛「公私協働の最前線（21）（最終回）公私協働の最前線の課題――20 回の連載を振り

返って」法律時報 82 巻 2 号（2010 年）106-110 頁
人見剛「公権力・公益の担い手の拡散に関する一考察」公法研究 70 巻（2008 年）174 頁以下
廣瀬淳子「特集 1996 年情報通信法の立法過程─分割政府における立法過程に関する考察」郵政研究所月報 14 巻 6 号（2001 年）4-16 頁
廣瀬淳子「分割政府における立法過程に関する一考察─1996 年情報通信法の立法過程」レファレンス 49 巻 2 号（1999 年）34-52 頁
比山節男「政府再生手法としての電子政府」情報通信学会誌 16 巻 2 号（1998 年）78-83 頁
深井智朗「宗教教育から見たドイツの宗教多元主義」ドイツ研究 49 号（2015 年）
福田雅樹『情報通信と独占禁止法─電気通信設備の接続をめぐる解釈論』（信山社、2008 年）
福家秀紀「EU の新情報通信指令の意義と課題」公益事業研究 55 巻 2 号（2003 年）1 頁以下
藤井康博「環境法原則の憲法学的基礎づけ・序論（4・完）『個人』『人間』の尊厳からの自主責任手法」早稲田大学大学院法研論集 129 号（2009 年）231-258 頁
藤田宙靖『行政法 I　第 4 版改訂版』（青林書院、2005 年）
藤田宙靖「行政活動の公権力性と第三者の立場─『法律による行政の原理』の視点からする一試論」『行政法の基礎理論・上巻』（有斐閣、2005 年）
藤田宙靖『行政組織法』（有斐閣、2005 年）
藤谷武史「多元的システムにおける行政法学─アメリカ法の観点から」新世代法政策学研究 6 号（2010 年）141-160 頁
藤谷武史「企業・投資活動の国際的展開と国家」公法研究 74 号（2012 年）100 頁
藤原静雄「個人情報保護に関する国際的ハーモナイゼーション：あなた方が気に入ろうと気に入るまいと、EU が EU 以外の世界のためにプライバシー保護の標準を設定中である」論究ジュリスト 18 号（2016 年）64-70 頁
藤原淳一郎「転換期の行政法学─社会工学への道─」慶應義塾大学法学部（編）慶應義塾創立一五〇周年記念法学部論文集『慶應の法律学　公法 II』（慶應義塾大学法学部、2008 年）
藤原淳一郎「最終講義行政法及びエネルギー法・政府規制産業法の課題」法学研究 82 巻 7 号（2009 年）43-99 頁
藤原淳一郎・矢島正之監修『市場自由化と公益事業』（白桃書房、2007 年）
藤原静雄「個人情報保護法制とメディア」小早川光郎・宇賀克也編集　塩野宏先生古稀記念『行政法の発展と変革（上）』（有斐閣、2001 年）720 頁以下
舟田正之『情報通信と法制度』（有斐閣、1995 年）
舟田正之・長谷部恭男（編）『放送制度の現代的展開』（有斐閣、2001 年）
古屋等「ドイツの社会法典における給付主体─その『協働』（Zusammenarbeit）と第三者との関係をめぐる予備的考察」茨城大学政経学会雑誌 69 巻（2000 年）69-88 頁
堀伸樹「英国とドイツに関する比較電気通信産業論の試み─規制緩和と競争を中心として」InfoComReview 21 号（2000 年）36-48 頁
堀部政男　特集　ユビキタス社会と法「ユビキタス社会と法的課題─OECD のインターネット経済政策による補完─」ジュリスト 1361 号（2008 年）2-11 頁

牧原出『行政改革と調整のシステム』(東京大学出版会、2009 年)
待鳥聡史「連邦議会における大統領支持連合の形成—1996 年情報通信法の立法過程を事例として (特集 日本から見た現代アメリカ政治)」レヴァイアサン 36 号 (2005 年) 35-61 頁
増田雅史・生貝直人『デジタルコンテンツ法制』(朝日新聞出版、2012 年)
松井茂記『インターネットの憲法学　新版』(岩波書店、2014 年)
松戸浩「国家の役割の変化と公法学」髙田昌宏・野田昌吾・守矢健一 (編)『グローバル化と社会国家原則―日独シンポジウム』(信山社、2015 年) 19-30 頁
丸山昭治「欧州主要国の郵便市場における接続をめぐる諸問題—自由化市場における接続制度と市場成果—」公益事業研究 61 巻 3 号 (2009 年) 31 頁以下
三浦惺「社会的課題の解決に向けた ICT 事業者の役割」公益事業研究 61 巻 3 号 (2009 年)
蓑葉信弘『BBC イギリス放送協会パブリックサービス放送の伝統』(東信堂、2003 年)
宮崎良夫「行政法関係における参加・協働・防御—日本とドイツの行政法学説—」金子仁・磯部力 (編)『手続法的行政法学の理論』(勁草書房、1995 年) 67 頁以下
村上聖一「『情報通信法』論議で焦点となるコンテンツ規律～表現の自由、言論の多様性をどう担保するか～」放送研究と調査 59 巻 1 号 (2009 年) 20-33 頁
村上聖一「戦後日本における放送規制の展開—規制手法の変容と放送メディアへの影響—」NHK 放送文化研究所年報 59 号 (2015 年) 49-127 頁
村上武則「ドイツにおける社会法上の回復請求権に関する覚え書き」近畿大学法科大学院論集 5 号 (2009 年) 29-45 頁
村西良太「憲法学からみた行政組織法の位置づけ—協働執政理論の一断面」法政研究 75 巻 2 号 (2008 年) 336 頁
毛利透「行政法学における『距離』についての覚書 (上)、(下)」ジュリスト 1212 号 (2001 年) 80 頁、同 1213 号 (2001 年) 122 頁
毛利透『統治構造の憲法論』(岩波書店、2014 年)
森井裕一『現代ドイツの外交と政治』(信山社、2008 年)
森田朗・金井利幸 (編著)『政策変容と制度設計――政界・省庁再編前後の行政――』(ミネルヴァ書房、2012 年)
森田果「透明化の意義と法形成過程」ジュリスト 1394 号 (2010 年) 18-23 頁
山口いつ子『情報法の構造—情報の自由・規制・保護』(東京大学出版会、2010 年)
山田高敬『情報化時代の市場と国家—新理想主義をめざして』(木鐸社、1997 年)
山田洋「参加と協働」自治研究 80 巻 8 号 (2004 年) 25 頁以下
山田洋「保証国家論」法律時報 81 巻 6 号 (2005 年) 104 頁以下
山田洋『リスクと協働の行政法』(信山社、2013 年)
山本啓「市民社会・国家とガバナンス (特集 市民社会の公共政策学)」公共政策研究 5 号 (2005 年) 68-84 頁
山本博史「図説『通信・放送』法 (特別編) 通信・放送の総合的な法体系の在り方答申案解説」放送文化 24 号 (2009 年) 54-65 頁
山本博史「図説『通信・放送』法⑧」放送文化 28 号 (2010 年) 44-49 頁

山本隆司『行政上の主観法と法関係』(有斐閣、2000 年)
山本隆司「公私協働の法構造」『公法学の法と政策　下巻　金子宏先生古稀祝賀論文集』(有斐閣、2000 年) 531 頁
山本隆司「行政組織における法人」『行政法の発展と変革(上)塩野宏先生古稀記念』(有斐閣、2001 年) 847-898 頁
山本隆司「日本における公私協働」『行政法の思考様式―藤田宙靖博士東北大学退職記念』(青林書院、2008 年)
山本隆司「日本における公私協働の動向と課題」新世代法政策学研究 2 号 (2009 年) 277 頁
山本隆司「行政の主体」磯部力・小早川光郎・芝池義一(編)『行政法の新構想 I』(有斐閣、2011 年) 89 頁
山本隆司「行政法システムにおける市場経済システムの位置づけに関する諸論」森嶋昭夫・塩野宏(編)『変動する日本社会と法――加藤一郎先生追悼論文集』(有斐閣、2011 年) 24-67 頁
山本龍彦「ビッグデータ社会とプロファイリング」論究ジュリスト 18 号 (2016 年) 34-44 頁
横大道聡『現代国家における表現の自由　言論市場への国家の積極的関与とその憲法的統制』(弘文堂、2013 年)
吉野良子「EU の構築とヨーロッパ・アイデンティティの創造―EU 構築過程と国民国家形成過程との連続性：1969 年-1973 年」日本 EU 学会年報 28 号 (2008 年) 200-220 頁
米丸恒治「行政の多元化と行政責任」磯部力ほか(編)『行政法の新構想 II・行政救済法』(有斐閣、2008 年) 305-322 頁
米丸恒治「ドイツ第二次郵便改革の行政法的考察―郵便三企業の株式会社化・官吏の移籍・『私人による官吏の雇用』」法学論集 鹿児島大学法文学部紀要 30 巻 2 号 (1995 年) 95-156 頁
米丸恒治「ドイツ流サイバースペース規制　情報・通信サービス大綱法の検討」立命館法学 255 号 (1997 年) 141 頁
米丸恒治『私人による行政』(日本評論社、1999 年)
米丸恒治「ドイツにおける電子政府政策の現状」行政＆情報システム 43 巻 4 号 (2007 年) 38 頁
米丸恒治「ドイツ De-Mail サービス法の成立―安全で信頼性ある次世代通信基盤法制としてのドイツ版電子私書箱法制―」行政＆情報システム 47 巻 3 号 (2011 年) 30-35 頁
鷲江義勝『リスボン条約による欧州統合の新展開――EU の新基本条約』(ミネルヴァ書房、2009 年)
亘理格「公式機能分担の変容と行政法理論」公法研究 65 巻 (2003 年) 188-199 頁
和田英夫『行政委員会と行政争訟制度』(行政争訟研究双書、1985 年)
H＝H・トゥルーテ　山本隆司　訳「電気通信のグローバルな秩序枠組みの発展と公法」自治研究 75 巻 7 号 (1999 年) 29 頁以下
EU (欧州)およびドイツのマルチメディア法(サイバースペース法)／ロスナゲル、アレク

サンダー / 米丸、恒治［訳］神戸法學雜誌 57 巻 2 号（2007 年）65-83 頁
Ove Juul Jorgensen「ユーロ発効と EU 電気通信事情」ITU ジャーナル 32 巻 7 号（2002 年）38 頁
NTT 第三部門（編）『「NTT 技術ジャーナル」にみる最新情報通信用語集』（電気通信協会、2000 年）
ヤン・ツィーコー（人見剛訳）「再公営化―地方自治体サービスの民営化からの転換？―ドイツにおける議論状況について―」立教法務研究 7 号（2014 年）3 頁以下

[外国語文献]

Altenhain, Karsten/Heitkamp, Ansgar: Altersverifikation mittels des elektronischen Personalausweises, KuR 10, 2009, 619.

Altenhain, Karsten: Kommentierung des Gesetzes über die Verbreitung jugendgefährdender Schriften und Medieninhalte und des § 8 Mediendienste-Staatsvertrag. In: Roßnagel, A. Recht der Multimedia-Dienste, Kommentar zum Informations- und Kommunikationsdienste-Gesetz und zum Mediendienste-Staatsvertrag, München 1999.

Anordnung zur Übertragung disziplinarrechtlicher Befugnisse im Bereich der Deutschen Telekom AG vom 28. November 1997, BGBl. I 1998 S. 62.

Arnold, Heinrich/Bub, Udo/Wieland, Robert (Hrsg.): Zukunft und Zukunftsfähigkeit der Informations- und Kommunikationstechnologien und Medien, Internationale Delphi Studie 2030, 2009.

Arter, Oliver/Jörg, Florian (Hrsg.): Entertainment Law, 2006.

Asomow, Michael/Dunlop, Lisl J.: Administrative Law of the European Union: Adjudication, 2008.

Bache, Ian: The politics of European Union regional policy: multi-level governance or flexible gatekeeping?, (Sheffield Academic Press, 1998) p. 70.

Badura, Peter/Scholz, Rupert (Hrsg.): Wege und Verfahren des Verfassungsleben, 1993.

Bizer Johann: Rechtliche Bedeutung der Kryptographie, DuD 1997, S. 203 f.

Bermann, George A./Koch, Charles H./O'Reilly, James T.: Administrative Law of the European Union, Introduction, (ABA, 2008).

Bermann, George A.: Taking Subsidiarity Seriously: Federalism in the European Community and the United States, 94 Colum. L. Rev. 331, 450 (1994).

Bernd Holznagel, Daniel/Krone, Bernd/Jungfleisch, Christiane: Von den Landesmedeienanstalten zur Ländermedienanstalt, 2004, S. 101f.

Beschluss der Bundesregierung vom 13. März 1985 zur Einsetzung der „Regierungskommission Fernmeldewesen".

Binnenmarkt demnächst auch im Telekom-Sektor, MMR 2009, S. 801.

Blondeel, Yves/Kiessling, Thomas: The EU regulatory framework in telecommunications–a critical analysis, Telecommunications Policy, Vol. 22, No. 7, 1998, 571.

BMWi stellt Eckpunkte zur Änderung des Telekommunikationsgesetzes vor, EuZW 2010, S. 32.

Body of European Regulators for Electronic Communications, Work Programme 2011 BEREC Board of Regulators, BoR (10) 43 Rev1, p. 3.

Body of European Regulators for Electronic Communications, Monitoring quality of Internet access services in the context of net neutrality, Update after public consultation, 25 September 2014, BoR (14)117.

Body of European Regulators for Electronic Communications, BEREC Guidelines on the Implementation by National Regulators of European Net Neutrality Rules, August 2016, BoR (16)127.

Bonk, Heinz Joachim: Fortentwicklung des öffentlich-rechtlichen Vertrags unter besonderer Berücksichtigung der Public Private Partnership, DVBl. 2004, 141.

Boos, Carina: Technische Konvergenz im Hybrid-TV und divergenter Rechtsrahmen für Fernsehen und Internet, 2012.

Börzel, Tanja: States and Regions in the European Union. Institutional Adaptation in Germany and Spain, Cambridge, (Cambridge University Press, 2002).

Braun, Frank: IT-Dienstleistungen für Justiz und Verwaltung, Juris PR-ITR 11, 2006.

Braun, Frank: IT-Dienstleitungen für Justiz und Verwaltung, juris-ITR 11/2006 Anm. 5.

Brohm, Winfried: Strukturen der Wirtschaftsverwaltung, 1969.

Bundesamt für Sicherheit in der Informationstechnik(BSI), Grundlegende Sicherheitsfunktionen von De-Mail, 2010.

Bundesamt für Sicherheit in der Informationstechnik, E-Government Handbuch, Einleitung, 2006.

Bundesstaat und Europäische Union zwischen Konflikt und Kooperation, VVDStRL Bd. 66 (2007).

Bundestagsdrucksache 10/4491 vom 05.12.1985.

Busch, Martin/Koenig, Christian: Telekommunikationsrecht: Zur Umsetzung der unionsrechtlich kodifizierten Investitionsanreize nach dem TK-Review im Deutschen Telekommunikationsrecht, CR 6, 2010, 357.

Charles H. Kennedy and M. Veronica Pastor: An Introduction to International Telecommunications Law, (Artech House, 1996) pp. 209-220.

Commission Communication of 13 March 2001 on eEurope 2002: Impact and Priorities A communication to the Spring European Council in Stockholm, 23-24 March 2001, COM (2001) 140 final.

Commission of the European Communities, 1992 Review of the Situation in the Telecommunications Services Sector, 10 July 1992, SEC (92) 1048 final.

Commission of the European Communities, Amended proposal for a Regulation of the European Parliament and of the Council establishing the European Electronic Communications Market Authority, 5 November 2008, COM/2008/720 final, COD 2007/0249.

参考文献

Commission of the European Communities, Commission Decision of 14 September 2004 amending Decision 2002/627/EC establishing the European Regulators Group for Electronic Communications Networks and Services, OJ L 293, 16 September 2004, 2004/641/EC.

Commission of the European Communities, Commission Decision of 6 December 2007 amending Decision 2002/627/EC establishing the European Regulators Group for Electronic Communications Networks and Services, OJ L 323, 8 December 2007, 2007/804/EC.

Commission of the European Communities, Commission Directive of 28 June 1990 on competition in the markets for telecommunications services (90/388/EEC), Recital 5, The granting of special or exclusive rights to one or more undertakings to operate the network derives from the discretionary power of the State.

Commission of the European Communities, Commission Recommendation of 11 February 2003 on relevant product and service markets within the electronic communications sector susceptible to ex ante regulation in accordance with Directive 2002/21/EC of the European Parliament and of the Council on a common regulatory framework for electronic communication networks and services, 2003/311/EC, C (2003) 497.

Commission of the European Communities, Commission Recommendation on relevant product and service markets within the electronic communications sector susceptible to ex ante regulation in accordance with Directive 2002/21/EC of the European Parliament and of the Council on a common regulatory framework for electronic communications networks and services, Brussels, 16.12.2002, C (2007) 5406 rev 1.

Commission of the European Communities, Communication from the Commission to the Council, the European Parliament, the Economic and Social Committee and the Committee of the Regions, Third report on the implementation of the telecommunications regulatory package, COM (1998) 80 final.

Commission of the European Communities, Communication from the Commission to the Council, the European Parliament, the Economic and Social Committee and the Committee of the Regions, Towards a New Framework for Electronic Communications Infrastructure and Associated Services–The 1999 Communications Review,10 November 1999, COM (1999) 539 final.

Commission of the European Communities, Communication from the Commission to the European Parliament pursuant to the second subparagraph of Article 251(2) of the EC Treaty concerning the common positions of the Council on the adoption of a Directive of the European Parliament and of the Council amending Directives 2002/21/EC on a common regulatory framework for electronic communications networks and services, 2002/19/EC on access to, and interconnection of, electronic communications networks and associated facilities, and 2002/20/EC on the authorization of electronic communications networks and services; a Directive of the European Parliament and of the Council amending Directives 2002/22/EC on universal service and users' rights relating to electronic communications networks and services and 2002/58/EC concerning the processing of personal data and the protection of privacy in the electronic communications sector and Regulation (EC) No 2006/2004 on cooperation between national authorities responsible for the enforcement of consumer protection laws; and a Regulation of the European Parliament and of the Council establishing the Group of European Regulators in Telecoms, 17 February 2009, COM/2009/0078 final.

Commission of the European Communities, Communication from the Commission to the European Parliament, the Council, the Economic and Social Committee and the Committee of the Regions, Fifth Report on the Implementation of the Telecommunications Regulatory Package.

Commission of the European Communities, Compeling the Internal Market: White Paper from the Commission to the European Council, 14 June 1985, COM (85) 310.

Commission of the European Communities, Eighth Report from the Commission on the Implementation of the Telecommunications Regulatory Package, COM (2002) 695 final, Annex 3, Overview of implementation in the Member States: Germany, SEC (2002) 1329.

Commission of the European Communities, Green Paper on the Liberalization of Telecommunications Infrastructure and Cable Television Networks–Part II, a common approach to the provision of infrastructure for telecommunications in the European Union, 25 January 1995, COM (94) 682 final.

Commission of the European Communities, Green Paper on the Liberalization of Telecommunications Infrastructure and Cable Television Networks: Part I, principles and timetable, 25 October 1994, COM (94) 440 final.

Commission of the European Communities, Proposal for a Regulation of the European Parliament and of the Council establishing the European electronic communications market authority, SEC (2007) 1472/SEC (2007) 1473, COM/2007/0699 final, COD 2007/0249.

Commission of the European Communities, Towards a Competitive Community-wide Telecommunications Market in 1992–Implementing the Green Paper on the Development of the Common Market for Telecommunications and Equipment, 9 February 1988, COM (88) 48 final.

Council of the European Union, Common position adopted by the Council with a view to the adoption of a Regulation of the European Parliament and of the Council establishing the Group of European Regulators in Telecoms (GERT), Document Number 16498/1/08 REV1.

Council of the European Union, Conference of the Representatives of the Governments of the Member States, IGC 2003–Meeting of Heads of State or Government, 17-18 June 2004, CIG 85/04.

Dahns, Christian: Rückblick–Wichtige Entscheidungen des Jahres 2010, NJW-Spezial 2011, 62.

Damjanovic, Dragana/Holoubek, Michael/Lehofer, Hans Peter: Grundzüge des Telekommunikationsrechts, 2. Auflage, 2006.

Dargel, Christian: Die Rundfunkgebühr Verfassungs-, finanz- und europarechtliche Probleme ihrer Erhebung und Verwendung Series: Europäische Hochschulschriften / European University Studies / Publications Universitaires Européennes, Peter Lang, 2002.

die medienanstalten – ALM GbR : Jahresberichte der KEK, 18. Jahresbericht Berichtszeitraum 1. Juli 2015 bis 30. Juni 2016, Erste Schritte auf dem Weg zu einer konvergenten Medienordnung, VISTAS, 2016.

die medienanstalten Jahrbuch 2012/2013 Landesmedienanstalten und privater Rundfunk in Deutschland, VISTAS, 2013.

Dietrich, Jens/Keller-Herder, Jutta: Sicherheit im Nachrichtenverkehr durch De-Mail, DuD 2010, 299.

Directive 2002/20/EC. Official Journal of the European Communities, Directive 2002/20/EC of the European Parliament and of the Council of 7 March 2002 on the authorization of electronic communications networks and services (Authorisation Directive), OJ L 108, 24 April 2002.

Directive 2007/65/EC of the European Parliament and of the Council of 11 December 2007 amending Council Directive 89/552/EEC on the coordination of certain provisions laid down by law, regulation or administrative action in Member States concerning the pursuit of television broadcasting activities, OJ L 332, 18.12.2007.

Directive 2009/136/EC. Official Journal of the European Union, Directive 2009/136/EC of the European Parliament and of the Council of 25 November 2009 amending Directive 2002/22/EC on universal service and users' rights relating to electronic communications networks and services, Directive 2002/58/EC concerning the processing of personal data and the protection of privacy in the electronic communications sector and Regulation (EC) No 2006/2004 on cooperation between national authorities responsible for the enforcement of consumer protection laws, OJ L 337, 18 December 2009.

Directive 2009/140/EC. Official Journal of the European Union,Directive 2009/140/EC of the European Parliament and of the Council of 25 November 2009 amending Directives 2002/21/EC on a common regulatory framework for electronic communications networks and services, 2002/19/EC on access to, and interconnection of, electronic communications networks and associated facilities, and 2002/20/EC on the authorisation of electronic communications networks and services, OJ L 337, 18 December 2009.

Döhmann, Spiecker: Datenschutzrechtliche Fragen und Antworten in Bezug auf Panorama-Abbildungen im Internet, CR 5, 2010, 310.

Doll, Roland/Heun,Sven-Erik/Lohmann, Torsten: Europäisches Telekommunikationsrecht im Vergleich CR 1992, 363ff.

Donat, Marcell: Das Ist Der Gipfel!: Die EG-Regierungschefs Unter Sich, 1987.

Duhr, Elisabeth, Helga Naujok, Peter, Martina, Seiffert Evelyn: Neues Datenschutzrecht für die Wirtschaft, DuD 2002, 18.

Edwards, Lilian/Waelde, Charlotte (Hrsg.): Law and the Internet. A Framework for electronic Commerce, 2. Auflage, 2000.

Ellinghaus, Ulrich: Das Telekom-Reformpaket der EU, CR 1, 2010, 20.

Entwulf eines Gesetzes zur Regelung von Bürgerportalen und zur Änderung weiterer Vorschriften, BT-Drucksache 16/12589.

Entwulf eines Gesetzes zur Regelung von De-Mail-Diensten und zur Änderung weiterer Vorschriften, BR-Drucksache 645/10; 17/363;, v. 8. 11. 2010.

Entwurf eines Ersten Gesetzes zur Änderung des Postverwaltungsgesetzes, Bundestagsdrucksache 10/4491 vom 05.12.1985.

ERG Documents, Common Position on regulatory remedies -1st Version, April 2004, ERG (03) 30.

ERG Documents, European Regulators Group Annual Report 2009 ——a report Made under Article 8 of the Commission Decision of 29 July 2002 (2002/627/EC) as set out in the Official Journal of the European Union, ERG (09) 59 rev1 final, Section IV Organisational Developments p. 20.

EU: Mehr Wettbewerb in der Telekommunikation durch GEREK; MMR-Aktuell 2010, 297995.

EU-Kommission kritisiert uneinheitliche Anwendung des Telekommunikationsrecht, EuZW 2010, S. 443.

European Commission, Commission communication of 20 October 1995 to the European Parliament and the Council on the status and implementation of Directive 90/388/EEC on competition in the markets for telecommunications services, 95/C 275/02, OJC 275, 2-4.

European Commission, eEurope 2002: An Information Society For All, Action Plan prepared by the Council and the European Commission for the Feira European Council, 19-20 June 2000; Commission Communication of 13 March 2001 on eEurope 2002: Impact and Priorities A communication to the Spring European Council in Stockholm, 23-24 March 2001, COM (2001) 140 final.

European Commission, Europe's Information Society Thematic Portal, Policies, eCommunications, Body of European Regulators for Electronic Communications, Body of European Regulators for Electronic Communications (BEREC) and the OfficeInformation Society.

European Commission, Your Voice in Europe, Towards a Strengthened Network and Information Security Policy in Europe (Information Society); European Union, Press release, Telecoms Reform: Parliament vote paves way for Single Telecoms Market in Europe, 24 September 2008, MEMO/08/581.

European Commission, Towards a Dynamic European Economy, Green Paper on the development of the common market for telecommunications services and equipment, June 1987, COM (87) 290 final.

European Commission, A Digital Single Market Strategy for Europe, 6 May 2015, COM(2015)

192 final

European Council of 23-24 March 2000, Presidency Conclusions.

European Court of Justice, Judgment of the Court of 17 November 1992, Kingdom of Spain, Kingdom of Belgium and Italian Republic v Commission of the European Communities: Competition in the markets for telecommunications services, Joined cases C-271/90, C-281/90 and C-289/90. European Court reports 1992 Page I-05833.

European Court of Justice, Judgment of the Court of 19 March 1991, French Republic v Commission of the European Communities: Competition in the markets in telecommunications terminals equipment, Case C-202/88. European Court reports 1991 Page I-01223.

European Parliament, Council, and Commission, Interinstitutional Agreement on Better Law-Making, OJ 2003, C321/01.

European Parliament, Press release, Telecoms: fair competition and flexible spectrum allocation to boost new wireless services, REF. 20080923IPR37898.

European Union, Digital Agenda: Commission outlines action plan to boost Europe's prosperity and well-being, IP/10.581.

European Union, Press release, Six Member States face Court action for failing to put in place new rules on electronic communications, 21 April 2004, IP/04/510.

European Union, Press release, Telecoms Reform: Commission presents new legislative texts to pave the way for compromise between Parliament and Council, 7 November 2008, IP/08/1661.

European Union, Press release, Commission position on Amendment 138 adopted by the European Parliament in plenary vote on 24 September, 7 November 2008, MEMO/08/681.

European Union, Press release, Commission proposes a single European Telecoms Market for 500 million consumers, 13 November 2007, IP/07/1677.

European Union, Press release, Telecoms Reform: Parliament vote paves way for Single Telecoms Market in Europe, 24 September 2008, MEMO/08/581.

European Union, Press release, Creating a Single European Market for Telecoms: New Proposals on Terminals, Modifications to Directive on Open Network Provision (ONP) and Adoption of Article 90 Rules on Services, 28 June 1989, P/89/36.

Eurostat, Current account balance as percentage of GDP, 2011.

EU-Telekom-Vorschriften in Kraft getreten, EuZW 2010, S. 82f.

Faber, Angela: Gesellschaftliche Selbstregulierungssysteme im Umweltrecht, 2001, 252f.

Farina, Cynthia R./Shapiro, Sidney A./Susman, Thomas M.: Administrative Law of the European Union, Transparency and Data Protection, 2008.

Fechner, Frank, Medienrecht, 11. Auflage, 2010.

Fisher, Joschka: Vom Staatenverbund zur Foederation–Gedanken ueber die Finalitaet der Europaeischen Integration: Rede von Joschka Fischer in der Humboldt-Universitaet in Berlin am 12. Mai 2000.

Gabrisch, Christoph: Universaldienst in Deutschland, Neukonzeption für einen liberalisierten Telekommunikationsmarkt, Wiesbaden, Deutscher Universitäts Verlag, 1996.

Geppert, Martin/Roßnagel, Alexander (Hrsg.): Telemediarecht. Telekommunikations- und Multimediarecht, 8. Auflage, 2009.

Gercke, Marco: Impact of the Lisbon Treaty on Fighting Cybercrime in the EU, CRi 3, 2010, 75.

Gesetz über die Unternehmensverfassung der Deutschen Bundespost-Postverfassungsgesetz- PostVerfG.

Gesetz über Verwaltung der Deutschen Bundespost (Postverwaltungsgesetz- PostVerwG) vom 24. Juli 1953, BGBL. I S. 676.

Gesetz zur Änderung des Grundgesetzes (Artikel 23, 45 und 93) (GGÄndG2008) v. 08.10.2008 BGBl. I S. 1926.

Gesetz zur Regelung von De-Mail Diensten und zur Änderung weiterer Vorschriften v. 28. Apr. 2011, BGBl. Teil 1 Nr. 19, S. 666.

Glockzin, Kai: „Product Placement" im Fernsehen–Abschied vom strikten Trennungsgebot zwischen redaktionellem Inhalt und Werbung, MMR, 3, 2010, 161.

Gola, Peter: Die Entwicklung des Datenschutzrechts im Jahre 1998-99, NJW 51, 1999.

Goodman, Joseph William: Telecommunications policy-making in the European Union (Edward Elgar Publishing, 2006).

Gottberg, Joachim von: Vergangenheit trifft Zukunft, Konvergente Medien, getrennte Jugendschutzgesetze, in: Kleist/Roßnagel/Scheuer (Hrsg.), Europäisches und nationales Medienrecht im Dialog, Festschrift zum 20jährigen Bestehen des Instituts für Europäisches Medienrecht (EMR), Baden-Baden 2010, s. 287-296.

Gradin, Damien & Petit, Nicolas: The Development of Agencies at EU and National Levels: Conceptual Analysis and Proposals for Reform, Monet Working Paper, January 2004.

Gramlich, Ludwig: Die Tätigkeit der BNetzA in den Jahren 2008 und 2009 im Bereich der Telekommunikation, CR 5, 2010, 289.

Gramlich, Ludwig: Von der Postreform zur Postneuordnung, zur erneuten Novellierung des Post- und Telekommunikationswesens, NJW 1994, 2785.

Grewenig, Claus: Die Umsetzung der Werbestimmungen der EU-Richtlinie über audiovisuelle Mediendienste in Deutsches Recht aus Sicht des privaten Rundfunks, ZUM, 2009, 703.

Groß, Thomas: Selbstregulierung im medienrechtlichen Jugendschutz am Beispiel der Freiwilligen Selbstkontrolle Fernsehen, NVwZ, 2003. S. 1393.

Gurlit, Elke: Verfassungsrechtliche Rahmenbedingungen des Datenschutzes, NJW 1035, 2010.

Habermas, Jürgen: Strukturwandel der Öffentlichkeit Untersuchungen zu einer Kategorie der bürgerlichen Gesellschaft Mit einem Vorwort zur Neu auflage, 1990.

Hain, Karl-E.: Die öffentlich-rechtlichen Rundfunkanstalten–Träger mittelbarer Staatsverwaltung?, K&R 4, 2010, 242.

Hans-Bredow-Institut, Endbericht Studie über Co-Regulierungsmaßnamen im Medienbereich, 2006, S. 51ff.

Hanseler-Unger, Iris: Die Regulierung von Netzindustrien in Europa-am Beispiel der Telekommunikation, Wirtschaftsdienst 2010 Sonderheft, 13.

Haucap, Justus: The regulatory Framework for European Telecommunications Markets between Subsidiarity and Centralization, In: B. Priessl, J. Haucap & P. Curwen (Ed.), Telecommunications Market, Driver and Impediments, (Springer, 2009) p. 463.

Helsink, Willem: Privatisation and Liberalisation in European Telecommunications, Comparing Britain, the Netherlands, and France, (Routledge, 1999) p. 241.

Hennis, Wilhelm: Amtsgedanke und Demokratiebegriff, in, Politik als praktische Wissenschaft, 1968.

Henseler-Unger, Iris: Die Regulierung von Netzindustrien in Europa–am Beispiel der Telekommunikation, Sonderheft, Wirtschaftsdienst, 2010, 13.

Hesse, Albrecht: Die Umsetzung der Werbebestimmungen der EU-Richtlinie über audiovisuelle Mediendienste in Deutsches Recht aus Sicht des öffentlich-rechtlichen Rundfunks, ZUM, 2009, 718.

Higham, Nicholas: Open Network Provision in the EC: A step-by-step approach to competition, Telecommunications Policy, vol. 17 (1993) pp. 242-249.

Hilber, Marc/Litzka, Niels: Wer ist urheberrechtlicher Nutzer von Software bei Outsourcing Vorhaben?, ZUM, 2009, 730.

Hill, Hermann: Verwaltungskommunikation und Verwaltungsverfahren unter Europäischem Einfluss, DVBl, 2002, 3016.

Ho, Jean-Claude Alexandre, Juristische Grundkurse: Europarecht, 2. Auflage, 2008.

Hoffmann, Helmut: Die Entwicklung des Internet-Rechts bis Mitte 2010, NJW 37, 2010, 2706.

Hoffmann-Riem, Wolfgang, Verwaltungsrecht in der Informationsgesellschaft, Einleitende Problemskizze. In: Hoffmann-Riem/Schmidt-Aßmann (Hrsg.), Verwaltungsrecht in der Informationsgesellschaft, 2000, S. 9-59.

Hoffmann-Riem, Wolfgang, Regulierung der dualen Rundfunkordnung, 2000.

Hoffmann-Riem, Wolfgang: Innovationen durch Recht und im Recht, in: Schulte, M. (Hrsg.), Technische Innovation und Recht–Antrieb oder Hemmnis?, Heidelberg 1996, S. 3.

Hoffmann-Riem, Wolfgang: Pay TV im öffentlich-rechtlichen Rundfunk, Materialien zur interdisziplinären Medienforschung 28, 1996.

Hoffmann-Riem, Wolfgang: Strukturen des Europäischen Verwaltungsrechts–Perspektiven der Systembildung. In: Hoffmann-Riem/Schmidt-Aßmann (Hrsg.), Strukturen des Europäischen Verwaltungsrechts, 1999, S. 317-383.

Hoffmann-Riem, Wolfgang: Telekommunikationsrecht als Europäisiertes Verwaltungsrecht. In: Hoffmann-Riem/Schmidt-Aßmann (Hrsg.), Strukturen des Europäischen Verwaltungsrechts, 1999, S. 191-217.

Hoffman-Riem, Verwaltungsrecht in der Informationsgesellschaft-Einleitende Problemskizze, in Hoffman-Riem/Schmidt-Aßmann (Hrsg.), Verwaltungsrecht in der Informationsgesellschaft, (2000) s. 20.

Hoffman-Riem, Wolfgang: New Media in West Germany: The Politics of Legitimation, In: K. Dyson and P. Humphreys eds., The Political Economy of Communications: International and European Dimentions, London and New York, (Routledge, 1990) p. 189.

Hoffman-Riem, Wolfgang: Öffentliches Recht und Privatrecht als wechselseitige Auffangordnungen-Systematisierung und Entwicklungspespektiven, In: Hoffman-Riem/ Schmidt-Aßmann (Hrsg.), Öffentliches Recht und Privatrecht als wechselseitige Auffangordnungen, 1996, 300ff;

Holgersson, Silke/Jarren, Otfried/Schatz, Heribert (Hrsg.): Dualer Rundfunk in Deutschland, Beiträge zu einer Theorie der Rundfunkentwicklung, Jahrbuch, 1994.

Holms, Peter: Telecommunications in the Great Game of Integration, The Single European Market and the Information and Communication Technologies, 1990.

House of Commons Library, The EU Reform Treaty: amendments to the Treaty on European Union, 22 November 2007, Research paper 07/80.

House of Commons Library, The Treaty of Lisbon: amendments to the Treaty establishing the European Community, 6 December 2007, Research Paper 07/86.

Hubertus Gersdorf: Telekommunikationsrecht, 2005.

Immenga, Ulrich/Lübben, Natalie/Schwintowski, Hans-Peter (Hrsg.): Telekommunikation: Vom Monopol zum Wettwebwerb, 1998.

Information Technology Standardization in the European Community, an internal memo of 27 February, 1987, European Commission DG XIII Telecommunications, Information Market and Exploitation of Research.

Jani, Ole, Alles eins?: Das Verhältnis des Rechts der öffentlichen Zugänglichmachung zum Vervielfältigungsrecht, ZUM, 2009, 722.

Janka, John S. (Hrsg.): The Technology Media and Telecommunications Review, 2010.

Janssens, Christine : The Principle of Mutual Recognition in EU Law, Oxford University Press, 2013.

Katzenstein, Peter: Policy and Politics in West Germany: The Growth of a Semisovereign State (Temple University Press, 1987).

Kimminich, Otto/von Lersner, Heinrich Frhr./Storm, Peter-Christoph: Handwörterbuch des Umweltrecht, 2.Auflage Band I, 1994.

Kirk, Ewan, EU Law, Law Express, 2009.

Kirti Datla and Richard L. Revesz, Deconstructing Independent Agencies (and Executive Agencies), 98 Cornell L. Rev. 769 (2013)

Klickermann, Paul H.: Reichweite der Onlinepräsenz von öffentlich-rechtlcihen Rundfunkanstalten nach dem 12. RÄndStV, MMR, 12, 2008, 793.

Klotz, Robert/Brandenberg, Alexandra: Der novellierte EG-Rechtsrahmen für elektronische Kommunikation–Anpassungsbedarf im TKG, MMR 147, 2010.

Klotz, Robert: Länderreport Brüssel/EU, K&R 6, 2010, 392.

Klumpp, Dieter/Kubicek, Herbert/Roßnagel, Alexander/Schulz, Wolfgang (Hrsg.): Medien, Ordnung und Innovation, 2006.

Kogler, Michael R.: Rundfunk und Onlinemedien, Journal für Rechtspolitik 17, 2009, 72.

Kogut, Bruce/Walker, Gordon: The Small World of Germany and the Durability of National Networks, American Sociological Review, Vol. 66, No. 3 (Jun., 2001), pp. 317-335.

Kongreß zum Telekommunikationsrecht, CR 1987, 398.

König, Michael/Kösling, Stefan: Die digitale Zugangsfreiheit im 8. RÄStV–Nur Anpassung an das TKG oder materielle Änderungen beabsichtigt?, ZUM, 2005, 289.

Kreile, Johannes/Veler, Dimo: Umsetzung der aktuellen Gesetzgebung und Deregulierungsvorhaben der EU im Bereich Telekommumikation, ZUM 1995, S. 694.

Krips, Ulsula, Bundesrepublik Deutschland im Umbruch? (I), VW 1988, 774.

Ladeur, Karl-Heinz/Möllers, Christoph: Der Europäische Regulierungsverbund der Telekommunikation im Deutschen Verwaltungsrecht, DVBl 9, 2005, 525.

Ladeur, Karl-Heinz: Das Europäische Telekommunikationsrecht im Jahre 2009, K&R, 5, 2010.

Ladeur, Karl-Heinz: Privatisierung öffentlicher Aufgaben und die Notwendigkeit der Entwicklung eines neuen Informationsverwaltungsrecht. In: Hoffmann-Riem/Schmidt-Aßmann (Hrsg.): Verwaltungsrecht in der Informationsgesellschaft, 2000, S. 225-257.

Landesmedienanstalten zur Landermedienanstalt. Schlussfolgerungen aus einem internationalen Vergleich der Medienaufsicht, 2004, S. 27-47.

Larouche, Pierre: Competition Law and Regulation in European Telecommunications, 2000.

Leisner, Walter: „Privatisierung" des Öffentlichen Rechts/Von der „Hoheitsgewalt" zum gleichordnenden Privatrecht, 2007.

Levin, Ronald/Emmert, Frank/Feddersen, Christoph T.: Administrative Law of the European Union, Judicial Review, 2008.

Linda Senden, Soft Law, Self-regulation, and Co-regulation in European Law: Where Do They Meet?, Electronic Journal of Comparative Law, vol. 9. (2000) p. 1.

Lindseth, Peter L./Aman, Alfred C./Raul, Alan Charles: Administrative Law of the European Union, Oversight, 2008.

Long, Colin D.: Telecommunications Law and Practice, (Sweet & Maxwell, 1995) p. 26.

Luch, Anika/Classen, Mirja: Die Umsetzung der EU-Dienstleistungsrichtlinie in der Deutschen Verwaltung–Tagungsbericht, GewArch 294, 2008.

Maurer, Hartmut: Allgemeines Verwaltungsrecht, 17. Auflage, 2009.

Mestmecker, Ernst-Joachim: Über den Einflus von Ökonomie und Technik auf Recht und Organisation der Telekommunikation und der elektonischen Medien, Ernst-Joachim Mestmacker (Hrsg.), Kommunikation ohne Monopole II, Nomos, 1995, S. 95ff.

Möschel, Wernhard: Investitionsförderung als Regulierungsziel–Neuausrichtung des Europäischen Rechtsrahmens für die elektronische Kommunikation, MMR, 2010, 450.

Müller, Jurgen: Telekommunikationsmärkte in Deutschland nach der Postreform I ZögU 1992, 308.

Müßig, Jan Peter: Die Sicherung von Verbreitung und Zugang beim Satellitenrundfunk in Europa, EMR 32, 2005, 228.

Muyter, Laurent: Does Europe need a single European telecom regulator?, MMR 4, 2008, 165.

Neuhaus, Patrick Alexander: Regulierung in Deutschland und den USA: Eine Bewertung der Regulierungssysteme in der Telekommunikation mit einem Ausblick auf den Energiesektor, Europäische Hochschulschriften, Reihe II Rechtswissenschaft, Bd. 4854, 2009.

Newman, Abraham and Bach, David: Self-Regulatory Trajectories in the Shadow of Public Public Power: Resolving Digital Dilemmas in Europe and the United States, Governance 17. 3 (2004) pp. 387–413.

Nolte, Norbert/König, Annegret: Open Access und die Eckpunkte der BNetzA, CR 7, 2010, 433.

Official journal of the European Communities, Commission of the European Communities, Commission Decision of 29 establishing the European Regulators Group for Electronic Communications Networks and Services, 30 July 2002, L200/38.

Overkleft-Verburg, Datenschutz zwischen Regulierung und Selbstregulation, in: Alcatel SEL Stiftung (Ed.), Rechtliche Gestaltung der Informationstechnik, 1996, 41.

Palmer, Michael and Tunstall, Jeremy: Liberating Communications, (Blackwell, 1991) p. 142.

Paul Taylor, David Cameron has put Britain offside and offshore in Europe, Reuters, London, December 9th, 2011.

Pechstein, Matthias/Koenig, Christian: Die Europäische Union, 2. Auflage, 1998.

Peter L. Strauss, Turner T. Smith, Jr. and Lucas Bergkamp: Administrative Law of the European Union, Rulemaking, (ABA, 2008) p. 164.

Pieroth, Bodo/Schlink, Bernhard: Grundrechte Staatsrecht II, 25. Auflage, 2009.

Pitschas, Rainer: Strukturen des Europäischen Verwaltungsrechts–Das kooperative Sozial- und Gesundheitsrecht der Gemeinschaft. In: Hoffmann-Riem/Schmidt-Aßmann (Hrsg.), Strukturen des Europäischen Verwaltungsrechts, 1999, S. 123–171.

Post-Kundenschutzverordnung vom 19. Dezember 1995, BGBl. I S. 2016.

Postneuordnungsgesetz (PTNeuOG) vom 14.09.1994, BGBl, I/1994, S. 2325 ff.

Potthast, Klaus-Peter: Die Umsetzung der EU-Richtlinie über audiovisuelle Mediendienste aus Ländersicht, ZUM, 2009, 698.

Power, Resolving Digital Dilemmas in Europe and the United States, Governance, Vol.17, Issue 3, pp. 387–413.

Regulation (EC) No 1211/2009. Official Journal of the European Union, Regulation (EC) No 1211/2009 of the European Parliament and of the Council of 25 November 2009 establishing the Body of European Regulators for Electronic Communications (BEREC) and the Office,

OJ L 337, 18 December 2009.

Regulation (EC) No 460/2004 of the European Parliament and of the Council of 10 March 2004 establishing the European Network and Information Security Agency.

Reich, Norbert: Consumer Law and Ecommerce–Initiatives and Problems in Recent EU and German Legislation, ERA Forum 2, 2001, 41.

Renck-Laufke, Martha : Was ist und was kann die KEK?, ZUM 2000, S. 369-375.

Riehm, Ulrich / Petermann, Thomas / Orwat, Carsten / Coenen, Christopher / Revermann, Christoph / Scherz, Constanze / Wingert, Bernd: E-Commerce in Deutschland - Eine kritische Bestandaufnahme zum elektronischen Handel, 2003.

Rossen, Helge: SelbststEUerung im Rundfunk, ZUM 1994, 224.

Roßnagel, Alexander (Hrsg.): Die Zukunft der Fernsehrichtlinie/The Future of the „Television without Frontiers" Directive, 2004.

Roßnagel, Alexander (Hrsg.): Gedanken zu den Medien und ihrer Ordnung, 2007.

Roßnagel, Alexander/Gitter, Rotraud/Opitz-Talidou, Zoi: Telemdienwahlen in Vereinen, MMR 6, 2009, 383.

Roßnagel, Alexander/Hornung, Gerrit/Knopp, Michael/Wilke, Daniel: De-Mail und Bürgerportale–Eine Infrastruktur für Kommunikationssicherheit, DuD Datenschutz und Datensicherheit 12, 2009, 728.

Roßnagel, Alexander/Hornung, Gerrit: Ein Ausweis für das Internet, Die öffentliche Verwaltung, Heft 8, 2009, 301.

Roßnagel, Alexander/Jandt, Silke: Datenschutzkonformes Energieinformationsnetz, DuD 6, 2010, 373.

Roßnagel, Alexander/Kleist, Thomas/Scheuer, Alexander (Hrsg.): Die Reform der Regulierung elektronischer Medien in Europa, 2007.

Roßnagel, Alexander/Kleist, Thomas/Scheuer, Alexander: Wettbewerb beim Netzbetrieb–Voraussetzung für eine lebendige Rundfunkentwicklung, Vistas, 2009.

Roßnagel, Alexander/Scheuer, Alexander: Das Europäische Medienrecht, MMR 2005, 271.

Roßnagel, Alexander, Pfitzmann, Andreas, Garstka, Hansjürgen: Modernisierung des Datenschutzrechts, Gutachten für das Bundesinnenministerium, 2001, 158ff.

Roßnagel, Alexander: Das Neue regeln, bevor es Wirklichkeit geworden ist: Rechtliche Regelungen als Voraussetzung technischer Innovation, in: Roßnagel, A./Haux, R./Herzog, W. (Hrsg.): Mobile und sichere Kommunikation im Gesundheitswesen, Braunschweig 1999.

Roßnagel, Alexander: Datenschutzaudit in Japan, DuD 25, 2001, 154.

Roßnagel, Alexander: Globale Datennetze: Ohnmacht des Staates–Selbstschutz der Bürger. Thesen zur Änderung der Staatsaufgaben in einer „civil information society", ZRP 1997b, S. 26.

Roßnagel, Alexander: Konzepte der Selbstregulierung, in: Roßnagel (Ed.), Handbuch Datenschutzrecht, 2003, ch. 3. 6.

Roßnagel, Alexander: Möglichkeiten für Transparenz und Öffentlichkeit im Verwaltungshandeln–unter besonderer Berücksichtigung des Internets als Instrument der Staatskommunikation. In: Hoffmann-Riem/Schmidt-Aßmann (Hrsg.), Verwaltungsrecht in der Informationsgesellschaft, 2000, S. 257-333.

Roßnagel, Alexander: Weltweites Internet–globale Rechtsordnung?, MMR 2, 2002, 67.

Roßnagel, Alexander (Hrsg.): Europäische Datenschutz-Grundverordnung – Vorrang des Unionsrechts – Anwendbarkeit des nationalen Rechts, Baden-Baden 2016, 67 ff.

Roßnagel, Alexander / Geminn, Christian L. / Jandt, Silke / Richter, Philipp. Datenschutzrecht 2016. „Smart" genug für die Zukunft? Ubiquitous Computing und Big Data als Herausforderungen des Datenschutzrechts. kassel university press, 2016

Schalast, Christoph: rechtliche Rahmenbedingungen für Public Private Partnerships und Dienstleistungskonzessionen im TK-Sektor, MMR 9, 2005, 581.

Schatzschneider, Wolfgang: Die Neustrukturierung des Post- und Fernmeldewesens. Einige Anmerkungen zum neuen gesetzlichen Rahmen der Deutschen Bundespost, NJW 1989, 2371.

Schatzschneider, Wolfgang: Fernmeldemonopol und Verfassungsrecht MDR 529, 1988.

Schaub, Alexander: Europäische Wettbewerbsaufsicht über die Telekommunikation, MMR 2000, 211.

Scherer, Joachim: Postreform II: Privatisierung ohne Liberalisierung CR 1994, 418.

Scherer, Joachim: Telekommunikationsrecht im Umbruch, CR 1987, 743ff.

Scherzberg, Arno: Die öffentliche Verwaltung als informationelle Organisation. In: Hoffmann-Riem/Schmidt-Aßmann (Hrsg.): Verwaltungsrecht in der Informationsgesellschaft, 2000, S. 195-225.

Schliesky, Utz: E-Government–Schlüssel zur Verwaltungsmodernisierung oder Angriff auf bewährte Verwaltungsstrukturen?, LKV, 2005, 89.

Schmid, Tobias/Kitz, Volker: Von der Begriffs- zur Gefährdungsregulierung im Medienrecht, ZUM, 2009, 739.

Schmidt-Aßmann, Eberhard, Verwaltungsverantwortung und Verwaltungsgerichtsbarkeit, VVDStRL Bd. 34 (1975), S. 221.

Schmidt-Aßmann, Eberhard: Das allgemeine Verwaltungsrecht als Ordnungsidee, 2. Aufl., 2004. (エバーハルト・シュミット＝アスマン　太田匡彦・山本隆司・大橋洋一訳『行政法理論の基礎と課題—秩序づけ理念としての行政法総論』（東京大学出版会、2006 年））

Schmidt-Aßmann, Eberhard: Strukturen des Europäischen Verwaltungsrechts: Einleitende Problemskizze. In: Hoffmann-Riem/Schmidt-Aßmann (Hrsg.), Strukturen des Europäischen Verwaltungsrechts, 1999, S. 9-45.

Schmidt-Aßmann, Eberhard: Verwaltungsrecht in der Informationsgesellschaft–Perspektiven der Systembildung. In: Hoffmann-Riem/Schmidt-Aßmann (Hrsg.), Verwaltungsrecht in der Informationsgesellschaft, 2000, S. 405-432.

Schmidt-Preuß, Matthias: Verwaltung und Verwaltungsrecht zwischen gesellschaftlicher

Selbstregulierung und staatlicher Steuerung, VVDStRL 56 (1997), 173.

Schneider, Volker and Weele, Raymund: "International Regime or Corporate Actor? The European Community in Telecommunications Policy", in Dyson and Humphreys (Ed.), The Political Economy of Communications: Interenational and European Dimensions, (Routledge, 1990) pp. 80-100.

Schönberger, Christoph: Die Europäische Union als Bund. Zugleich ein Beitrag zur Verabschiedug des Staatenbund–Bundesstaat–Schemas, AöR 2004, S. 81-120.

Schulte, Martin: Schlichtes Verwaltungshandeln, 1995, 174.

Schulte, Martin: Wandel der Handlungsformen der Verwaltung und der Handlungsformenlehre in der Informationsgesellschaft. In: Hoffmann-Riem/Schmidt-Aßmann (Hrsg.), Verwaltungsrecht in der Informationsgesellschaft, 2000, S. 333-349

Schulte, Martin: Wandel der Handlungsformen der Verwaltung und der Handlungsformenlehre in der Informationsgesellschaft. In: Technische Innovation und Recht–Antrieb oder Hemmnis?, Heidelberg 1996.

Schutz, Wolfgang / Held, Thomas: Regulated Self-Regulation as a form of modern government An analysis of case studies from media and telecommunications law, University of Luton Press, 2004.

Schwarz, Paul M., German and U.S. Telecommunications Privacy Law: Legal Regulation of Domestic Law Enforcement Surveillance, Hastings L. J., 2002-2003, 751.

Schwarz-Schilling, Christian: Zum Bericht der Regierungskommission Fernmeldewesen, CR 1987, 738ff.

Schwetzler, Angelka: Persönlichkeitsschutz durch Presseselbstkontrolle, 2005.

Seerden, Rene (Hrsg.): Administrative Law of the European Union, its Member States and the United States, 2. Edition, 2007.

Seibold, Christoph: Die Umsetzung der Werbebestimmungen der EU-Richtlinie über audiovisuelle Mediendienste in Deutsches Recht, ZUM, 2009, 720.

Senden, Linda: Soft Law, Self-regulation, and Co-regulation in European Law: Where Do They Meet?, Electronic Journal of Comparative Law, vol. 9. (2000) p. 1.

Sharp, Margaret: The Single Market and European Technology Policies, in: Freeman/Sharp/Walker (Ed.), Technology and the Future of Europe, London/New York: (Pinter,1991).

Speyer, Hermann Hill: Verwaltungskommunikation und Verwaltungsverfahren unter Europäischem Einfluss, DVBl 2002, 1316.

Stober, Rolf: Telekommunikation zwischen öffentlich-rechtlicher StEUerung und privatwirtschaftlicher Verantwortung –Entwicklungsstand und Regulierungsbedarf aus wirtschaftsverwaltungs-und verbraucherschutzrechtlicher Perspektive, DÖV 2004, 212.

Strange, Susan: States and Markets: An Introduction to International Political Economy (Pinter, 1988).

Strange, Susan: States and Markets (Second edition): An Introduction to International Political

Economy, (Pinter, 1994).

Strauss, Peter/Turner, Smith Jr./Bergkamp, Lucas: Administrative Law of the European Union: Rulemaking (ABA, 2008).

Streeck, Wolfgang and Trampusch, Christine: Economic Reform and the Political Economy of the German Welfare State, In: Kenneth Dyson and Stephen Padgett (Ed.) The Politics of Economic Reform in Germany, (Routledge 2006) pp. 69-71.

Telekommunikationsgesetz vom 25. Juli 1996, BGBl. I S. 1120.

Telekommunikations-Universaldienstleistungsverordnung vom 30.01.1997, BGBl. I S 141

The Lisbon Treaty, Consolidated Reader-Friendly Edition of the Treaty on European Union (TEU) and the Treaty on the Functioning of the European Union (TFEU) as amended by the Treaty of Lisbon, April 2008, Foundation for EU Democracy.

Tomale, Philipp-Christian: Die Privilegierung der Medien im Deutschen Datenschutzrecht, 2006.

Tony Prosser, Self-regulaton, Co-regulation and the Audio-Visual Media Services Directive, Journal of Consumer Policy, vol. 31, 1, pp. 99-113.

Trute, Hans-Heinrich/Denkhaus, Wolfgang/Kühlers, Doris: Governance in der Verwaltungsrechtswissenschaft, Verw. 37, 2004, 451.

Trute, Hans-Heinrich/Pfeifer, Axel: Schutz vor Interessenkollisionen im Rundfunkrecht, Zu 53 NW LRG, DÖV, 1989, S. 192ff.

Trute, Hans-Heinrich: Die Verwaltung und das Verwaltungsrecht zwischen gesellschaftlicher Selbstregulierung und staatlicher Steuerung, DVBI 950, Ausgabe 17, 1996.

Ufer, Frederic: Der Kampf um die Netzneutralität oder die Frage, warum ein Netz neutral sein muss, K&R 6, 2010, 383.

Ungerer, Herbert and Costello, Nicholas P.: Telecommunications in Europe, (Office for Official Publications of the European Communities, 1988).

Ungerer, Herbert: Telecommunications for Europe 1992-1 :The CEC Sources, (Ios Pr Inc, 1989) p. 21.

Verordnung über den Datenschutz für Unternehmen, die Postdienstleistungen erbringen (Postdienstunternehmen-Datenschutzverordnung–PDSV) vom 4. November 1996, BGBl. I S. 1636.

Verordnung zur Sicherstellung der Postversorgung der Bundewehr durch die Feldpost (Feldpostverordnung 1996–FpV 1996) vom 23. Oktober 1996, BGBl. I S. 1543.

Vertrag zwischen der Bundesrepublik Deutschland und der Deutschen Demokratischen Republik über die Herstellung der Einheit Deutschlands (Einigungsvertrag–EV), 31.08.1990, BGBl. II S. 885, 1055.

Vogelsang, Ingo: Deregulation and Privatization in Germany, Journal of Public Policy 8, pp. 195-212.

Vogelsang, Ingo: The German Telecommunications Reform–Where did it come from, Where is it, and Where is it going?, Presentation paper at Verein für Sozialpolitik Annual Meetings, 2002.

Von Weizsäcker, Carl Cristian and Wieland, Bernhard, Current Telecommunications Policy in West Germany, Oxford Review of Economic Policy 4, 1988, pp. 20-39.

Voßkuhle, Andreas: Beteiligung Privater an der Wahrnehmung offentlicher Aufgaben und staatliche Verantwortung, VVDStRL Bd. 62 (2003), S. 289f.

Voßkuhle, Andreas: Der Wandel von Verwaltungsrecht und Verwaltungsprozeßrecht in der Informationsgesellschaft. In: Hoffmann-Riem/Schmidt-Aßmann (Hrsg.), Verwaltungsrecht in der Informationsgesellschaft, 2000, S. 349-405.

Voßkuhle, Andreas: Regulierte Selbstregulierung -Zur Karriere eines Schlüsselbegriffs, Die Verwaltung Beiheft 4, 2001, S. 199.

Wachter, Thomas: Multimedia und Recht, GRUR Int, 1995

Waverman, Leonard/Sirel, Esen: European Telecommunications Markets on the Verge of Full Liberalization, Journal of Economic Perspectives 11, 1997, 113

Weichert, Thilo: Regulierte Selbstregulierung- Plädoyer für eine etwas andere Datenschutzaufsicht, RDV 2005, 1

Winkelmüller, Michael/Kessler, Hans-Wolfram: Territorialisierung von Internet Angeboten Technische Möglichkeiten, völker, wirtschaftsverwaltungs und ordnungsrechtliche Aspekte, GewArch 2009,181.

Winn, Jane K.: Emerging Issues in Electronic Contracting, Technical Standards and Law Reform, Unif. L. Rev., 2002, 700.

Witte, Eberhard: Die Deutsche Bundespost im Wettbewerb. In: Neue Kommunikationsdienste der Bundespost in der Wirtschaftsordnung, Schriftenreihe der Gesellschaft für öffentliche Wirtschaft und Gemeinwirtschaft, Heft 19, S. 11-27,1980.

Witte, Eberhard: Die Entwicklung zur Reformreife, In: Lutz Michael Büchner (Hrsg.), Post und Telekommunikation–Eine Bilanz nach zehn Jahren Reform, 1999, 59-85.

Witte, Eberhard: Die organisatorische Verknüpfung von Informations- und Kommunikationssystemen ZO 1980, 430f.

Witte, Eberhard: Liberalisierung der Telekommunikationsmärkte. In: Bundesministerium für Wirtschaft (Hrsg.), Die Informationsgesellschaft. Fakten, Analysen, Trends. BMWi-Report, 1995, S. 8-9.

Witte, Eberhard: Neuordnung der Telekommunikation: Bericht der Regierungskommission Fernmeldewesen, Heidelberg, 1987.

Witte, Eberhard: Regulierungspolitik, In: Jung, V., Warnecke (Hrsg.,) Handbuch für die Telekommunikation, Heidelberg, S. 6/35-6/47, 1998.

Witteman, Christopher: Constitutionalizing Communications: The German Constitutional Court's Jurisprudence of Communications Freedom, Hastins Int'l & ComS. L. Rev. 95, 2010.

World Bank, World Development Indicators Database, October 2010.

Xavier, Patrick: What rules for Universal Service in an IP-enabled NGN environment, ITU workshop Document: NGN/03, 15 April 2006.

Zahariadis, Nikolaos: Markets, States, and Public Policy: Privatization in Britain and France, (Ann Arbor: The University of Michigan Press, 1995) p. 156; Oliver Stehmann, Network Competition for European Telecommunications, (Oxford University Press, 1995) p. 180.

Ziekow, Jan/Windoffer, Alexander: Public Private Partnership–Struktur und Erfolgsbedingungen von Kooperationsarenen, 2008.

Hoffman-Riem, Wolfgang: Verantwortungsteiung als Schlüsselbegriff modernar Staatlichkeit, in: In: Paul Kirchhof u. a. (Hrsg.): Staaten und Steuern, Festschrift für Klaus Vogel zum 70. Geburtstag, 2000, S. 50ff.

Hoffman-Riem, Wolfgang: Finanzierung und Finanzkontorolle der Landesmedienanstalten, 1993, S. 65ff

Hoffman-Riem, Wolfgang :Regulierung der dualen Rundfunkordnung, 2000, S. 262ff.

Zuleeg, Mansfred/Rengeling, Hans-Werner: Deutsches und Europäisches Verwaltungsrecht– Wechselseitige Einwirkungen, VVDStRL 53 (1994), 154ff.

索　引

■数字・アルファベット
2002年のフレームワーク　49, 189
2002年のフレームワーク構築　41
2009年の電子通信規制改革　55
3条委員会　245, 249
8条委員会　245
AI（人工知能）　3
ALM　166
BAPT　142
BBC　235
BDSG →連邦データ保護法
BEREC →欧州電子通信規制者団体　2, 10, 55, 57, 62-64, 77, 104-106, 111, 257
BERECワークプログラム　87
BERT →欧州電子通信規制者団体　62
BNetzA　142-144
BPO（Broadcasting Ethics and Program Improvement Organization）　116, 233-235
Brexit（イギリス離脱）　121
BRO　233
CATVネットワーク自由化指令（Cable Directive（95/51/EC））　45
CDU　135
Common Position（共通の立場）　62
Co-Regulation（共同規制）　190, 256
DBP　137
DECT指令（DECT Directive（91/287/EEC））　45
DFG →ドイツ研究財団
DIN →ドイツ標準化協会　176
EC　18, 19, 34, 137, 138
ECSC　13, 128
EC域内　137
EC閣僚理事会　14
EC共通政策　137
EEA →欧州経済領域

EEC（ローマ）　30
EEC（ローマ）条約第90条3項　20, 30
eEurope　40
——2002　40, 58
——2002アクションプラン　40
——2005　58
——戦略　44
electronic communications（電子通信）　113
ENISA　61
ERG（European Regulators Group）　55, 62, 65, 67
ERMES指令（ERMES Directive（90/544/EC））　45
ESTI（欧州電子通信標準化機構）　28, 35, 103, 111
ETMA →通信市場監督機関　56
ETSI　213
EU域内　59
EU域内市場　39
EU加盟候補国　69
EU行政法　207
EU競争法　16
EU情報通信行政　6
EU情報通信市場　4
EU情報通信法制　10
EU条約（マーストリヒト条約）　121
EU指令　174
EU指令の国内法化　152
EU新機関　55
EU政策　123, 129
EU全域　57
EUテレコムポリシー　89
EU電気通信庁　106
EU電子通信規制に関する規則・指令（テレコム改革パッケージ）　53
EUの経常収支　126
EUの政策決定　104

EU の統合　121, 125
EU 法　10
EU 枠組み指令　208
FSF →テレビ自主規制機関　195, 197
FSK（Freiwillige Selbstkontorolle der Filmwirtschaft）　195
GDP　124, 127
GERT（Group of European Regulators in Telecoms）　63
GSM 指令（GSM Directive（87/372/EEC））　45
GWK　158
IBM　132
ICT 技術　4
ICT 政策　160
ICT 部門　159, 179, 181
ICT 分野　127
IoT（モノのインターネット）　3, 83, 88, 112
ISDN　21, 28, 138
ISDN の協調的導入　18
IT システム　164
IT セキュリティサービス　164
IT 戦略本部　115
JADMA マーク　202
KEK →メディア部門集中調査委員会　166, 170
KJM →青少年メディア保護委員会　166, 197, 204, 256
NGO　190
NHK　237
NISC（National Information Security Center）　115
NTT　227
ONP →オープン・ネットワーク・プロヴィジョン
ONP 専用線指令（ONP Leased Lines Directive（92/44/EEC））　45
ONP 枠組み指令（ONP Framework Directive（90/387/EEC））　45
RegTP　143
SMP →顕著な市場支配力　38
S-PCS 指令（Satellite-PCS Decision（710/97/EC））　45

SPD　135, 137, 139, 140
telecommunications（遠隔通信又は電気通信）　113
TV 標準指令（TV Standards Directive（95/47/EC））　45
UMTS 決定（UMTS Decision（128/1999/EC））　45
VAS →付加価値サービス

■ア 行

アーキテクチャ　191
アイルランド　35
アクション・プラン　135, 143
アクセス指令（Access Directive（2002/19/EC））　44, 45
アメリカ　218
委員会　205
域内後進国　35
域内市場　125
域内市場の完成のための白書　19
域内市場の自由化　60
域内市場の統一　19
域内統合　4, 12
域内統合市場白書　19
イギリス　170, 235
意見の多様性　165
イタリア　27
一般認可（General authorization）　38
イデオロギー　156
移動体　48
移動体通信　59
移動通信とパーソナル通信指令（Mobile Directive（96/2/EC））　45
移動電話市場　141
イニシアティブ　17, 26, 103, 114, 258
イニシアティブ D21　193, 200, 202-204, 256
イノベーション　156, 259
違法コンテンツ　149
インターネット　3, 9, 112, 164, 174, 202, 215
インターネット・サービスプロバイダー（ISP）　148, 149
インターネット電話　38, 150
インタラクティブ　206

索　引

インフラストラクチャー　21, 34, 135, 139
ウィンドウズ 95　215
ウェブサイト　148
ウルグアイ・ラウンド交渉　34
運輸安全委員会設置法　243
衛星　48
衛星通信自由化指令（Satellite Directive (94/46/EC)）　45
衛星ネットワーク　112
エンドユーザー　43, 83, 87
欧州委員会　4, 11, 12, 15, 17, 18, 55-57, 60, 106, 114, 124
欧州委員会のイニシアティブ　15
欧州科学財団（European Science Foundation）　179
欧州ガバナンス白書　189
欧州議会　61-63, 100, 114
欧州行政　128
欧州緊急番号決定（European Emergency Number Decision (91/296/EEC)）　45
欧州経済危機　128
欧州経済領域（European Economic Area: EEA）　69
欧州市民　107
欧州諸国　142
欧州石炭・鉄鋼共同体（ECSC）　12, 13
欧州単一市場　103
欧州通信市場庁（European Electronic Communications Market Authority）　61
欧州デジタル単一市場戦略　2
欧州デジタル単一市場戦略にみる規制の組換え　49
欧州電気通信政策　98
欧州電気通信標準化委員会（ESTI）　25
欧州電気通信標準化機構（ETSI）　177
欧州電子技術標準化委員会（CENELEC）　177
欧州電子通信規制者団体（Body of European Regulators for Electronic Communications）　2
欧州電子通信規制者団体（Body of European Regulators for Electronic Communications）を設立する規則

（Regulation）　10
欧州電子通信規制者団体（Body of European Regulators in Telecommunications）　56, 57, 61
欧州電子通信規制者団体（BEREC）ならびに事務局の設置に関する規則（Regulation）　53
欧州統一規制機関　59
欧州ネットワーク・情報安全庁　103
欧州ネットワーク・情報安全庁の設立に係る規則　104
欧州ネットワーク・情報セキュリティ庁　64
欧州のテレコムポリシー　91
欧州郵便電気通信主管庁会議（CEPT）　13
欧州理事会　11, 130
欧州レベル　57
欧州レベルの調整機関の設立　53
欧州連合（EU）　121
応用セキュリティ　164
オーストリア　141
オープンデータ　3
オープン・ネットワーク・プロヴィジョン（Open Network Proision）　25-28, 34, 35, 138
オープンネットワーク　35
遅れた自由化　153
オランダ　27, 130
音声電話　38
音声電話指令（Voice Telephony Directive (98/10/EC)）　45

■カ 行

会計検査院法　243
回線交換　48
ガイドライン（個人情報保護指針）　249
下級行政組織　131
学術審議会（WR）　156, 158
拡大戦略　141
閣僚理事会　11, 18, 58, 61, 63, 123
ガット　34
加盟国規制機関　69
加盟国政府　59, 63
管轄権　147

勧告　235
緩衝材　205
完全自由化　140
完全自由化指令（Full Competiton Directive（96/19/EC））　45
監督　168
監督機関　159, 171
監督責任　205
官民協調　204
官民データ活用推進基本計画　3
官民データ活用推進基本法　3
官民連携　259
官民連携プロジェクト　258
機械と機械（Machine-to-Machine, M2M）　112
機関相互の関係の調整　105
機関相互のネットワーク　96
機関の改変　156
機関の独立性　4
機関の分節化　99, 104, 120, 156, 205
基幹放送　232
技術開発　155, 159, 205
技術開発機関　157
技術開発に係る国家戦略　160
技術革新　34, 259
技術・規制における情報提供手続指令　47
技術・研究開発　175
技術標準　14, 103
規制　15, 168, 191
規制アプローチ　59
規制緩和　134, 138
規制機関　95, 105, 143, 155, 159, 190
「規整」機関　190
規制機関と事業体　23
規制強化　151
規制規律枠組み　5
規制された自己規制　191, 205
規整された自己規整　191
「規制された自主規制」（regulierte Selbstregulierung）　196
規制者　187
規制手法　6, 11, 114, 119
規制組織　259

規制措置案　105
規制団体　259
規制庁　12, 94
規制ネットワーク　4
規制の組換え　2-5, 10, 49, 110, 111, 115, 225, 228, 230
規制の「整備」　5
規制のネットワークの構築　5
規制メカニズム　59
規制枠組み　6, 12, 120
機能的なネットワーク　183
基盤整備　155, 175
基盤整備機関　156, 158
教育主権（Bildungshoheit）　157
協会　190, 205
協議　111
行政委員会　239, 241
強制加入制　170
行政管理システム　97
行政機関　97, 241
行政機構　6
行政システム　99
行政指導　116
行政組織　2, 6, 104, 114
行政組織機構　102
行政組織のあり方　5
行政の監督　254
行政の組織　99
強制的な同質化　156
行政の「民主化」の非民主性　192
行政法規　6
競争指令（Consolidated Directive（2002/77/EC））　45
競争政策分野　124
協調（ハーモナイゼーション）　5, 131
協調的なハーモナイゼーション　109, 110
共通端末市場の形成　14
共同規制（Co-Regulation）　186, 188, 189, 191, 193, 195, 198, 206
共同規制手法　207, 259
共同決定　114
協働原則　155
共同体機関（Community agency あるいは

索引　307

Community body) 62, 69, 70
共同体庁（Community Agency） 104
許可指令 44
拒否権 55
距離 184, 188, 205, 207-209
距離創設的な組織分離 185
ギリシャ 35
ギリシャの財政問題 126
キリスト教民主同盟（CDU） 134
グリーン・ペーパー 15, 23, 26, 32, 36, 135
　1987年の―― 10, 20-23, 26, 33, 48
　1994年の―― 33, 143
　テレコム・インフラストラクチャーとCATV
　　の自由化についての―― 33
グリーン・ペーパーの実施に関する行動計画書
　（アクション・プラン） 28
グローバリゼーション 9
グローバル化 5
クロスメディア所有 226
景気後退 125
経済活性化 9
経済システム 206
経済的地位 142
警察法 243
経産省商務情報政策局 115
携帯性 156
携帯電話 235
携帯電話事業者 235
ケーブルテレビ所有指令（Cable Ownership
　Directive（1999/64/EC）） 45
ケーブルテレビネットワーク 112
原加盟国 128
研究開発 159
研究促進機関 205
研究助成プログラム 178
研究プロジェクト 178
権限 105, 124, 130
権限委譲 122
現実政治 185
原子力規制委員会設置法 243
現代国家 187
現代社会 187
顕著な市場支配力（significant market power）
38
権力分立原則 243
言論の自由の抑圧 170
公安審査委員会設置法 243
公益性 237
公益法人制度 237
公害等調整委員会設置法 243
公企業 96
公行政 99
公共的サービス 218
公共的秩序 99
公共的任務 99, 102
公共放送 165, 168
公私協調 188, 206
公私協調の手法 193
公衆電気通信法 216
公正取引委員会 243
公的機関 99
公的研究開発活動 157
公的な任務 185
合同科学会議（GWK） 158
行動規範 174
高度情報化社会 208
高度情報通信ネットワーク 3
公表 235
公平性 135
合弁会社アトラス 141
公法上の営造物 167
コーポラティズム 258
国営 15
国際アクセスコード決定（International Access
　Code Decision（92/264/EEC）） 45
国際音声通話（域内通信） 34
国際科学会議（International Council of
　ScientificUnions） 179
国際科学財団（International Fondation for
　Science） 179
国際機関 114
国際的協調 111
国際標準 115
国際標準化対応政策 160
国際標準化団体 177
国民投票 130

個人情報保護委員会　243, 244, 249
個人情報保護マーク　202
個人番号　246
国家（Staat）　11, 147, 175, 191, 123
国家行政組織法　97
国家行政組織法第3条2項　243
国家結合体（Staatenverbund）　100, 122, 123
国家公安委員会　243
国家公務員法第3条　243
国家組織　102
国家的形態　11
国家的形態としてのEU　116
国家という枠組み　5
国家に準ずる存在　102
国家の枠組み　192
国家類似の存在　60
国家連合（Staatenbund）　11, 99, 100
国境　11
国境を越えた規制　11
国境を越えたサービス　95
国境を越えた通信サービス　95
固定・移動体通信網整備（周波数政策）　160
今後のICT分野における国民の権利保障等の在り方を考えるフォーラム　115, 116
「今後のICT分野における国民の権利保障等の在り方を考えるフォーラム」報告書　116
コンセンサス　30, 60
コンタクトネットワーク　72, 88
コンテンツ　152
コンバージェンス（融合）　22, 46, 90

■サ 行
サービス　103
サービス自由化指令（Service Directive (90/388/EEC)）　45
サービスと設備　23
最先端技術戦略　160
サイバーセキュリティ　104, 204
サッチャー政権　96, 219
産業・科学研究同盟　177
参入の調整　146
恣意的な介入　188

シーメンス　132
支援機関　104
事業者　190
事業体の分離　23
事業団体　174
事業と規制の分離　113
宍戸常寿　3, 116
自主規制（self-regulation）　114, 170, 175, 188, 191, 192, 204, 205, 209, 236
　――機関　165, 188, 196, 197
　――規範　171
　――システム　195
　――団体　174
自主的手法　207
市場統合　59
ジスカールデスタン　129
視聴覚メディアサービス指令　189
失業率　125
執行（Vollzug）　187
執行・政策決定機関　15
実質的証拠法則　241
私的な研究開発活動　157
司法の検証　55
市民の権利指令（Citizens' Rights Directive）　2, 10, 53
ジャーナリスト　171
ジャーナリズム的機能　152
社会インフラ　258
社会団体　168
社会的規制　185
社会的パートナー　190
「社会保障・税に関わる番号制度に関する実務検討会及びIT戦略本部企画委員会個人情報保護ワーキンググループ」報告書　251
社会民主党　140
ジャン・モネ　128
自由化　34, 131, 134, 135, 138, 152
自由化関連指令　39
州際協定　148
柔軟な規制の組換え　228
柔軟な行政組織形態　260
柔軟な組織形態の可能性　5

索引

柔軟な組織のあり方　259
周波数　146
　――委員会　103
　――決定（676/2002/EC）　103
　――政策　103
　――政策グループ　103
州メディア監督機関（Landesmedienanstalt）
　　166-169, 194
重要インフラ　164
主権国家　121, 123
主権的（souverän）　122
受信料　165, 169
出版社　171
主務官庁　13, 26
主務大臣　249
シュリング郵政大臣　135
シュレーダー　125, 128
準司法的な作用　243
商業放送　168
省庁間の政策調整システム　97
消費者委員会　243, 249
消費者庁及び消費者委員会設置法　243
消費者保護提携に係る規則　54
情報社会サービス　47
情報通信技術　44
情報通信技術促進　193
情報通信行政　5, 102
情報通信行政局　115
情報通信市場　107, 113
情報通信社会基盤　258
情報通信政策　157
情報通信セキュリティ　202
情報通信分野　5, 11, 131, 153, 186, 188, 205, 206
情報通信法　225
情報通信法構想　230, 231
情報通信法制　12
助言機関　17, 104, 158
ショッピングチャンネル　148
指令90/387　23
指令90/388　23
審議会　242
新機関の設立　61

信号伝送サービス　48
人事院　243
神聖ローマ帝国　156
迅速な争訟判断　240
スイス　141
スクラップ・アンド・ビルド　239, 246
スパムメール　149
スペイン　35
スマートホーム　1
政策形成　260
政策決定システム　129
政策決定プロセス　101
政策遂行　130
政策調整　260
政策分野　124
正式の組織（Community Body）　98
政治的中立性　240, 243, 260
政治的な独立性　165
青少年保護　153, 193, 197, 234
青少年メディア保護委員会（Kommission für Jugendmedienschutz）　166
政党代表者　168
制度改革　151
制度改変　134
制度設計　128, 156
制度的合理性　244
制度的な位置関係　99
責任内閣制の原則　241
セキュリティ　164
専門技術的な問題　104
専門ワーキンググループ　72, 75, 88
相互接続指令（Interconnection Directive (97/33/EC)）　45
相互調整権限　97
総務省　235
総務省情報通信国際戦略局　115
組織改革　254
組織改革の例　237
組織改編　115
組織形態　93, 102, 254
組織権限　64
組織的機構　11
組織内の多元性　155

組織の多元的構成　258, 259
組織理念　252

■タ　行

第192回臨時国会　3
大学学長会議（HRK）　159
第三者機関　68, 171, 233, 244, 246, 253
第三帝国期　156
第二次世界大戦　156
ダヴィニオン　14
多元性　155
多元的　156, 168
多元的な機関　120
多国籍企業　26
立入検査　254
単一欧州電気通信市場　56
単一市場　10, 55, 59
単一通貨ユーロ　126
端末機器市場　133
中央労働委員会　243
中間的形態の組織　116
中間的組織　114
中小企業　160
超国家的国際機関　13
調整　111, 114, 147, 158, 259
　　――機関　97, 98, 106
　　――機構　11, 55, 58, 79, 106
　　――的機関　4, 157
　　――的行政処分　146
　　――的措置　147
　　――的役割　106
　　――部局　97
通常立法手続　15
通信委員会　103
通信事業者　59
通信市場監督機関（European Telecom Market Authority）　56
通信主務官庁　26
通信速度　9
通信ネットワーク・インフラ（Electronic Communications Network）　46
通信のグローバル化　95
通信の自由　116
通信の自由化　4, 110, 152, 153
繋がる大陸（Connected Continent）規制　88
ディーメール（De-Mail）サービス法　198, 199
データの送受信　148
データ保護　152, 171
データ保護指令（Data Protection Directive（2002/58/EC））　44, 45
テクノロジー　157
デジタルTV用機器　48
テレコミュニケーション　93
テレコミュニケーションの新秩序　133, 135
テレコム　133, 135
テレサービス　147-149
テレサービス法　151
テレビ自主規制機関（Freiwillige Selbstkontrolle Fernsehen）　195
テレビ放送のためのネットワーク　48
テレマティックス戦略　14
テレメディア　149, 150
テレメディアサービス　150
テレメディア法（TMG）　147, 149-151
電気通信（telecommunications）　46, 148, 160
電気通信役務利用放送法　222
電気通信機器業界団体　26
電気通信規制　111
電気通信規制パッケージ　46-48
電気通信サービス　18, 20, 48, 147
電気通信事業　93, 131
電気通信事業法　220, 222, 223
電気通信事業法の改正　221
電気通信市場　19
電気通信市場の自由化　21
電気通信指令パッケージ　46
電気通信政策　12
電気通信端末機器　17
電気通信データ保護指令（Telecommunications Data Protection Directive（97/66/EC））　45
電気通信ネットワーク・サービス市場の競争に関する指令（競争指令）　43, 44
電気通信のための上位担当役員集団（SOG-T）

索　引　　311

17
電気通信分野　131
電子私書箱法　199
電子商取引指令　47
電子情報通信サービス　150
電子政府　193
電子通信（electronic communications）　44, 46, 49
「電子通信」概念　10
電子通信規制パッケージ　94
電子通信規制枠組み見直し　56
電子通信サービス（Electronic Communications Service）　48
電子通信ネットワーク（Electronic Communications Network）　48
電子通信部門における個人データの処理とプライバシーの保護に係る指令（プライバシー指令）　43
電子通信網およびサービスの認可に関する指令（認可指令）　42
電子通信網および電子通信サービスに関する共通規制枠組に係る指令　42
電子通信網および付属設備へのアクセスおよび相互接続に関する指令（アクセス指令）　42
電子通信網とサービスに係るユニバーサル・サービスと使用権に係る指令（ユニバーサル指令）　42, 43
電子メール　148, 151
電信電話公社　218
電信法　216
電電公社　218
電波監理審議会　226
電波法　216
デンマーク　27
電力ケーブル・システム　48
ドイツ　127, 171, 208
ドイツ経済　155
ドイツ研究財団（Deutsche Forschungsgemeinschaft）　159, 178
ドイツ固有の法的枠組み　153
ドイツ・テレコム　140, 141, 143, 155
ドイツ電気技術者協会（VDE）　177

ドイツの行政組織　156
ドイツの情報通信法　152
ドイツの利益　160
ドイツ標準化協会（Deutsche Institut für Normung）　176, 177
ドイツ・マルク　125
ドイツ郵便テレコム（Deutsche Bundespost Telekom）　136
ドイツ連邦憲法裁判所　168
ドイツ連邦政府　180
ドイツ連邦郵政省（MDBP）　132
ドイツ連邦郵便（Deutsche Bundespost）　131, 133
ドイツ連邦郵便銀行（Deutsche Bundespost Postbank）　136
ドイツ連邦郵便サービス（Deutsche Bundespost Postdienst）　136
ドイツ連邦郵便テレコム　139
トイフェル　129
統一的規制　114
登記社団　175, 176, 179, 182
統合　128, 156
統合化　18
透明性　188, 192, 205
独占禁止法　243
独占体制　131, 153
特定個人情報保護委員会　243, 244, 246
特別財産　132, 137
独立規制委員会（Independent Regulatory Commissions）　240
独立規制機関　147, 194
独立規制体　96
独立行政委員会　116, 244, 252
独立行政機関　115
独立した行政主体　99
独立性　147
独立性を有した機関　147
独立第三者機関　241, 242, 245
独立の規制機関　165
トラフィック　83
ドロール　19

■ナ行

内閣官房情報セキュリティセンター　115
内閣府設置法　249
内閣府設置法第49条　243, 245
内部部局　242
ナチス　156
二元的な放送秩序　165, 168
西ドイツ　27, 131, 133, 167
日本情報処理開発協会　202
日本データ通信協会　202
日本電信電話株式会社等に関する法律（NTT法）　222
日本版FCC　116, 225, 227
日本放送協会（NHK）　234
ニュージーランド　254
認可指令（Authorization Directive（2002/20/EC））　45
認証　149
認証機関　149
認証マーク　202
認定個人情報保護団体　249
認定行為　175
ネットの中立性　90
ネットワーク　103, 133, 138, 156, 157, 184, 179
ネットワーク規制　20
ネットワークの中立性　54

■ハ行

ハードとソフトの分離　232
ハーモナイゼーション　10, 11, 14, 15, 36, 39, 109, 111, 124, 152, 208, 228, 257
パケット交換　48
パケット交換網　112
原口一博　226
「ハルツ」改革　126
汎欧州ネットワーク構築　36
番号法　243, 244, 248
反論権　150, 152
「光の道」構想　227
光ファイバー構築　54
光ファイバー網　223, 225
非規制化　134
被規制者　187
ビッグデータ　3
ヒト・モノ・カネ　9, 113
表現の自由　116, 206
標準化　17, 19, 60
標準化団体　114
フィッシャー外相　128, 129
フィッシャー構想　128
フィルタリング　236
フィルタリング規制　235
付加価値サービス（Value-added services）　26, 27
プライバシー指令　54
プライバシーマーク　202
フラウンホーファー協会（Fraunhofer-Gesellschaft）　159, 180
フランス　27, 130
フランス・テレコム　141
ブリティッシュ・テレコム　96
フレームワーク指令→枠組み指令
フレキシブル　229
プレス　171
プレスコード（行動規範）　171
プレス評議会（Deutscher Presserat）　170
ブロードバンド　227
ブロードバンド化　1
ブロードバンド時代　55
ブログ　150
文化主権（Kulturhoheit）　157
分権的国内政治システム　123
分節化　93, 102-104
米国商工会議所　26
ベルギー　27
ヘルムホルツ協会（Helmholtz-Gemeinschaft）　159, 181
ベルリン宣言　130
編集の権利の提供・行使のあるコンテンツ　47, 48
法案提出権　15
放送　148
放送局　234
放送事業者　197
放送州際協定　151, 152

索引　　313

放送政策　160
放送と通信の融合　4
放送のコンテンツや金融サービス、情報社会サービス（Information Society Service）　48
放送のための伝送サービス　48
放送分野の規制　193
放送法　223
放送法改正　232
法的規制　185
法的な枠組み　188
法的枠組み構築　208
法律の枠組み　207
ボーダーレス化　5
補完性の原則　101, 129
保証　190
保障　190, 192
保障国家　190
ポストリフォーム　131, 135, 141
　──Ⅰ　136, 138
　──Ⅱ　136, 138, 139
ポッドキャスト　150
ポリシーミックス　259
ポルトガル　35

■マ 行
マーケット　138
マーストリヒト条約　100, 122, 123
マイクロ・エレクトロニクス　14
マイナンバー法制　247
マックス・プランク学術振興協会（Max-Planck-Gesellschaft zur Förderung der Wissenschaften）　159, 179
マックス・モバイル　141
マルチメディア法　148
未成年者　235
民営化　134, 135, 139, 142, 155
民間　191
　──業者　164
　──部門　218
　──放送　165, 167, 168
民主主義　192
民主主義原則　192

民主主義の赤字（democratic deficit）　100, 122
民主的コーポラティズム　156
民主的コントロール　192
民主的正統性　104, 107, 169
民放連　234
無線周波数スペクトラム決定　44
無線電信法　216
メディア　156, 186, 259
メディア監督機関　165, 169
メディア監督機関連盟　194
メディア規制　156, 193, 195
メディアサービス　147-149
メディアサービス州際協定　151
メディアにおける多元性　196
メディア部門集中審査委員会（Kommission zur Ermittlung der Konzentration im Medienbereich）　166, 170, 194
メディア法　149
メディア法制　148
免許行政　116
免許指令（Licensing Directive（97/13/EC））　45
免許制度　4
モノとモノ（thing-to-thing）　112, 208
モロッコ　254

■ヤ 行
野党　139
融合的メディア　113
郵政閣僚理事会　13
有線テレビジョン放送法　222
有線電気通信法　216, 222
有線放送電話法　222
有線ラジオ放送法　222
郵便事業の赤字　138
ユニバーサル・サービス　31, 38, 88, 113, 135, 140, 144, 146, 161
ユニバーサル・サービス指令（Universal Service Directive（2002/22/EC））　44, 45, 54
ヨーロッパ化　153
ヨーロッパの将来像　128

ヨーロッパ連邦　128
よりよい規制指令（Better-Regulation Directive）　10, 53

■ラ　行

ライヒプレス会議所　170
ライプニッツ学術連合（Leibniz-Gemeinschaft）　159, 182
ライフログ　3
ラジオ放送　48
ラディオ・モバイル　141
リーダーシップ　39, 130
利益の調整　185, 205
利害調整機構　60
理事会　114
リスボン条約　15, 130
立法手続　15
立法分野　157
領邦国家　156
ルーティング機器　48
レイヤー型規制　231
レーガン政権　219

連邦 IT セキュリティ庁　159, 164
連邦教育研究省　160, 162
連邦経済技術省　159
連邦国家　11
連邦固有行政　131
連邦・州合同委員会（BLK）　158
連邦政府　156, 157
連邦データ保護法（Bundesdatesnschutzgesetz）　171
連邦伝送網庁（BNetzA）　144, 159, 160
連邦プレス法案　170
連邦郵電省　134
労働組合　153
労働組合法　243

■ワ行

ワーキンググループ　88
ワークプログラム　87
ワークプログラム 2015　88
枠組み指令　35, 44, 45
枠組み条件　157
枠組み作り　259

著者略歴

1980年生まれ。一橋大学法学部公共関係法学科卒業。慶應義塾大学大学院法務研究科（法科大学院）および一橋大学大学院法学研究科博士後期課程修了。慶應義塾大学法務博士、博士（法学、一橋大学）。現在、国際基督教大学教養学部准教授。専門は行政法。

共著書に『行政法 Visual Materials』（2014年、有斐閣）、共訳書に『北東アジアの歴史と記憶』（2014年、勁草書房）がある。

KDDI総合研究所叢書5
EUとドイツの情報通信法制
技術発展に即応した規制と制度の展開

2017年1月20日　第1版第1刷発行

著　者　寺　田　麻　佑

発行者　井　村　寿　人

発行所　株式会社　勁草書房
112-0005　東京都文京区水道2-1-1　振替 00150-2-175253
電話（編集）03-3815-5277／ＦＡＸ 03-3814-6968
電話（営業）03-3814-6861／ＦＡＸ 03-3814-6854
港北出版印刷・牧製本

Ⓒ TERADA Mayu　2017

ISBN978-4-326-40330-1　　Printed in Japan

JCOPY ＜(社)出版者著作権管理機構　委託出版物＞
本書の無断複写は著作権法上での例外を除き禁じられています。複写される場合は、そのつど事前に、(社)出版者著作権管理機構（電話 03-3513-6969，FAX 03-3513-6979，e-mail : info@jcopy.or.jp）の許諾を得てください。

＊落丁本・乱丁本はお取替いたします。
　　　　http://www.keisoshobo.co.jp

KDDI総研叢書

小泉直樹・奥邨弘司・駒田泰土・張　睿暎・生貝直人・内田祐介
クラウド時代の著作権法　激動する世界の状況
　　　　　　　　　　　　　　　　A5判　3,500円　ISBN978-4-326-40285-4

高口鉄平
パーソナルデータの経済分析
　　　　　　　　　　　　　　　　A5判　3,400円　ISBN978-4-326-50415-2

鷲田祐一
未来洞察のための思考法
シナリオによる問題解決
　　　　　　　　　　　　　　　　A5判　3,200円　ISBN978-4-326-50424-4

原田峻平
競争促進のためのインセンティブ設計
ヤードスティック規制と入札制度の理論と実証
　　　　　　　　　　　　　　　　A5判　3,200円　ISBN978-4-326-50428-2

石井夏生利
個人情報保護法の現在と未来
世界的潮流と日本の将来像
　　　　　　　　　　　　　　　　A5判　7,000円　ISBN978-4-326-40295-3

生貝直人
情報社会と共同規制
インターネット政策の国際比較制度研究
　　　　　　　　　　　　　　　　A5判　3,600円　ISBN978-4-326-40270-0

岡田羊祐・林　秀弥 編著
クラウド産業論
流動化するプラットフォーム・ビジネスにおける競争と規制
　　　　　　　　　　　　　　　　A5判　3,500円　ISBN978-4-326-40289-2

＊表示価格は2017年1月現在。消費税は含まれておりません。